危险化学品企业安全管理丛书

危险化学品企业隐患排查治理

崔政斌　赵海波　编著

化学工业出版社

·北京·

《危险化学品企业隐患排查治理》是“危险化学品企业安全管理丛书”的一个分册。全书围绕危险化学品企业的特点，全面阐述进行隐患排查的意义、方法。主要内容包括隐患排查治理理论、特征和方法，隐患排查治理体系，危险化学品企业隐患排查内容，危险化学品企业专项隐患排查治理。

《危险化学品企业隐患排查治理》可供危险化学品企业的领导、安全管理人员和广大员工在工作中学习使用，也可供高校化工、安全工程及相关专业师生参考。

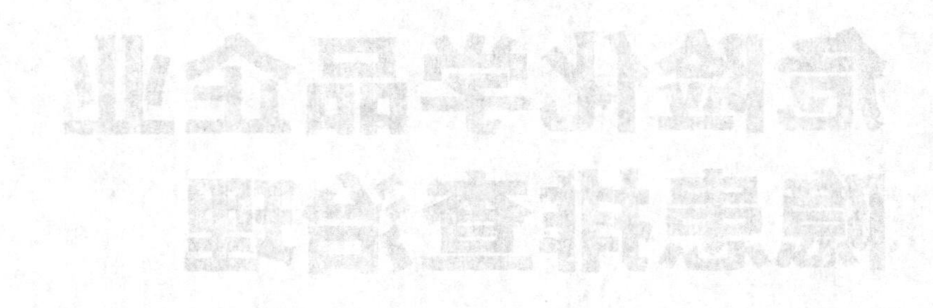

图书在版编目(CIP)数据

危险化学品企业隐患排查治理/崔政斌，赵海波编著．北京：化学工业出版社，2016.3（2024.10重印）
（危险化学品企业安全管理丛书）
ISBN 978-7-122-26190-8

Ⅰ.①危…　Ⅱ.①崔…②赵…　Ⅲ.①化工产品-危险品-安全隐患-安全检查　Ⅳ.①TQ086.5

中国版本图书馆 CIP 数据核字（2016）第 020185 号

责任编辑：杜进祥　　文字编辑：孙凤英
责任校对：战河红　　装帧设计：韩　飞

出版发行：化学工业出版社（北京市东城区青年湖南街 13 号　邮政编码 100011）
印　　装：北京科印技术咨询服务有限公司数码印刷分部
710mm×1000mm　1/16　印张 15　字数 283 千字　2024 年10月北京第 1 版第 6 次印刷

购书咨询：010-64518888　　售后服务：010-64518899
网　　址：http://www.cip.com.cn
凡购买本书，如有缺损质量问题，本社销售中心负责调换。

定　　价：49.00 元

版权所有　违者必究

序言

我国是危险化学品生产和使用大国。改革开放以来，我国的化学工业快速发展，已可生产大约45000余种化工产品。主要化工产品产量已位于世界第一。危险化学品的生产特点是：生产流程长，工艺过程复杂，原料、半成品、副产品、产品及废弃物均具有危险特性，原料、辅助材料、中间产品、产品呈三种状态（气、液、固）且互相变换，整个生产过程必须在密闭的设备、管道中进行，不允许有泄漏，对包装物、包装规格以及储存、运输、装卸有严格的要求。

近年来，我国对危险化学品的生产、储存、运输、使用、废弃制定和颁发了一系列的法律、法规、标准、规范、制度，有力地促进了我国危险化学品的安全管理，促使危险化学品安全生产形势出现稳定好转的发展态势。但是，我国有9.6万余家化工企业，其中直接生产危险化学品的企业就有2.2万余家，导致危险化学品重大事故的情况还时有发生，特别是2015年天津港发生的“8·12”危险化学品特别重大火灾爆炸事故，再次给我们敲响了安全的警钟。

在这样一种背景下，我们感觉到很有必要组织编写一套“危险化学品企业安全管理丛书”，以此来指导、规范危险化学品生产企业在安全管理、工艺过程、隐患排查、安全标准化、应急救援、储存运输等过程中，全面推进落实安全主体责任，执行安全操作规程，装备集散控制系统和紧急停车系统，提高自动控制水平，从而确保企业的安全生产。

本套丛书由6个分册组成。包括《危险化学品企业安全管理指南》《危险化学品企业工艺安全管理》《危险化学品企业隐患排查治理》《危险化学品企业安全标准化》《危险化学品企业应急救援》和《危险化学品运输储存》。这6个分册就当前危险化学品企业的安全管理、工艺安全管理、隐患排查治理、安全标准化建设、应急救援、运输储存作了详尽的阐述。可以预见的是，这套丛书的出版，会给我国危险化学品企业的安全管理注入新的活力。

本套丛书的作者均是在危险化学品企业从事安全生产管理、工艺生产管理、储存运输管理的专业人员，他们是危险化学品企业安全生产的管理者、实践者、维护者、受益者，具有丰富的生产一线安全管理经验。因此，本套丛书是实践性较强的一套专业管理丛书。

本套丛书在编写、出版过程中，得到了化学工业出版社有关领导和编辑的大力支持和悉心指导，在此出版之际表示衷心的感谢。

丛书编委会

2015 年 10 月

前言

为了进一步贯彻“安全第一，预防为主，综合治理”的安全生产方针，促进和强化对各类安全生产事故隐患的排查和整治，彻底消除事故隐患，有效防止和减少各类事故发生，建立安全生产事故隐患排查治理长效机制，强化安全生产主体责任，加强事故隐患监督管理，保障人民群众生命财产安全，为认真落实国家安监总局第 16 号令《安全生产事故隐患排查治理暂行规定》，我们结合安全生产事故隐患排查治理过程中的有关问题，编写了本书。

在危险化学品企业隐患排查治理过程中，首先要建立隐患排查评估小组，因为事故隐患评估是一项非常细致、烦琐的工作，需要耗费大量的时间和精力来开展这项工作。其次，在隐患排查治理过程中必须做到全员参与。因为事故隐患的识别与评估的最终目标是杜绝任何事故的发生，要实现这个目标，全员参与是关键。最后，隐患排查唯有形成长效管理机制才会有实质成效。我们认为在企业建立高层、中层和基层三个层级建立彼此互动、相对封闭和协同匹配的隐患排查长效运行机制才会取得实效。

本书主要针对危险化学品企业的隐患排查治理，作了一些有益的探索。全书共分为五章。第一章绪论；第二章隐患排查治理理论、特征和方法；第三章隐患排查治理体系；第四章危险化学品企业隐患排查内容；第五章危险化学品企业专项隐患排查治理。第四章和第五章是全书的重点和主要内容。按照《国家安全监管总局关于印发危险化学品企业事故隐患排查治理实施导则的通知》（安监总管三〔2012〕103 号文）的内容，针对危险化学品企业整个生产过程，详细阐述了各个装置、各个环节和各个过程容易产生的隐患，并进行有针对性的排查治理。

隐患是普遍存在的，可以说有生产经营活动就有隐患，它表现在生产岗位、生产场所、储存场所、装卸环节、运输环节、使用环节、工艺过程、违章行为、安全规程和管理制度缺陷等方面，有的处于静态形式，有的处于动态形式。隐患时时产生、形式多样、复杂多变，排查治理隐患工作长期而艰巨，必须形成隐患排查治理规范化、制度化、责任化制度，必须建立考核奖惩机制，必须依法强化企业主体责任。建立隐患排查治理长效运行机制，规范各项工作制度，采取自查、聘用专家检查和仪器检验检测等多种形式，不断发现隐患、深挖隐患、消灭隐患、长治久安，这是保持危险化学品企业生产经营长期安全运行的最有效途径。

在本书编写过程中，得到了张堃、崔敏两位同志提供的资料支撑。石跃武同志协助进行了文字输入，戴国冕同志提供了插图，范拴红同志对本书进行了文字校对。他们在本书的编写过程中均作出了不懈的努力，在此表示衷心的谢意。

由于水平有限，书中可能会出现一些缺点和疏漏，恳请读者给予批评指导。

崔政斌　赵海波

2015 年 9 月 16 日

于山西省朔州市中煤平朔集团公司

目录

第四章　危险化学品企业隐患排查内容

第一章
绪论

第一节 引 言

我国有9.6万余家化工企业，其中能够直接生产危险化学品的企业有2.2万多家。因此，安全生产一直是危险化学品企业发展的重要命题。在危险化学品企业中，所有事故的发生都与其生产特点是分不开的，而这些特点存在很多的不安全因素。

(1) 物的不安全状态。危险化学品生产中所使用的原料，多属于易燃、易爆、有腐蚀性的物质。目前世界上已有化学物品600万种，经常生产使用的有6.7万种，我国约3万种。这些化学物品中有70%以上具有易燃、易爆、有毒和腐蚀性强的特点，在生产、使用、储运中操作和管理不当，就会发生火灾、爆炸、中毒和烧伤等生产安全事故。

在危险化学品生产进程中，高温、高压设备多。许多危险化学品生产离不开高温、高压设备，这些设备能量集中，如果在设计制造中，不按规范进行，或者质量不合要求，或者在运行操作中失误，就有可能发生灾难性的事故。但在现实中有很多危险化学品生产企业为降低成本、压缩经费，首先削减的是安全生产技术措施经费，导致安全生产投入严重不足，造成设备失修，好多重大、甚至特大隐患得不到治理。一些经济效益较好的危险化学品企业，虽然在安全生产上投入了部分资金，但也是逐步减少；亏损企业则在安全生产上的投入很少甚至根本不投入。在生产现场存在着严重的拼设备和人力的现象。在一些老一点的危险化学品生产企业，存在着设备老化、技术落后、产品单一的问题，生产现场脏、乱、差，以及跑、冒、滴、漏现象十分严重，因而事故隐患也十分突出。

(2) 人的不安全行为。目前危险化学品企业发生的生产安全事故中，人为因素造成的事故占事故总数的70%～80%，这其中有员工的安全素质问题，更有企业管理者、特别是安全管理者的综合素质不高的问题。当前由于相当一部分危险化学品企业负担过重，企业主要领导只顾抓市场、抓效益，根本不顾及安全生产和安全管理，当生产与安全发生矛盾时，竟置安全生产于不顾。如因设备运行周期已到、本应停车进行检修，但为了眼前短期的经济效益，不停车检修而使设备带病运行、最终导致重大伤亡事故的例子不胜枚举。企业经济效益不好、职工心理不稳定也是致使事故频发重要原因之一。

还有，大多数危险化学品企业工艺复杂，操作要求极其严格，操作人员稍有不慎，就会发生误操作，人为的隐患也是导致生产事故频频发生的原因之一。众所周知，一种危险化学品的生产往往由诸多个工序、工号组成，而每个工序、工号又由多个化工单元操作和若干台特殊要求的机械设备、电气设备、仪表设备和压力管道联合组成，这样的生产系统工艺流程长、生产技术复杂、工艺参数多、控制要求严，因此，要求任何人、任何情况下不得擅自改动，必须严格遵守操作规程，操作时注意巡回检查，认真记录，纠正偏差，严格交接班，十分注意上下工序之间的联系，及时消除隐患，才能有效地预防各类事故的发生。

(3) 管理缺失。很多危险化学品企业虽然也建立了安全生产规章制度，配备了专职安全管理机构和人员。但在实际工作中，制度根本没有落实，机构和人员形同虚设。当前由于相当一部分危险化学品企业存在“经济效益至上”的指导思想，企业领导层或管理层为了追求短期经济效益或个人的“政绩观”作祟，在安全生产、隐患排查治理上表现出麻木不仁、将员工生命当儿戏，当生产和安全产生矛盾、发生冲突时，违章指挥，让职工冒险作业，因此最终导致重大伤亡事故发生的现象层出不穷。

综上所述，在危险化学品企业进行隐患排查治理工作：第一是消除物的不安全状态。第二是消除人的不安全行为。第三是消除管理缺失。这样就抓住了隐患排查治理这个问题的关键，必将产生较为理想的效果。

第二节　隐患排查的时代背景

2007 年 12 月 28 日，国家安全生产监督管理总局以第 16 号令颁布了《安全生产事故隐患排查治理暂行规定》，这一总局令的公布，以法律的形式将事故隐患排查治理的目的、事故隐患的定义、事故隐患的分级、事故隐患排查治理制度、生产经营单位在事故隐患排查治理的职责、安监部门对事故隐患排查治理的监督管理以及罚则等作了界定和规定。对于企业建立安全生产事故隐患排查治理长效机制，强化安全生产主体责任，加强事故隐患监督管理，防止和减少事故，保障人民群众生命财产安全，起到了很大的促进作用。

安全生产实践证明，只有把安全生产的重点放在建立事故预防体系上，超前采取安全措施，才能有效地防范和减少事故，最终实现安全生产。为了指导和规范隐患排查治理工作的深入开展，国务院、国家安监总局先后颁布了一系列文件、规定、办法、通知，主要有：《国务院关于进一步加强安全生产工作的决定》(国发【2004】2 号)；《国务院关于进一步加强安全生产工作的通知》（国发

【2010】23 号)；《国务院关于坚持科学发展、安全发展，促进安全生产形势持续稳定好转的意见》(国发【2011】40 号)；《关于在重点行业和领域开展安全生产隐患排查治理专项行动的通知》(国办发明电【2007】16 号)；《关于进一步开展安全生产隐患排查治理工作的通知》(国办发明电【2008】15 号)；《国务院办公厅关于继续深入扎实开展“安全生产年”活动的通知》(国办发【2012】14 号)；《国务院安委会关于认真贯彻落实国务院第 165 次常务会议精神，进一步加强安全生产的通知》(安委明电【2011】8 号)；《国务院安委会办公室关于建立隐患排查治理体系的通知》(安委办【2012】1 号)；《国务院安委会办公室关于实行安全生产事故隐患排查治理月通报的通知》(安委办【2012】23 号)；《安全生产事故隐患排查治理暂行规定》(国家安监总局令第 16 号，2007 年 12 月 28 日)；《关于印发危险化学品企业事故隐患排查治理实施导则的通知》(安监总管三【2012】103 号)。这些文件、规定、办法、通知，要求通过开展隐患排查治理行动，进一步落实企业的安全生产主体责任和地方人民政府的安全监管职责，全面排查治理事故隐患和薄弱环节，认真解决存在的突出问题，建立重大危险监控机制和重大隐患排查治理机制及分级管理制度，有效防范和遏制重特大事故的发生，促进全国安全生产状况进一步稳定好转。

自全国大规模开展隐患排查治理工作以来，各地政府在全国排查治理隐患、建立排查制度、落实治理任务、完善监管机制、加强监督检查等方面，进行了积极的探索，积累了比较丰富的经验。进而涌现出了北京市顺义区、宁夏回族自治区石嘴山市等一大批隐患排查治理的先进地区和先进单位，给各单位，各企业和各级政府树立了榜样。

2011 年 10 月 26 日，为总结推广北京顺义等地的经验和做法，全国安全隐患排查治理现场会在北京市顺义区召开。国家安监总局强调，要从全局和战略的高度，充分认识加强安全生产工作的极端重要性，深刻认识加强安全生产工作的重大意义；从全面排查和消除安全隐患，全面落实和完善安全生产制度，大力加强安全生产宣传教育等方面采取坚决措施，以交通、煤矿、建筑施工、危险化学品等行业(领域)为重点，全面加强安全生产。

国家安监总局强调，进一步提高思想认识，切实增强做好隐患排查治理工作的自觉性和主动性。一是要以贯彻落实“安全第一，预防为主，综合治理”方针的高度，充分认识做好隐患排查治理工作的重要性。事故源于隐患，隐患是滋生事故的土壤和温床，坚持预防为主、综合治理，就是要主动排查，综合采取各种有效手段，治理各类隐患和问题，把事故消灭在萌芽状态。从这个意义上说，排查治理隐患是落实安全生产方针的最基本任务和最有效途径。二是要从防范遏制重特大事故的现实需求，充分认识做好隐患排查治理工作的重要性。重特大事故造成的生命财产损失惨重，社会影响恶劣。党中央、国务院历来都强调要有效防范、坚决遏制重特大事故发生，这也是现阶段安全生产工作最紧要、最迫切的任务。重特大事故往往是安全隐患长期存在、最终发作的结果。要防范遏制重特大事故，就必须及时发现和认真治理各类安全隐患，治大隐患、防大事故、治小隐患，防止其恶性发作。三是要从贯彻落实“依法治安”方略的高度，充分认识做好隐患排查治理工作的重要性。非法违法和违规违章行为严重，是安全生产领域最突出的矛盾问题，是造成各类事故发生的最主要原因，也是目前亟待治理的严重隐患。坚持依法治安方略，必须坚持治理各种违反安全生产法律法规、规章制度、标准规程的行为和现象，加快建立正常的安全生产法制秩序。

安监总局强调，认真学习推广北京市顺义区等地的先进经验，建立健全隐患排查治理体系，提高安全生产工作科学化水平。要求各地政府紧密结合本地实际，在全面排查治理隐患、建立排查制度、落实治理责任、完善监管机制、加强监督检查等方面，进行积极探索，取得和积累比较丰富的经验。如北京市顺义区，建立了以企业分级分类、信息化管理为基础、以企业自查自报为核心、以健全完善隐患排查报送标准为支撑、以检查考核为督促、以培训教育为保障的安全隐患排查治理体系，把隐患排查治理和安全生产工作逐步纳入科学化、制度化、规范化的轨道。

1. 建立安全隐患排查治理体系有助于加强和改进政府安全监管

从顺义区的情况看，首先是进一步明晰监督责任。安全生产综合监管部门、行业监督部门和相关部门，在隐患排查治理体系中都有自已特定的位置和明确的职责，解决政府部门在隐患排查治理和安全生产工作中“管什么、怎么管、谁去管”一系列实际问题。其次是改善监管手段，提高监管效率，有了体系和信息平台，就可以随时掌控企业隐患排查治理等基本情况，对相关信息进行实时统计，及时做出分析判断和督促指导，有效防止隐患恶化和事故发生。

2. 建立安全隐患排查治理体系有助于落实企业安全主体责任

企业是安全生产的责任主体，理所当然地也是隐患排查治理的主体。通过建立隐患排查治理体系，实现对企业安全生产的动态监控，使隐患排查治理从以政府为主向以企业为主转变，可以充分调动企业的积极性，促使企业由被动接受监管变为主动排查治理隐患，主动加强安全生产。北京市顺义区建立隐患排查治理体系以来，企业安全生产责任主体意识明显提高，安全隐患自查自报率达到93.3%，有效地防范了各类事故的发生。

3. 建立安全隐患排查治理体系有助于综合推进安全生产工作

隐患排查治理是一项涉及广泛、综合性很强的工作。隐患排查治理体系涵盖了安全生产责任制、安全监管信息化建设、企业安全生产标准化建设、打击非法违法和治理违规违章、职工群众参与和监督、安全培训教育等诸方面的工作。借助于这个抓手，可以把安全生产各方面的工作都带动起来。

国家安监总局要求在学习推广北京市顺义区等地的经验、建立安全隐患排查治理体系时，应抓住精髓和要点，在以下三个重点环节上付出努力。

（1）建立功能完善的信息体系。综合安全监管信息化建设，加大投入力度，尽快建立能够接收企业安全隐患自查自报、实施政府动态监管的综合信息平台，全过程记录，准确反映企业排查治理与政府安全监管的互动，形成安全隐患企业自查→上报→政府监管指导→企业整改→整改效果评价和反馈这样一个完整的闭环管理。

（2）制定科学严谨的隐患排查标准。依据安全生产有关法律法规和标准规范，制定各类企业安全隐患排查的具体标准，使企业知道“查什么、怎么查”，使监管部门知道“管什么、怎么管”，使隐患排查治理工作有章可循，有据可依。

（3）建立清晰明确的责任制度。进一步理顺和细化政府安全监管部门及行业主管部门、相关部门在隐患排查治理和安全生产工作方面的具体职责，落实综合监管、专业监管、属地管理、行业管理等责任。建立健全规章制度，明确办事程序，真正做到事有人管、责有人负。

一、隐患排查在安全管理中的意义

常言道“凡事预则立、不预则废”。危险化学品企业的安全工作就是一个想在前头，做在前头的工作。俗话说“侥幸必然不幸”，安全生产就是要时时讲、处处讲，就是要从讲政治、讲稳定、讲大局的高度把安全工作放在高于一切、先于一切、压倒一切、影响一切的位置上。这就要求企业特别是危险化学品企业把隐患排查治理放在安全管理工作的首要位置。

“隐患治理”是国务院安全生产委员会根据全国安全生产形势，总结以往的经验教训而做出的重大部署。要求企业管理人员要切实提高认识，从思想上高度重视，明确隐患排查治理是贯穿安全生产工作的主线、是安全生产的核心和基础。

在日常的工作中始终坚持“安全第一、预防为主、综合治理”的安全生产方针，认真贯彻落实安全生产的法律法规，按照“坚持安全发展，强化安全生产管理的监督，有效遏制重特大安全事故”的要求，突出隐患治理的重要作用，加大隐患排查治理力度，真正做到防患于未然。对查出的隐患要及时治理，必须做到项目、措施、资金、时间、人员、责任、验收七落实，对查出的隐患进行系统的分析和研究，找出隐患产生的内在原因，吸取教训，亡羊补牢、举一反三，推动隐患治理工作的持续健康发展，从而达到根除隐患的目的，严防出现新的类似隐患，更要防止治而复发、反复治理的现象发生。加大隐患排查治理对于安全生产重要意义的宣传力度，通过各种途径教育引导员工深刻认识开展隐患排查治理的重要性、必要性和紧迫性，进一步增强企业的全体员工做好隐患治理工作的主动性和自觉性，从而真正形成隐患排查治理全员齐抓共管的良性局面。加大对隐患排查治理认识的力度。要让企业的全体员工认识到隐患排查治理是一个长期的工作过程，不是一蹴而就的，特别是要保持清醒的头脑，切不可出现麻痹松劲的思想，要树立“隐患就是事故”的思想，以此去对待每一个隐患，提高了对隐患的认识，进而就能够把隐患当做事故对待，摆在了各项工作的首要位置。

二、隐患排查所取得的成效

据有关部门的权威报道，2014 年我国安全生产事故总量继续下降，全国事故起数和死亡人数同比分别下降了 3.5％和 4.9％；重特大事故继续下降，全国重特大事故起数和死亡人数同比下降了 17.6％和 13.5％；煤矿等重点行业领域的安全生产状况进一步好转，煤矿事故起数和死亡人数同比分别下降了 16.3％和 14.3％，已经连续 21 个多月没有发生特别重大事故了；各地区的安全生产状况进一步好转，全国 32 个省级的统计单位中，有 30 个单位事故量在控制范围以内，16 个单位实现事故起数和死亡人数双下降。

还有一些安全生产方面的问题亟待解决，目前事故总量仍然较大，全年发生各类事故 29.8 万起，重特大事故还时有发生，包括娱乐休闲和观光游览场所等相继发生过群死群伤事故和事件；另外，非法违法行为仍然比较突出，一些地方对不符合安全生产条件的生产经营单位整顿关闭态度不坚决，打非治违的措施不得力，无证无照等非法、违法生产经营行为依然猖獗，所导致的事故屡屡发生；安全隐患严重，如煤矿超层越界、油气管道横穿人口的密集区以及管道上方乱挖、乱建、乱盖、危险化学品非法储装运，道路交通超速、超载、超限和疲劳驾驶，人员密集场所安全责任和应急预案缺失等有关问题是大量存在的；安全基础仍然比较薄弱，各类各级开发区，工业园区、农产品加工区发展特别快、数量也特别多，但管理粗犷，招商引资上项目的安全把关不够严格；职业病危害严重，一些企业作业场所粉尘、毒物等危害因素超标，对从业人员身体健康造成了严重的威胁，这些问题都亟待解决。

2014 年 10 月，国务院安委办以安委【2014】7 号文发出《国务院安全生产委员会关于深入开展油气输运管道隐患整治攻坚战的通知》，指出：自 2013 年年底开展油气输送管道安全隐患专项排查整治以来，各地区、各有关部门和单位协同行动、共同努力、取得了积极进展，全国共排查出油气输送管道占压、安全距离不足、不满足安全距离要求交叉穿越等安全隐患近 30000 处，由于整改难度大、涉及方面广、投入资金多以及历史遗留问题、隐患整改进度比较缓慢，同时，破坏、损害油气输送管道及其附属设施的现象仍然十分严重，管道周边乱挖乱钻及老旧管道腐蚀问题非常突出，油气输送管道事故呈现多发势头。

为此国务院安全生产委员会全体会议进行了工作部署：为全面彻底整改油气输送管道安全隐患，依法严厉打击破坏损害油气输送管道及其附属设备的各类违法行为，有效防范和坚决遏制油气输送管道重特大事故的发生，确保油气输送管道安全生产形势持续稳定好转，经国务院同意，决定于 2014 年 10 月至 2017 年 9 月在全国范围内深入开展油气输送管道隐患整改攻坚战。在 3 年的专项隐患排查中，重点工作有八项：

①加快推进隐患整治；②严格落实企业主体责任；③强化地方政府和相关部门安全保护职责；④集中开展“打非治违”专项行动；⑤实行隐患治理分级挂牌督办制度；⑥建立政府和企业应急联动机制；⑦建立隐患整治和“打非治违”工作通报制度；⑧强化源头治理，推进油气输送管道安全保护长效机制建设。

另据 2015 年 5 月 18 日人民日报报道：近日，国家安监总局在全国范围内启动了石油化工企业安全隐患专项排查整治。指出今年以来，全国已发生 6 起较大的化工和危险化学品事故，反映出部分企业没有认真贯彻有关要求，也反映出一些地方监管执法和事故查处力度有待加强。此次排查整治目标，是切实强化和落实企业安全生产主体责任，进一步对石油化工企业工艺设计、装置布局、建筑施工、安全管理等进行全方位、全环节、全覆盖、深层次的隐患排查治理，全面提高石油化工企业安全保障能力和应急处置能力。

第三节 基本概念

一、安全生产事故隐患

安全生产事故隐患（隐患、事故隐患或安全隐患），是指生产经营单位违反安全生产法律、法规、规章、标准、规程和安全生产管理制度的规定，或因其他因素在生产经营活动中存在可能导致事故发生的物的危险状态、人的不安全行为和管理上的缺陷。

在事故隐患的三种表现中，物的危险状态是指生产过程或生产区域内的物质条件（如材料、工具、设备、设施、成品、半成品）处于危险状态；人的不安全行为是指人在工作过程中的操作、指示或其他具体行为不符合安全规定；管理上的缺陷是指在开展各种生产活动中所必需的各种组织、协调等行为存在的缺陷。

二、事故隐患的分级

1. 一般事故隐患

可能造成一次死亡 1～2 人，或一次重伤 3～9 人，或直接经济损失 100 万元以下的事故隐患。

2. 较大事故隐患

可能造成一次死亡 3～9 人，或一次重伤 10～29 人，或直接经济损失 500 万元以下的事故隐患。

3. 重大事故隐患

可能造成一次死亡10～29人，或一次重伤30人以上，或直接经济损失500万元以上至1000万元以下的事故隐患。

4. 特大事故隐患

可能造成一次死亡30人以上，或直接经济损失1000万元以上的事故隐患。

三、事故隐患类别

①火灾；②爆炸；③中毒和窒息；④水害；⑤坍塌伤害；⑥滑坡伤害；⑦泄漏伤害；⑧腐蚀伤害；⑨电击伤害；⑩坠落伤害；⑪机械伤害；⑫煤与瓦斯突出伤害；⑬公路设施伤害；⑭铁路设施伤害；⑮公路车辆伤害；⑯铁路车辆伤害；⑰水上运输伤害；⑱港口码头伤害；⑲空中运输伤害；⑳航空落伤害；㉑其他伤害。

四、危险化学品企业事故隐患分类

①生产工艺类；②机械设备类；③电气仪表类；④建构筑物类；⑤作业环境类；⑥技术管理类。

五、隐患排查

隐患排查是指生产过程经营单位组织安全生产管理人员、工艺技术人员和其他相关人员对本单位的事故隐患进行排查，并对排查出的事故隐患，按照事故隐患的等级进行登记，建立事故隐患档案信息等，换句话说就是，识别事故隐患的存在并确定其特性和等级的过程。

六、隐患排查模式

危险化学品企业应建立隐患排查模式，即“隐患排查体系→风险评价体系→监控治理体系”。实现“查找隐患→风险评估→整改治理→预防事故”闭环管理的安全生产长效机制。隐患排查体系是：公司（厂）、车间、班组定期排查和岗位自查；风险评价体系：由专业技术人员组成评价组织，定期进行作业活动的风险评估；监控治理体系：公司（厂）、车间、班组和岗位进行分级监控治理。

七、隐患治理

隐患治理是指消除或控制隐患的活动或过程。对排查出的事故隐患，应当按照事故隐患的等级进行登记，建立事故隐患信息档案，并按照职责分工实施监控治理。对于一般事故隐患，由于其危害和整改难度较小，发现后应当由生产经营单位（车间、分厂、班组等）负责人或者有关人员立即组织整改。对于重大事故隐患，由生产经营单位主要负责人组织制定并实施事故隐患治理方案。

八、隐患排查步骤

（1）编制隐患排查计划，制定隐患排查表。排查表要有项目、内容。计划要结合实际，项目要具体，内容要全面。排查之后要能获取有价值的信息。

（2）组织检查人员，进行有效工作。根据检查要求挑选排查人员，隐患排查人员要有一定的专业知识和一定的工作经验，有对工作高度负责的责任心。

（3）实施隐患排查。查阅文件和记录，检查作业规程、安全技术措施、安全生产责任制以及相关记录等是否齐全、有效，是否在现场得到执行、落实。并对生产作业现场进行观察，对所有生产人员、生产设备、安全设施、作业环境、操作行为等方面进行系统检查，查找人的不安全行为、物的不安全状况、环境的不安全状态以及事故征兆等。

（4）判断处理。隐患排查结束后，整理排查记录，找出存在的问题和隐患，进行分析评价，确定监控等级，提出整改意见，采取相应措施，跟踪复查验收，实现隐患管理闭环。

九、隐患排查治理体系

（1）掌握企业底数和基本情况。根据企业规模、管理水平、技术水平和危险因素等条件，掌握企业底数和基本情况，对企业进行分类分级，建立“按类分级、依级监管”的模式。

（2）制定隐患排查标准。依据有关法律法规、标准规范和安全生产标准化建设的要求，结合各地区、各行业（领域）实际，以安全生产标准化建设评估标准为基础，细化隐患排查标准，明确各类企业每项安全生产工作的具体标准和要求，使企业知道“做什么、怎么做”，使监管部门知道“管什么、怎么管”，实现安全隐患排查治理工作有章可循、有据可依。

（3）建立隐患排查治理信息系统。包括企业隐患自查自报系统，安全隐患动态监管统计分析评价系统等内容，形成既有侧重又统一衔接的综合监管服务平台，实现安全隐患排查治理工作全过程记录和管理。

（4）明确安全监管职责。在地方党委、政府的统一领导下，进一步理顺和细化有关部门和属地的安全监管职责，明确“管什么、谁来管”的问题。

（5）明确安全监管方式。在分类分级的基础上，对企业在监管频次、监管内容等方面实行差异化监管监察，提高监管工作的针对性和有效性。

（6）制定安全生产工作考核办法。突出工作过程和结果量化，将有关部门和企业建设安全隐患排查治理体系、日常执法检查等相关工作完成情况过程的各项指标，纳入安全生产工作年终考核，提高监管的约束力和公信力。

十、隐患识别的方法

事故隐患的识别是评估与治理的前提，识别就是发现与鉴别。安全系统工程提供了许多有效的辨别事故隐患的方法。

(1) 安全检查表法。是依据相关的标准、规范，对工程、系统中已知的危险类别、设计缺陷以及与一般工艺设备、操作、管理有关的潜在危险性和有害性进行判别检查。为了避免检查项目漏项，事先把检查对象分割成若干系统，以提问或打分的形式，将检查项目列表，这种表就称为安全检查表。

(2) 技术鉴别法。即通过技术鉴定、技术论证、测试等形式对设施装备进行鉴别分析，发现隐患所在。如压力容器的安全装置；机动车辆的转向、制动及灯光系统，电气设备的接地接零及绝缘设施；通风防火装置及其他隔离、密闭、抗爆、泄爆、联锁、自控等安全装置都可以定期地按技术标准进行鉴定，找出安全隐患。用测试手段对有毒有害气体、粉尘等进行检测，发现超标的隐患所在等都是技术鉴定法之列。

(3) 信息经验判别法。即根据企业的内外部信息，借鉴直接、间接的事故教训，对照本企业、本系统检查分析、判定是否存在类似问题，以此识别事故隐患的方法，这种方法一靠信息、二靠经验，故称之信息经验判别法。

(4) 预先危险分析。又称初步危险分析，主要用于危险物质和装置的主要工艺区域等进行分析。其功能主要有：大体识别与系统有关的主要危险；鉴别产生危险的原因；估计事故出现对人体及系统产生的影响；判定以识别的危险性等级，并采取消除或控制危险性的技术和管理措施。

(5) 故障假设分析。故障假设分析方法（What If Analysis）是对某一生产过程或工艺过程的创造性分析方法。使用该方法时，要求人员要对工艺熟悉，通过提出一系列“如果……怎么办?”的问题，来发现可能和潜在的事故隐患，从而对系统进行彻底检查的一种方法。在危险化学品企业的隐患排查治理工作中，该方法常被采用。

(6) 故障假设/安全检查表分析。这是一种故障假设/安全检查表分析两种方法的联合体分析方法。故障假设分析方法鼓励思考潜在的事故和后果，它弥补了基于经验的安全检查表编制时经验的不足。相反，检查表可以把故障假设分析方法更系统化。因此出现了安全检查表分析与故障假设分析组合在一起的分析方法，以便发挥各自的优点，互相取长补短弥补各自单独使用时的不足。这种方法在企业隐患排查治理中使用比较普遍。

(7) 故障类型和影响分析（FMEA）。故障类型和影响分析起源于可靠性技术，其基本内容是找出系统的各个子系统或元件可能发生的故障出现的状态（即故障类型），搞清每个故障类型对系统安全的影响，以采取措施予以防止或消除，该方法能查明元件发生各种故障时带来的危险性，是一种较为完善的分析方法，它既可用于定性分析也可用于定量分析，是企业隐患排查治理的重要方法之一。

(8) 危险和可操作性分析（HAZOP）。危险和可操作性分析是过程系统（包括流程工业）的危险分析中一种应用最广的评价方法。是一种形式结构化的方法，该方法全面、系统地研究系统中每一个元件，其中重要的参数偏离了指定的设计条件所导致的危险和可操作性问题。主要通过研究工艺管线和仪表图、带控制点的工艺流程图（P&ID）或工厂的仿真模型来确定，重点分析管路与每一个设备操作所引发潜在事故的影响。采用经过挑选的关键词表，来描述每个潜在的偏差。最终识别出所有的故障原因，得出当前的安全保护装置和安全措施。在危险化学品企业的隐患排查中也常用此方法。

（9）故障树分析（FTA）。故障树分析是美国贝尔电报公司的电话实验室于1962年开发的，它采用逻辑的方法，形象地进行危险的分析工作，特点是直观、明了，思路清晰、逻辑性强，可以做定性分析，也可以做定量分析，体现了以系统工程方法研究安全问题的系统性、准确性和预测性。它是安全系统工程的主要分析方法之一。一般来说在企业隐患排查工作中也常用用到此方法。

（10）保护层分析。保护层分析（Layer Of Protection Analysis，简称LOPA）是在定性危害分析的基础上，进一步评估保护层的有效性，并进行风险决策的系统方法，其主要目的是确定是否有足够的保护层使过程风险满足企业的风险可接受标准。LOPA是一种半定量的风险评估技术，通常使用初始事件频率、后果严重程度和独立保护层（IPL）失效频率的数量级大小来近似表征场景的风险。

十一、隐患治理遵循的原则

（1）彻底清除原则。即采用无危险的设备和技术进行生产或称为实现系统的本质安全化。这样即使人员操作失误或个别部件发生故障时都会因有完善的安全装置而避免伤亡事故的发生。

（2）降低隐患因素数值的原则。即隐患因某种原因不能消除时，应使隐患导致事故危害程度降低到人们可以接受的水平。如作业中的粉尘，不能完全排出时，则可加强个人防护，达到降低吸入量的目的。

（3）距离防护原则。某些隐患因素的作用，依然与距离有关的规律减弱。因而采用距离防护即可有效降低其危害。如对噪声、辐射的防护等。

（4）时间防护原则。即使人处在隐患危险作用的环境中的时间尽量缩短到安全限度之内。

（5）屏蔽原则。在隐患危害作用的范围内设置障碍。如吸收放射线的铅屏蔽。

（6）坚固原则。提高结构强度，增加安全性。

（7）薄弱环节原则。利用薄弱元件使危险因素来达到危险值之前预先破坏。如保险丝、安全阀、泄压膜等。

（8）不接近原则。使人不落入危险因素作用的地带，如安全栅栏等。

（9）闭锁原则。以某种方式保证一些元件，强制发生相互作用，达到安全操作。如起重机械的超负荷限制器和行程开关等。

（10）取代原则。对无法消除危险的隐患场所，用自动控制器或机器人代替人操作。

十二、事故隐患评估的基本步骤

（1）准备阶段。主要是熟悉生产工艺、厂区布置、设备配备情况、人员配置情况、收集有关资料等。寻找事故隐患形成的条件和所在地点，在这一阶段一定要做到四个字即“严、细、实、全”。

（2）定性评估阶段。主要运用安全监察表和安全系统工程原理，在准备阶段的基础上，寻找事故隐患形成的原因及所在生产工艺流程、设备、设施、场所、岗位进行粗评估，然后利用因果分析图和排列图，确定评估的优化顺序。

（3）定量评估阶段。将定性评估阶段粗评估出的事故隐患，再进一步深化细化，分化到每个子系统和单元、岗位、人头，然后按照危险度的大小，造成事故的概率进行逐项评分，根据评分总和画出三个危险等级，制定出相应的评估、治理对策和措施。

（4）再评估阶段。根据目标值，参照不同行业、同类事故所造成的人身设备事故进行再评估，找出不足和缺陷。

（5）量化计算阶段。主要运用事故树（FTA）、等级系数法等进行深评估，寻找最佳治理对策和方法，作出综合性判断、评估和治理方案，以求得最优、最理想的效果——目标值，转入下一轮评估。

十三、无隐患管理

无隐患管理是一种系统安全的管理方法，它是贯彻“安全第一、预防为主、综合治理”方针重要的途径，它的推行和运用不仅能促进安全系统工作的运用和推广，而且对促进安全管理的“专群”结合，实现安全生产的常态化、制度化也必将起到积极的作用，必须依靠有效的管理方法和内容，才能保证实现无隐患管理。一是把查找和消除隐患的程度及效益，作为评价单位安全工作的一项重要指标。二是各企业要结合自身生产特点，研究确定隐患的分类、分级的检测和处理。三是自上而下建立隐患登记、统计制度，建立隐患检查表，提高安全检查效率。四是不断提高和完善安全技术检测手段，保障无隐患管理的科学性。五是切实建立对隐患查找和整改效益的约束及激励机制，推动无隐患管理持续健康发展。

第二章 隐患排查治理理论、特征和方法

第一节 隐患排查治理理论

一、系统固有危险及事故隐患

1. 系统固有危险

事故是能量失控之后意外逸散对人类造成损害的事件。也就是说生产的根本危险源就是能量的存在，而能量又是人类得以生存和发展的必备条件。人类不论生产还是生活以及生存都离不开能量，这就决定在人类的生产、生活、生存领域无处不存在可能造成伤害和损失的危险。把生产系统中存在的能量定义为固有危险源，固有危险源可能产生损害的大小为固有危险度。

由于能量的形式及大小不同，造成的损害的大小亦不同，各种系统固有的危险性的大小也是不相同的。在实际的生产系统中，危险性可以小到无所谓危险，例如用锉刀修正零部件；也可以大到令人恐惧的地步，例如核电系统中的核反应堆。生产系统一旦确定，其能源（能量）的形式及数量即行确定，因而系统的固有危险度也就确定下来了，它既不可能消除也不可能改变，只能设法减小危险转化为事故的程度，这就是安全技术和安全管理。

2. 系统事故隐患

任何一个生产系统，如危险化学品生产系统，其能量都是由人、机、环境三者构成的，也是在人、机、环境系统控制下运行的。人、机、环境三者安全匹配的品质越高，能量就控制得越安全。反之，如果人员、机器、环境三者安全匹配的缺陷越大，能量失控的可能性就越大。将生产系统中人员、机器、环境系统中的安全品质匹配的缺陷定义为事故隐患。在生产系统中危险转变的事故的基本条件取决于固有危险源的控制程度，实际上就是取决于人员、机器、环境系统的本质安全化水平。

二、隐患评估原理

1. 剩余隐患

不论生产系统的固有危险度是大还是小，在生产系统的设计、建设、施工中，人们总是尽量地进行本质安全建设，设法消除各种事故隐患，使生产系统达到最佳的安全程度。这就是现在我们所进行的项目设立安全评价、项目建设安全条件评审、项目安全设施专篇评审、工艺过程危险和可操作性分析等工作。

生产系统中人员、机器、环境系统经过一系列的安全评价、评审和安全化建设之后，消除了一部分甚至是大部分隐患。但是，由于我国现阶段还受到技术、经济、管理、人员素质等条件的限制，在工业生产中不可能将各类事故隐患彻底消除。例如，在危险化学品生产过程中，由于存在有毒性、易燃性气体的泄漏，对于这种现象不可能完全不发生，通过人们的不懈努力，只能控制在力所能及的安全程度之内，也就是说这种安全程度是相对的、不是绝对的。因此，还会剩余一部分隐患未被消除，称为“剩余隐患”。剩余的这一部分隐患如果危害不大，可不必再做处理，如果有一定的危害性，则要进一步做适当的防护措施。但是对重大的、固有的危险源，如危险化学品生产企业的罐区，则需更严格的控制，即要求进行更高程度的人机环境系统本质安全化建设。例如，在危险化学品生产系统中 100t/h 的蒸汽锅炉要比 10t/h 的蒸汽锅炉的固有危险度大得多，对这两个不同级别的蒸汽锅炉就不能按同样的人机环境系统本质安全化水平去要求。显然，对于 100t/h 的蒸汽锅炉则要求其具有更高的本质安全化水平。

另外，人员、机器、环境系统经过本质安全化建设之后，还会在生产运行中时常产生随机不安全因素，对于这些随机产生的不安全因素需要进行安全化处理，如消除、减弱或增加安全措施等，一旦处理不及时就会使隐患增大，甚至成为重大隐患。

再者，已经经过本质安全化了的人机环境系统，经过一段时间运行之后，安全品质也会发生下降，进入本质安全的恶化、弱化阶段，从而增大了剩余隐患和隐患导致事故的程度。

还有，即使是把原生产系统的事故隐患大部分已消除，还会随着技术的更新、设备的改造、新材料的使用以及人员的变更产生新的隐患，出现新的问题。何况，由于人们对客观事物认识的局限性，必然会有一些隐患尚未发现，因而未采取消除措施。

总之，在工业生产中，特别是危险化学品的生产中，不论科学技术和管理水平如何现代化，都不能完全消除事故的隐患。这说明人机环境系统本质安全水平是相对的，只能部分地消除隐患，必然有一部分隐患尚未被消除。

2. 隐患的可接受水平

在工业生产中，对于不同的危险源，不同的历史时期，不同的社会发展水平，对剩余隐患或遗留隐患的可接受水平是不同的。这里既有技术和经济的限制，也有道德和法律的原因。例如，对于核工业的安全要求就高于一般工业，对于危险化学品的安全生产要求也高于一般工业安全生产的要求。以可靠度而论，对于一般工业装备的可靠度要求为0.999，而对于核装置和危险化学品装置的可靠度要求为0.99999，其原因之一是人们对核和危化品有更大的心理恐惧和更高的道德要求，另一个原因是核设备和危化品生产设备的可靠度与安全度的相关程度远大于一般的工业装置。

3. 风险可接受标准的确定

（1）个人与社会可接受风险标准确定原则。坚持“以人为本、安全第一”的理念。风险可接受标准是针对人员安全而设定的，根据不同防护目标处人群的疏散难易将防护目标分为低密度、高密度和特殊高密度三类场所，分别制定相应的个人可接受风险标准。将老人、儿童、病人等自我保护能力较差的特定脆弱性人群作为敏感目标优先考虑，制定了相对严格的可接受风险标准。

遵循与国际接轨、符合中国国情的原则。我国新建装置的个人可接受风险标准在现有公布可接受风险标准的国家中处于中等偏上水平。由于我国现有在役危险化学品装置较多，并综合考虑其工艺技术、周边环境和城市规划等历史客观原因，可接受风险标准对在役装置设定的风险标准比新建装置相对宽松。

（2）个人可接受风险标准。国际上通常采用国家人口分年龄段死亡率最低值乘以一定的风险可允许增加系数，作为个人可接受风险的标准值。如：荷兰、英国、中国香港等均颁布了个人可接受风险标准，见表2-1。

表2-1　一些国家或地区所制定的个人可接受风险标准

国家或地区		每年个人可接受风险值		
		医院等	居住区	商业区
荷兰	新建装置	1×10^{-6}	1×10^{-6}	1×10^{-6}
	在役装置	1×10^{-5}	1×10^{-5}	1×10^{-5}
英国(新建和在役装置)		3×10^{-7}	1×10^{-6}	1×10^{-5}
中国香港(新建和在役装置)		1×10^{-5}	1×10^{-5}	1×10^{-5}
新加坡(新建和在役装置)		1×10^{-6}	1×10^{-6}	5×10^{-5}
马来西亚(新建和在役装置)		1×10^{-6}	1×10^{-6}	1×10^{-5}
澳大利亚(新建和在役装置)		5×10^{-7}	1×10^{-6}	5×10^{-5}
加拿大(新建和在役装置)		1×10^{-6}	1×10^{-5}	1×10^{-5}
巴西	新建装置	1×10^{-6}	1×10^{-6}	1×10^{-6}
	在役装置	1×10^{-5}	1×10^{-5}	1×10^{-5}

我国与欧美国家相比，可利用土地资源缺乏、人口密度高、危险化学品生产

储存装置密集，在确定风险标准时，一方面要考虑提供充分的安全保障，另一方面要考虑稀缺土地资源的有效利用。因此对于普通民用建筑、一般居住场所的风险标准略宽松，但特殊高密度场所（大于100人）的风险标准较为严格。

我国不同防护目标的个人可接受风险标准是由分年龄段死亡率最低值乘以相应的风险控制系数得出的。根据第六次人口普查数据，10岁至20岁之间青少年每年的平均死亡率 3.64×10^{-4} 是分年龄段死亡率最低值。风险控制系数的确定参考丹麦等国的相关做法，分别选定10%、3%、1%和0.1%应用于不同防护目标，是公众对意外风险可接受水平的直观体现。最终确定了我国个人可接受风险标准，见表2-2。

表2-2 我国个人可接受风险标准值

危险化学品单位周边重要目标和敏感场所类别	每年可接受风险
(1)高敏感场所(如学校、医院、幼儿园、养老院等) (2)重要目标(如党政机关、军事管理区、文物保护单位等) (3)特殊高密度场所(如大型体育场、大型交通枢纽等)	$<3\times10^{-7}$
(1)居住类高密度场所(如居民区、宾馆、度假村等) (2)公众聚集类高密度场所(如办公场所、商场、饭店、娱乐场所等)	$<1\times10^{-6}$

从表中可以看出，我国新建装置对居民区的个人可接受风险标准低于英国、新加坡、澳大利亚、荷兰、马来西亚、巴西的要求，但高于加拿大以及中国香港的要求。我国新建装置对于医院等高敏感场所的个人可接受风险标准与英国一致，高于所有其他发达国家或地区。我国新建装置对商业区等的个人可接受风险标准低于巴西、荷兰的要求，与英国、马来西亚、加拿大以及中国香港一致，高于新加坡和澳大利亚的要求。

对于在役装置，英国、新加坡、马来西亚、澳大利亚、加拿大以及中国香港都采取与新建装置一样的风险标准，荷兰和巴西则对在役装置的个人可接受风险标准比新建装置要求低，相差一个数量级。我国城区内在役装置要比新建装置（包括新建、改建和扩建装置）的风险标准更为宽松。但现有装置一旦进行改建和扩建则其整体要执行新建装置的风险标准，避免老企业盲目发展引发新的安全距离不足的问题。

(3) 社会可接受风险标准。社会可接受风险标准是对个人可接受风险标准的补充，是在危险源周边区域的实际人口分布的基础上，为避免群死群伤事故的发生概率超过社会和公众的可接受范围而制定的。通常用累积频率和死亡人数之间的关系曲线（*F-N* 曲线）表示，如图2-1所示。社会风险曲线中横坐标对应的是死亡人数，纵坐标对应的是所有超过该死亡人数事故的累积概率。即 *F*（30）对应的是该装置造成超过30人以上死亡事故的概率，也就是特别重大事故的发生概率。

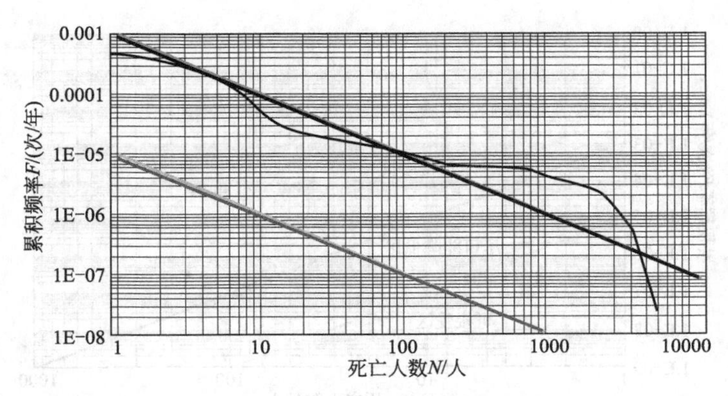

图 2-1 社会风险曲线

社会可接受风险标准并不是每个执行定量风险评价的国家都在用，例如匈牙利、巴西等国家虽然设定了个人可接受风险标准，但没有制定社会可接受风险标准。在设置社会可接受风险标准的国家和地区中，英国、荷兰以及中国香港的社会可接受风险标准较具有代表性（如图 2-2～图 2-5 所示）。

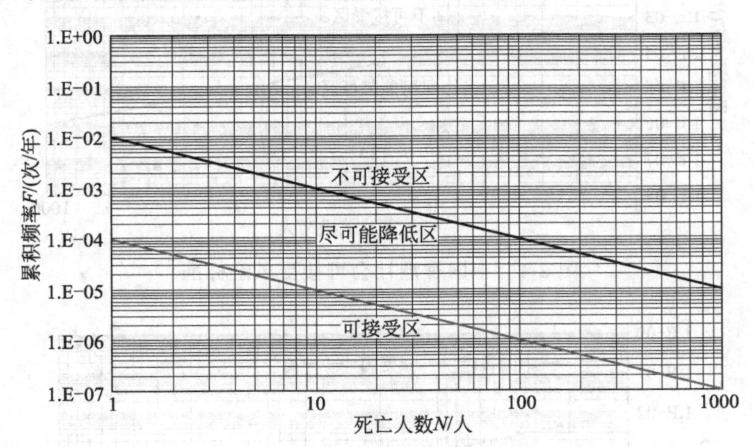

图 2-2 英国社会可接受风险标准

4. 事故隐患评估的概念公式

人们在生产过程中对事故隐患的排查治理的实践中，认识到隐患排查治理是有效防止和减少各类事故发生、保障人民群众生命财产安全的重要手段和方法，是贯彻落实“安全第一、预防为主、综合治理”安全生产方针、强化安全生产责任的重要战略。在工作实践中逐步摸索和总结出一套行之有效的方法，例如，对事故隐患的评估的概念公式的建立就是佐证。

设： G——表示生产系统固有危险度；

P——表示剩余隐患使系统固有危险转化为事故的概率；

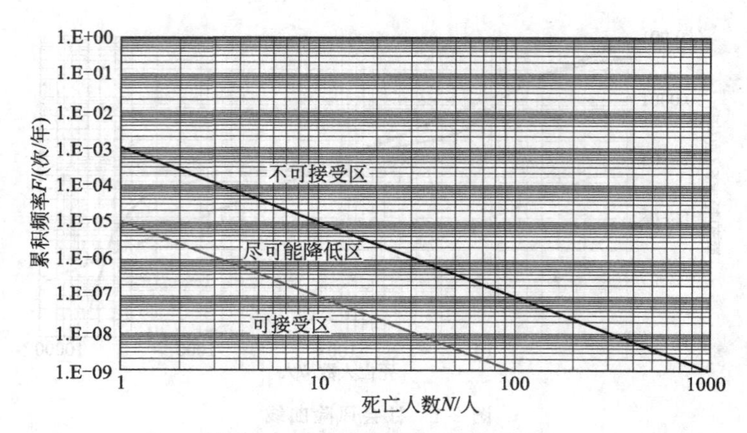

图 2-3 荷兰社会可接受风险标准

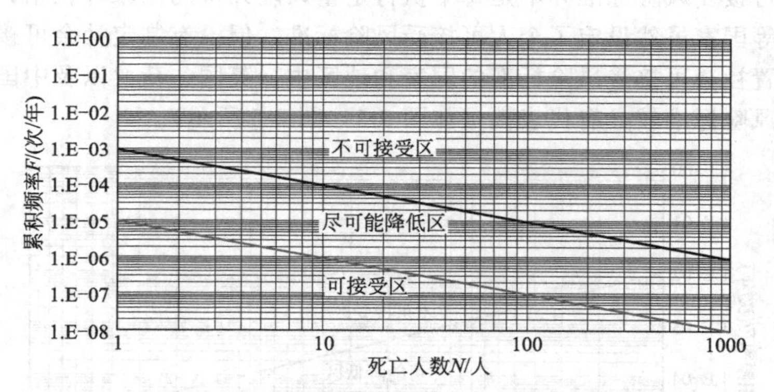

图 2-4 中国香港社会可接受风险标准

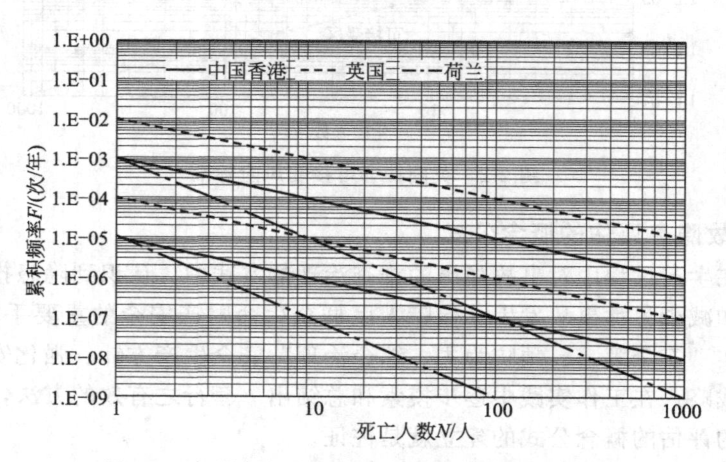

图 2-5 各国家和地区的社会可接受风险标准对比

S——表示人机环境系统剩余隐患的危险度；

g——表示可接受隐患的危险度；

d——待控制的生产系统固有危险度；

y——待控制的人机环境系统事故隐患（简称隐患）。

则有：

$$S=PG$$

当：

$$S>g \quad D=S-g=PG-g$$

构成生产系统待控制固有危险源d的，是人机环境中系统中的待消除隐患y。生产系统中d越大，则人机环境系统中的待消隐患y越大，d和y是对应趋同的关系。在隐患排查治理工作中，除了安全设计、配备安全装置以外，想方设法消除生产系统中的d进而消降人机环境系统中的y，使d和y趋近于零，则是隐患排查治理的理想状态，也是安全生产的终极目的。

三、隐患治理原理

治理隐患的方法因各个专业技术的性质不同而不同，同一个隐患，其治理的具体方法也多种多样，在这里仅论述隐患排查治理的共性原理，供企业的安全工作者在拟定治理隐患方案时参考。一般来说，治理隐患的基本原理有三个：一是直接治理，即人员、机器、环境系统本质安全化建设；二是间接治理，即安全管理机制建设；三是意识形态治理，即安全文化发扬和发展。

1. 人机环境系统本质安全化建设

安全工程的基本原理就是实现人机环境系统本质安全化，从本质上消除人员、机器、环境系统的安全缺陷。人机环境系统本质安全化的目的有两个方面：改进一是降低发生事故的可能性；二是降低隐患造成事故灾害的严重性（程度）。例如，改进人员、机器、环境三者的匹配关系，可以有效地减少人的失误，而提高人员对事故的应急处理能力，就可以有效地降低灾害程度。人机环境系统本质安全化是指对生产系统中人、机、环境三者进行最佳的安全匹配。包括人、机、环境三个方面的本质安全化建设。

（1）人员本质安全化。人员本质安全化是指对人员不断地进行安全生理的、安全心理的、安全意识的、安全思想的、安全文化的及安全技术的选择和训练，不断提高人员与系统安全匹配的水平。其中，安全生理、安全心理、安全意识、安全思想及安全文化属于人员的基本素质，安全技术的内容有很多，每一门专业技术有其自身的安全技术，如化工安全技术、机械安全技术、冶金安全技术、航空航天安全技术、电子信息安全技术、电力安全技术、网络安全技术、核安全技术等，但从消除隐患的角度，还应强调对系统不安全因素的辨识控制技术及事故临界状态的紧急处理技术。

（2）机具本质安全化。机器工具的本质安全化是指设备可靠性、安全性能、安全防护系统及安全保护系统四个方面的安全化建设。本质安全是指操作失误时，设备能自动保证安全；当设备出现故障时，能自动发现并自动消除，能确保人身和设备的安全。为使设备达到本质安全而进行的研究、设计、改造和采取各种措施的最佳组合称为本质安全化。

设备是构成生产系统的物质系统，由于物质系统存在各种危险与有害因素，为事故的发生提供了物质条件。要预防事故发生，就必须消除物的危险与有害因素，控制物的不安全状态。本质安全的设备具有高度的可靠性和安全性，可以杜绝或减少伤亡事故，减少设备故障，从而提高设备利用率，实现安全生产。本质安全化正是建立在以物为中心的事故预防技术的理念上，它强调先进技术手段和物质条件在保障安全生产中的重要作用。希望通过运用现代科学技术、特别是安全科学的成就，从根本上消除能形成事故的主要条件；如果暂时达不到时，则采取两种或两种以上的安全措施，形成最佳组合的安全体系，达到最大限度的安全。同时尽可能采取完善的防护措施，增强人体对各种伤害的抵抗能力。设备本质安全化的程度并不是一成不变的，它将随着科学技术的进步而不断提高。

从人机工程理论来说，伤害事故的根本原因是没有做到人-机-环境系统的本质安全化。因此，本质安全化要求对人-机-环境系统作出完善的安全设计，使系统中物的安全性能和质量达到本质安全程度。从设备的设计、使用过程分析，要实现设备的本质安全，可以从三方面入手：

① 设计阶段。采用技术措施来消除危险，使人不可能接触或接近危险区，如在设计中对齿轮系采用远距离润滑或自动润滑，即可避免因加润滑油而接近危险区。如将危险区完全封闭，采用安全装置，实现机械化和自动化等，都是设计阶段应该解决的安全措施。

② 操作阶段。建立有计划的维护保养和预防性维修制度；采用故障诊断技术，对运行中的设备进行状态监督；避免或及早发现设备故障，对安全装置进行定期检查，保证安全装置始终处于可靠和待用状态，提供必要的个人防护用品等。

③ 管理措施。指导设备的安全使用，向用户及操作人员提供有关设备危险性的资料、安全操作规程、维修安全手册等技术文件；加强对操作人员的教育和培训，提高操作人员发现危险和处理紧急情况的能力。

根据事故致因理论，事故是由物的不安全状态和人的不安全行为在一定的时空里的交叉所致。据此，实现本质安全化的基本途径有：从根本上消除发生事故的条件（即消除物的不安全状态，如替代法、降低固有危险法、被动防护法等）；设备能自动防止操作失误和设备故障（即避免人操作失误或设备自身故障所引起的事故，如联锁法、自动控制法、保险法）；通过时空措施防止物的不安全状态和人的不安全行为的交叉（如密闭法、隔离法、避让法等）；通过人-机-环境系统的优化配置，使系统处于最安全状态。

机器工具本质安全化从控制导致事故和“物源”方面入手，提出防止事故发生的技术途径与方法，对于从根本上发现和消除事故与危害的隐患、防止误操作及设备故障可能发生伤害具有重要的作用。它贯穿于方案论证、设计、基本建设、生产、科研、技术改造等一系列过程的诸多方面，是确保安全生产所须遵循的“物的安全原则”。

(3) 环境本质安全化。环境本质安全化是指物理化学环境环境、空间环境、时间环境、自然环境四个方面的安全化建设。搞好环境本质安全化要结合各种制度和环境。实现物理化学环境的本质安全，就要以国家标准作为管理的依据，对采光、通风、温湿度、噪声、粉尘及各种化学有毒有害物，采取有效控制措施，使其达到国家标准要求的指标。实现空间环境的本质安全，应保证企业的生产空间、平面布置和各种安全卫生设施、道路等都符合国家有关法律法规和标准。实现时间环境的本质安全，必须做到按照设备使用说明和设备定期试验报告，来决定设备的修理和更新，同时，必须遵守《中华人民共和国劳动法》，使人员在体力能承受的法定时间内从事工作。实现自然环境的本质安全，就是要提高装置的抗灾防灾能力，搞好事故灾害的应急预防对策和组织落实。

2. 安全管理机制建设

安全管理机制建设的目标是使安全管理机制与生产系统运行机制相匹配。对于危险化学品企业来说，搞好安全管理机制建设是确保其安全生产的重要工作之一。

(1) 安全管理的主要功能。笔者认为，企业安全管理的主要功能有三个：

① 有效地进行人员、机器、环境系统本质安全化建设，以及系统随机安全化建设，实现安全生产的良性循环，特别是在危险化学品生产企业，大多工艺流程长，化学反应复杂，涉及的设备、机器种类多，管线规格型号庞杂，随机安全化建设功能更加凸显出来。

② 及时、正确地处理各类事故。现阶段由于受科学技术水平的限制、受设备制造技术的限制、受冶金材料技术的限制、受人员安全素质的限制，在危险化学品的生产过程中还不可能完全杜绝事故，对于突发性或偶发性发生的事故，必须做到“四不放过”(即事故原因不清不放过、责任者没有受到处理不放过、员工没有受到教育不放过、没有防范措施不放过)，进而完善人员、机器、环境系统本质安全化建设，避免重复性事故的发生。

③ 制定并执行安全生产法律、法规、规章、制度，监督监察企业所有员工的执法守法状况。特别是在新《中华人民共和国安全生产法》颁布之后，企业更应该根据法律的要求制定并执行安全生产法律、法规。

(2) 安全管理制度建设。我们把企业的安全管理机制定义为安全管理系统的结构及其控制、联络、调节功能。对于不同的管理对象及不同的管理层次，其控制和调节功能是不相同的。例如，对于全国工业企业安全生产状况的控制，是国家及政府对工业企业安全管理机制的功能；对于各个企业内部安全生产状况的控制，是企业自身安全管理机制的功能；对于社会性灾害、交通事故等状况的控制，是国家、政府及公安等部门对社会安全管理机制的功能；对于地震、海啸、火灾等灾难的管理是国家、政府相关部门安全管理机制的功能。

对于一个危险化学品企业来说，安全管理机制对消除事故隐患相当重要，必须强调的是对设计、生产、储存、使用、运输等各个环节制定并执行隐患评估标准，制定并执行隐患治理方案，并制定一系列的安全管理制度，以及设计并建立事故应急救援系统。下面举例为某中央企业的规定，在其所辖范围内的危险化学品企业，必须建立50项安全管理制度。这些“安全管理制度”的名称如下：

安全生产责任制；
安全生产责任考核制度；
工艺管理制度；
开停车管理制度；
设备管理制度；
电气管理制度；
公用工程管理制度；
安全作业管理制度；
安全技术措施管理制度；
变更管理制度；
安全例检制度；
安全监督检查制度；
安全隐患排查与治理制度；
领导干部带班值班制度；
事故管理制度；
厂区交通管理制度；
防火防爆管理制度；
防尘防毒管理制度；
防泄漏管理制度；
重大危险源监控管理制度；
关键装置、重点部位管理制度；

危险化学品安全管理制度；
承包商管理制度；
供应商管理制度；
劳动防护用品管理制度；
安全教育与培训制度；
安全生产奖惩制度；
作业场所职业安全卫生健康管理制度；
安全投入保障制度；
新建、改建、扩建工程安全“三同时”管理制度；
安全质量标准化管理制度；
事故应急救援制度；
挂牌督办和事故约谈制度；
生产设施安全管理制度；
仓库、罐区安全管理制度；
安全会议制度；
剧毒化学品安全管理制度；
消防管理制度；
禁火、禁烟管理制度；
特种作业人员管理制度；

管理制度评审和修订制度；

管理部门、基层班组安全活动管理制度；

安全报告制度；

安全目标管理制度；

民主管理监督制度；

安全生产承诺制度；

安全风险管理制度；

生产安全事故新闻发布制度；

安全举报制度；

生产安全红线规定。

根据国家安全监管总局、工业和信息化部《关于危险化学品企业贯彻落实〈国务院关于进一步加强企业安全生产工作〉的实施意见》（安监总管三【2010】186号）要求，建立了前33项安全管理制度。根据安全监管总局《危险化学品从业单位安全标准化规范》（安监总局化字【2005】198号）要求，建立了9项安全管理制度。根据《国家安全监管总局关于进一步企业安全生产规范化建设严格落实企业安全生产主体责任的指导意见》（安监总办【2010】139号）要求，建立了4项安全管理制度。依据《危险化学品经营许可证管理办法》（国家安全生产监管总局令第55号）要求，化工企业要建立了1项安全管理制度。依据《中央企业安全生产监督管理暂行办法》（国务院国有资产监督管理委员会令第21号）要求，建立1项安全管理制度。另有集团公司明确要求建立的2项安全管理制度。

这50项安全管理制度是国家安全生产法律、法规的延伸，是企业安全生产管理的依据、标准和规范，对于建立企业安全生产秩序，规范企业安全管理和员工行为，构建安全生产长效机制有着十分重要的意义。

危险化学品企业要按照制度进行自查自检，按照科学性、规范性、可行性、可操作性相结合的原则，对现有安全管理制度进行全面系统的梳理、评估、建立、修订和完善。

第二节　隐患排查治理特征

事故隐患有其独有的特征，了解和掌握这些事故隐患的基本特征，有利于安全管理者对症下药，搞好事故预防和预测。事故隐患有以下几个特征。

一、潜在性

事故隐患的潜在性是指：人或事在事故发生前存在的各种危险因素到发生事故为止有一个发展过程，这个过程时间的长短就是这个事故隐患的潜在性。由于事故的潜在性还没有被人们完全认识，往往给人们造成一种“没有关系，不会发生事故”的假象，这是非常有害的。预防事故发生的根本措施是必须深刻认识事故隐患的潜在性，随时都有发生事故的可能性。事故隐患的潜在性越来越有可能即刻发生事故，安全工作者的主要任务或隐患排查治理的主要工作就是缩短隐患的潜在性，把隐患及时消除，也就及时控制了事故的发生。

二、因果性

事故隐患到底什么时候、什么地点、在什么人身上转换为伤害事故，这有很大的偶然性。一般来说，事故隐患都是由起因物（也就是直接和间接原因）引起的，并且在发展过程中有其因必有其果。直接原因是指直接导致事故的原因，如在生产过程中设备、机械或环境的不安全状态以及人的不安全行为等。间接原因是指直接原因得以产生或存在的原因即通常所说的管理原因。

在隐患排查治理工作中，掌握事故隐患的因果特征，不仅要消除事故的直接原因，更为重要的是消除事故发生的间接原因，这样才能有效地杜绝事故的发生，使隐患排查治理工作实现真正的目的。

三、时效性

事故隐患的时效性很强。就是说事故隐患在一定的时间内会变成事故，因此，在这个“一定时间内”必须要想方设法去消除这个隐患，否则，即使排查出这个隐患，不去及时治理，也会随之发展为事故，这次隐患排查将是失败的。如在危险化学品生产企业，压缩车间的主梁发现裂纹，这个裂纹就向人们发出了裂纹断裂厂房有可能倒塌的信号。这个裂纹从发生断裂到倒塌之间的时间就是这个事故隐患的时效。一旦压缩车间厂房倒塌，这个时效性也随之结束。

在隐患排查治理中，对于发现的事故隐患的时效性必须尽在掌控中，这样才能在“一定的时间内”将隐患消除，达到安全生产。

四、事故隐患的评估

1. 事故隐患评估的原则

事故隐患评估的原则，是贯穿事故隐患评估工作全过程的基本准则，是探讨事故隐患评估方法和内容的中心线索。根据事故隐患客观特点，事故隐患评估的基本原则如下：

（1）客观实在原则。事故隐患是由物的不安全状态、人的不安全行为和管理上的缺陷共同偶合形成的，是一种看得见摸得着，具有可辨认、可评价的客观实在的物态和其具体环境。

（2）普遍性原则。事故隐患存在于人们的生产经营过程中和生产经营活动中，或存在于生产经营物资储存期间的任何环节，任何生产或经营企业，只要有物的不安全状态、人的不安全行为或管理上存在的缺陷的偶合体存在，均可有事故隐患，这就是普遍性原则。

（3）可行性原则。事故隐患的存在，是导致事故发生的基础和产生危害性的原点，在事故隐患排查治理工作中，评估事故隐患是控制事故发生的前提、基础、手段，是一种确定的传递关系。因此，揭示事故隐患的危险发生的可能性和危险发生的严重性的确认、辨识工作。可行性原则贯穿于事故隐患评估的全过程。

（4）评估相结合原则。在企业的隐患排查治理工作中，对重大、特大事故隐患，危险发生可能性大、严重性大，可能涉及人数巨多、财产损失数额大、整改支出费用较大的，应提高评估质量、提高评估级别，采用企业聘请专家和专业人员指导评估。主管部门应根据“谁主管、谁负责”的原则对本行业、本系统的重、特大事故隐患，由行政主管部门组织评估或行业聘请专家和专业人员参与共同评估。

特别重大的事故隐患对企业的安全甚至对社会的安全具有严重威胁，地方主管安全生产的综合管理部门（安全生产监督管理局）或检察机关，可自行或聘请或委托专业的专家和技术人员进行评估。现在一般的做法是：以企业评估为基础，主管部门分级管理评估以及安全管理人员评估为主线，与专业的专家和科技人员评估相结合为原则，使定性评估和定量评估相结合的方法得以具体贯彻落实。

2. 事故隐患评估的方法

针对事故隐患分级管理评估的思路来选用事故隐患评估方法。一般来说可分为两类：一是适用于企业的领导和安全生产管理人员评估的方法，即以定性评估为主，辅之以定量评估相结合的评估方法，适用于一般和重大的事故隐患的评估；二是适用于专业技术人员和专家得以定量评估为主的事故隐患评估方法，适用于重大、特大的事故隐患的评估。

一般来说，定性为主的事故隐患评估的方法和内容有：

（1）危险物质。在企业的生产经营活动中使用、产生或储运的危险性物质是客观存在的，特别是危险化学品的生产和经营企业。为发挥危险物质在生产经营中的作用，又避免产生危害，需根据危险物的危险程度及其数量，辨认和评估其危险的严重性和造成事故的可能性，可根据国家现有的标准和有关规定的确定性分析借此运用到评估中去，以解决评估内容的确认尺度。

例一：《危险化学品重大危险源辨识》（GB 18218—2009）以临界量划分危险化学品重大危险源。危险化学品不管是生产还是储存，只有危险物品大于等于规定的临界量，就定为重大危险源。危险化学品名称及其临界量见表 2-3 和表 2-4。

表 2-3 危险化学品名称及其临界量

序号	类别	危险化学品名称和说明	临界量/t
1	爆炸品	叠氮化钡	0.5
2		叠氮化铅	0.5
3		雷酸汞	0.5
4		三硝基苯甲醚	5
5		三硝基甲苯	5
6		硝化甘油	1
7		硝化纤维素	10
8		硝酸铵(含可燃物＞0.2％)	5
9	易燃气体	丁二烯	5
10		二甲醚	50
11		甲烷，天然气	50
12		氯乙烯	50
13		氢	5
14		液化石油气(含丙烷、丁烷及其混合物)	50
15		一甲胺	5
16		乙炔	1
17		乙烯	50
18	毒性气体	氨	10
19		二氟化氧	1
20		二氧化氮	1
21		二氧化硫	20
22		氟	1
23		光气	0.3
24		环氧乙烷	10
25		甲醛(含量＞90％)	5
26		磷化氢	1
27		硫化氢	5
28		氯化氢	20
29		氯	5
30		煤气(CO、CO_2 和 H_2、CH_4 的混合物等)	20
31		砷化三氢(胂)	12
32		锑化氢	1
33		硒化氢	1
34		溴甲烷	10

续表

序号	类别	危险化学品名称和说明	临界量/t
35	易燃液体	苯	50
36		苯乙烯	500
37		丙酮	500
38		丙烯腈	50
39		二硫化碳	50
40		环己烷	500
41		环氧丙烷	10
42		甲苯	500
43		甲醇	500
44		汽油	200
45		乙醇	500
46		乙醚	10
47		乙酸乙酯	500
48		正己烷	500
49	易于自燃的物质	黄磷	50
50		烷基铝	1
51		戊硼烷	1
52	遇水放出易燃气体的物质	电石	100
53		钾	1
54		钠	10
55	氧化性物质	发烟硫酸	100
56		过氧化钾	20
57		过氧化钠	20
58		氯酸钾	100
59		氯酸钠	100
60		硝酸(发红烟的)	20
61		硝酸(发红烟的除外,含硝酸≥70%)	100
62		硝酸铵(含可燃物≤0.2%)	300
63		硝酸铵基化肥	1000
64	有机过氧化物	过氧乙酸(含量≥60%)	10
65		过氧化甲乙酮(含量≥60%)	10

续表

序号	类别	危险化学品名称和说明	临界量/t
66	毒性物质	丙酮合氰化氢	20
67		丙烯醛	20
68		氟化氢	1
69		环氧氯丙烷(3-氯-1,2-环氧丙烷)	20
70		环氧溴丙烷(表溴醇)	20
71		甲苯二异氰酸酯	100
72		氯化硫	1
73		氰化氢	1
74		三氧化硫	75
75		烯丙胺	20
76		溴	20
77		亚乙基亚胺	20
78		异氰酸甲酯	0.75

表 2-4 未在表 2-3 中列举的危险化学品类别及其临界量

类别	危险性分类及说明	临界量/t
爆炸品	1.1A 项爆炸品	1
	除 1.1A 项外的其他 1.1 项爆炸品	10
	除 1.1 项外的其他爆炸品	50
气体	易燃气体:危险性属于 2.1 项的气体	10
	氧化性气体:危险性属于 2.2 项非易燃无毒气体且次要危险性为 5 类的气体	200
	剧毒气体:危险性属于 2.3 项且急性毒性为类别 1 的毒性气体	5
	有毒气体:危险性属于 2.3 项的其他毒性气体	50
易燃液体	极易燃液体:沸点≤35℃且闪点<0℃的液体;或保存温度一直在其沸点以上的易燃液体	10
	高度易燃液体:闪点<23℃的液体(不包括极易燃液体);液态退敏爆炸品	1000
	易燃液体:23℃≤闪点<61℃的液体	5000
易燃固体	危险性属于 4.1 项且包装为Ⅰ类的物质	200
易于自燃的物质	危险性属于 4.2 项且包装为Ⅰ或Ⅱ类的物质	200
遇水放出易燃气体的物质	危险性属于 4.3 项且包装为Ⅰ或Ⅱ的物质	200
氧化性物质	危险性属于 5.1 项且包装为Ⅰ类的物质	50
	危险性属于 5.1 项且包装为Ⅱ或Ⅲ类的物质	200
有机过氧化物	危险性属于 5.2 项的物质	50
毒性物质	危险性属于 6.1 项且急性毒性为类别 1 的物质	50
	危险性属于 6.1 项且急性毒性为类别 2 的物质	500

注：以上危险化学品危险性类别及包装类别依据 GB 12268 确定，急性毒性类别依据 GB 20592 确定。

例二：易燃可燃物质可按生产性的火灾危险性分类原则，根据使用、产生或储运中的物质，可依分类范围划分为甲、乙、丙、丁（即①、②、③、④）级。

例三：如果是有毒或毒性物质，可按《职业性接触毒物危害程度分级》，根据使用、产生的物质，可选用①、②、③级。

(2) 危险性防护。该项主要考虑设备及物的不安全状态的存在，具体评估内容，对于安全装置、防护设施、预警控制、安全控制等，因有不安全状态的存在，按客观上直接关联的危险程度，可分为①、②、③级。即按设定规定为①级是致命的，②级是严重的，③级是危险的。

(3) 安全间距。依据危险场所所在地与周边的间距是否符合安全要求，来辨认危险场所涉外或由外涉内是否还有诱导危险因素存在，而这种诱导危险的联动损害程度是相加还是相乘的因素来评估。

(4) 相邻关系。依据危险场所和危险源的能量和向周边逸散的损害能力，来评估对周边的影响和具体距离，以此距离内现状所活动的人员和财务价额、数量来确定相邻关系的威胁程度（或称为改善程度）。

以上四个方面对事故隐患的评估是综合性的，如果有危险物质存在，其他均符合要求，并不能列为事故隐患的存在。有危险物的存在，并且危险防护和安全间距有缺陷，有可能造成危险物自身及相邻关系中的人员、财物的潜在损害，才能评估为事故隐患。对评估出的事故隐患一般划分为一般、重大、或特大事故隐患，对重大、特大事故隐患，再用定量分析为主的方法进一步确定，为事故隐患的整改消除提供决策依据和建议。

一般来说，定量分析为主的事故隐患评估的方法有：

① 安全检查表法；

② 预先危险分析法；

③ 故障假设分析法；

④ 故障假设/安全检查表分析法；

⑤ 故障类型和影响分析法；

⑥ 危险和可操作性分析法；

⑦ 故障树分析法；

⑧ 保护层分析方法。

对于以上以定量分析为主的方法在本书第一章中已有一定的介绍，在这里不再重复。

第三节 事故隐患评估思路

一、思路简述

事故隐患评估理论和方法体系的提出与构建，标志着我国“安全第一，预防为主，综合治理”的安全生产方针已经深化到了一个新的阶段。它为从根本上治理重大、特大事故隐患，杜绝和减少事故的发生，展示了广阔的前景。众所周知，任何事故隐患，都是主观和客观引起的不安全因素，这些不安全因素会在一定的时间、空间和主观、客观条件下，进而导致事故发生。其表现形式是多姿多态的，它总是以明显的或隐蔽的、抽象的或具体的、正面的或侧面的方式出现在我们的面前。但是，不管形式如何，只要按照其变化发展的客观规律性和必然性，就能够正确而全面地估计和预见预测到事故隐患所带来的后果，根据这种后果，安全管理者将事故隐患分为巨型（特大）事故隐患、中型（重大）事故隐患和小型（一般）事故隐患三大类。

无论事故隐患是属于巨型（特大）的，还是中型（重大）的，或者是小型（一般）的，其后果都无非是对国家和人民生命、财产及健康的侵害，与此同时，也将带来程度不同的社会影响和政治影响。对三种类型事故隐患的评价（评估），也就应当以其给国家和人民生命、健康及财产所引起的不同侵害程度为基础和条件，它是评价事故隐患类型的根本标准。见表2-5。

表 2-5 事故隐患评价标准

事故隐患类型	可能结果	评价标准
巨型(特大)事故隐患	人身伤亡	① 可导致死亡3人(含3人)以上的事故隐患； ② 可导致重伤5人(含5人)以上的事故隐患； ③ 可导致轻伤10人(含10人)以上的事故隐患
	经济损失	① 可造成直接经济损失10万元(含10万元)以上的事故隐患； ② 可造成间接经济损失50万元(含50万元)以上的事故隐患
中型(重大)事故隐患	人身伤亡	① 可导致死亡3人(含3人)以下的事故隐患； ② 可导致重伤5人(含5人)以下的事故隐患； ③ 可导致轻伤10人(含10人)以下的事故隐患
	经济损失	① 可造成直接经济损失10万元以下、3万元(含3万元)以上的事故隐患； ② 可造成间接经济损失50万元以下、5万元(含5万元)以上的事故隐患
小型(一般)事故隐患	人身伤亡	① 可导致重伤3人以下的事故隐患； ② 可导致轻伤5人以下的事故隐患
	经济损失	① 可造成直接经济损失5万元以下的事故隐患； ② 可造成间接经济损失10万元以下的事故隐患

尽管划分了事故隐患的类型，确定了事故隐患的评价标准，然而如何对某一具体的事故隐患做出准确、客观的评价绝不是一件简单和容易的事。因为事故隐患产生、存在和发展的时间与空间各不相同，各种事故隐患内部的矛盾及规律性千差万变，所以，只有对各种事故隐患进行科学的分析、认真的研究、精确的判断，才能使事故隐患评估具有实际意义。笔者通过多年在危险化学品企业的工作实践，认为对其隐患的评估应从以下几个方面入手。

二、善于辨别各种事故隐患

所谓事故隐患，就是客观存在的事物，在一定条件下能够引发事故的因素。及时检查发现，并采取行之有效的治理技术与安全措施，消除隐患的存在，杜绝事故的发生是企业广大员工及安全工作者和各级领导干部的根本目的。因为事故隐患的呈现形成多种多样，有正面表现出来的，也有侧面表现出来的；有明显具体的，也有抽象隐蔽的。因此，认真分析具体情况，具体问题具体分析，并透过现象看本质，要求隐患排查人员必须按照安全技术要求和规范标准及各类事故隐患所特有的规律去判别其真伪。在这个问题上，既要坚持实事求是的原则，善于捕捉住一切潜在的事故隐患，又不要草木皆兵，客观正确地把握和对待所排查出来的事故隐患，对症下药逐一消除解决。

三、 善于掌握事故隐患的特点与规律

在工业生产中，特别是在危险化学品的生产过程中，不同的事故隐患，其内部的矛盾性和变化发展规律也必然有差异，因此，在对事故隐患的评估过程中，必须用相互联系的和变化发展的观点，全面、客观地分析并预测出事故隐患的后果。这就要求隐患排查人员一要熟知每一事故隐患所能涉及的一切人、财、物及环境影响等；二要熟知每一事故隐患由于受不同条件的作用，而其必然结局也会不同的事实。例如：一辆坐满 60 人的客车，被一个刚喝过酒且技术不很熟练的司机在陡峭的盘山公路上驾驶，危险陡峭的山路，再加司机喝酒和技术不熟练，便构成了特大事故隐患。这种特大事故隐患（车辆坠入悬崖，群死群伤和车毁）必然结局已近在咫尺。因此，将其定为巨型事故隐患，也在情理之中。

四、建立评估事故隐患的试验设施和技术体系

事故隐患评估，是一项庞大而复杂的关系工程，它是建立在科学技术和实践实验基础上的准确预测。因此，要健全和完善隐患评估的试验设施和试验技术体系，全面而系统地掌握事故隐患的成因、特点以及规律，从根本上达到治理重大、特大事故隐患的目的。不同行业、不同系统的安全技术管理部门，应当根据各自不同的特点和实际情况，建立起事故隐患评估的试验设施和试验技术体系，有针对性地进行“隐患-事故”的模拟实验，通过实验获取事故隐患评估的各种技术数据和论证材料，进而把事故隐患评估工程引入标准化、系统化、科学化的轨道。

五、掌握丰富的技术规范和安全知识

任何事故隐患的产生、存在和发展都不是孤立的，任何行业或领域生产、流通、经营、技术运行中的事故隐患，都是对技术标准、规范要求和客观规律的违背和偏离，这种违背和偏离所赐予的惩罚，就是事故发生。在对事故隐患评估过

程中，如果不具备丰富的、与事故隐患息息相关的技术规范和安全技术，就难以对事故隐患做出准确、科学的评估。因此，对事故隐患评估也是对评估者所具有的专业安全技术、安全标准规范、安全政策法规的检验。这种检验是衡量事故隐患评估是否准确的重要标准。例如：在危险化学品生产中，要对易燃、易爆、有毒、腐蚀性物质生产过程中的事故隐患做出评估，就首先应了解该物质的特点性能、生产工艺流程和标准规范等知识。例如，要对石油天然气开采的事故隐患做出评估，就必须掌握天然气的特点、性能、安全技术要求、安全知识、开采技术原理和标准规范要求等知识，诸如此类，不再详细阐述。

六、善于从以往的事故教训中总结经验

在以往工业生产漫长的岁月中，发生了许许多多事故，也发现了各种各样的事故隐患已经给人类带来了巨大的灾难。但同时，这些也应为企业的隐患排查治理和事故管理人员对事故隐患的评估、确定治理的技术方案以及应采取的安全技术措施提供了极其宝贵的经验和教训。事实上，在大工业的生产过程中，有相当多的事故或重大事故隐患，是历史悲剧的重演，是重复性的事故或事故隐患。因此，非常有必要以安全生产实践和工业史上发生的各种事故为镜子，找到事故隐患评估的必要数据和论证材料，进而对各种事故隐患作出准确的评估和有效的治理。

七、要注重小隐患的排查

1986 年 5 月 12 日，美国“挑战者”号航天飞机载着人类征服宇宙的希望腾空升起，却因为一块小小的橡胶垫片出了问题，67s 后，价值 5 亿美元的航天飞机连同 7 名宇航员的生命瞬间化为灰烬。而在安全生产中，员工们对大隐患大漏洞，都能保持高度的警惕，及时治理或采取相应的防范措施，结果很少出事故。可对于一些小隐患小细节却疏于管理和防范，认为问题不大，不会出什么大事，或者对一些细小的违章违纪行为不以为然，麻痹大意，最终酿成大祸。

这不由让人想起了著名的“蝴蝶效应”：在一个动力系统中，初始条件下微小的变化能带动整个系统长期的巨大的连锁反应。原意是“一只蝴蝶在巴西轻拍翅膀，可以导致一个月后得克萨斯州的一场龙卷风”。

“蝴蝶效应”告诉我们，对每一个细节的疏忽都有可能引发极大的不良后果。在安全生产中，一个小隐患、一次小违章、一处小漏洞，如果得不到及时治理和纠正，就会不断放大，引发事故，威胁职工的生命安全与健康，就会给企业、社会带来极大的危害。反之，只要正确引导，积极治理，将会产生联动效应，不断向好的方面发展。

古人云：“祸患常积于忽微。”在生产过程中，一些看似微不足道的、细小的隐患，实质上潜伏着巨大的安全隐患，而关注这些细节，重视这些小隐患，却正

是做好安全工作的根本保证。如果不及时消灭这些小隐患，任其恶化，就会逐渐演变成大隐患，就有可能发生安全事故，这样的教训比比皆是，必须引起我们的高度警觉和重视，切不可因小失大，造成“失之毫厘，谬以千里”的后果。

由此可见，在安全生产中，必须从小处着眼，从点滴做起，见微知著，从查找和根治安全中的小隐患入手，严格要求，决不放过每一个细节；规范操作，约束自己的行为，要从防微杜渐开始，“防”在细微之处，“杜”在行动之中，折断“蝴蝶的翅膀”，剪除“蝴蝶效应”滋生的温床，这样才能从源头上消除安全隐患，筑牢安全防线。

八、强化源头管理，突出标本兼治

以隐患排查治理为契机，不断加强和规范安全管理与监督。要切实加强隐患排查治理信息统计，建立健全隐患排查治理信息报送制度和隐患数据库，加强隐患排查治理基础工作。建立健全隐患排查治理分级管理和重大危险源分级监控制度，实现隐患登记、整改、销号的全过程管理。

要认真剖析典型案例，深刻吸取教训，举一反三，推动隐患排查治理工作。要用事故推动工作的办法推进隐患治理。对发生的每一起生产安全事故，都要严格按照“四不放过”原则和“依法依规、实事求是、注重实效”的要求，尽快查明事故原因，分清事故责任，依法追究事故直接责任人和相关责任人的责任，严肃查处失职渎职等违法违纪行为。要加快事故调查处理进度，事故查处结果要向企业公布，接受员工监督；向社会公布，接受群众监督。要运用典型事故案例开展警示教育，深刻吸取事故教训，针对事故暴露出来的问题，举一反三，认真整改，切实完善安全措施。要积极探索、创新安全监督管理的有效措施和办法，着力解决影响安全生产的深层次矛盾和问题，建立健全安全隐患整治和安全监管长效机制，努力从源头上预防和遏制安全事故的发生。

第三章 隐患排查治理体系

第一节 安全生产的三个纲领性文献

一、国务院关于进一步加强安全生产工作的决定

我国改革开放以来，国民经济和社会发展取得了举世瞩目的成就，经济总量一跃成为世界第二大经济体，受到了全世界的关注。与此同时，我国的安全生产工作也取得了巨大的成绩。因为安全生产关系到人民群众的生命财产安全，关系改革发展和社会稳定大局，安全生产的好坏直接关系到经济社会的发展。但是，全国的安全生产形势依然严峻，表现在煤矿、道路交通、建筑、危险化学品等领域伤亡事故多发的状况尚未扭转。为了进一步加强安全生产工作，尽快实现我国安全生产局面的根本好转。2004 年 1 月 9 日国务院以国发【2004】2 号文颁布《国务院关于进一步加强安全生产工作的决定》，该《决定》共有 23 条，其中第 6 条要求："深化安全生产专项整治；坚持把矿山、道路和水上交通运输、危险化学品、民用爆破器材和烟花爆竹、人员密集场所消防安全等方面的安全生产专项整治，作为整治和规范社会主义市场经济秩序的一项重要任务，坚持不懈地抓下去。"国务院国发【2004】2 号文的颁布实施，为我国的安全生产和隐患排查治理工作指明了方向，起到了基础基石的作用，是我国改革开放以来有关安全生产工作的一部纲领性文献。

二、国务院关于进一步加强企业安全生产工作的通知

2010 年，全国安全生产状况总体稳定，趋于好转，但形势依然十分严峻，事故总量仍然很大，表现在非法违法生产现象严重，重特大事故多发频发，给人民群众生命财产安全造成重大损失。为了进一步加强安全生产工作，全面提高企业安全生产水平，国务院以国发【2010】23 号文颁布《国务院关于进一步加强企业安全生产工作的通知》，该《通知》共分 9 个部分，提出 32 个方面的通知。其中第 4 条明确提出："及时排查治理安全隐患。企业要经常性开展安全隐患排查，并切实做到整改措施、责任、资金、时限和预案'五到位'。建立以安全生产专业人员为主导的隐患整改效果评价制度，确保整改到位。对隐患整改不力造成事故的，要依法追究企业和企业相关责任人的责任，对停产整改逾期未完成的

不得复产。”这个《通知》是继2004年2号文后，我国安全生产的又一部纲领性文献。

三、国务院关于坚持科学发展安全发展促进安全生产形势持续稳定好转的意见

仅仅1年以后，2011年11月26日，为深入贯彻落实科学发展观，实现安全发展，促进全国安全生产形势持续稳定好转。国务院以国发【2011】40号文颁布《国务院关于坚持科学发展安全发展促进安全生产形势持续稳定好转的意见》。《意见》共9个方面33条。其中第13条指出：“加强安全生产风险监控管理。充分运用科技和信息手段，建立健全安全生产隐患排查治理体系，强化监测监控、预报预警，及时发现和消除安全隐患。企业要定期进行安全风险评估分析、重大隐患要及时报安全监管监察和行业主管部门备案，各级政府要对重大隐患实行挂牌督办，确保监控、整改、防范等措施落实到位。各地区要建立重大危险源管理档案，实施动态全程监控。”在这个《意见》中，首次提出要建立健全安全生产隐患排查治理体系。这个《通知》和国务院的前两个文件一样，也是我国安全生产的一个纲领性文献。

从2004年1月9日到2011年11月26日，在短短的8年时间里国务院就安全生产工作先后颁布三个纲领性文献，这在新中国成立以来是很少有的，说明我国政府对安全生产的高度重视。不管是2004年的《决定》、2010年的《通知》，还是2011年的《意见》，三个文献一脉相承，都是本着保护人民群众的生命财产安全、促进经济发展和社会稳定、为改革开放和社会发展注入活力而颁布的。

在国务院三个纲领性文献中，都强调了在安全生产中隐患排查治理的重要性和必要性。在2004年的《决定》中，强调深化安全生产专项整治；在2010年的《通知》中，强调及时排查治理安全隐患；在2011年的《意见》中，强调加强安全生产风险监控，建立安全生产隐患排查治理体系。这些都为我们进行隐患排查治理奠定了强有力的政策基础。都是企业进行隐患排查治理的行动纲领，都是企业进行隐患排查治理的工作指南。可以看到，在国务院三个安全生产纲领性文献的指导下，我国的安全生产工作正在稳步向前推进，并且已经取得了巨大的成效。

第二节 隐患排查治理体系的主要内容

一、基本原理

隐患排查治理体系，是以企业分级分类管理系统为基础、以企业安全隐患自

查自报系统为核心、以完善安全监管责任机制和考核机制为抓手、以制定安全标准体系为支撑、以广泛开展安全教育培训为保障的一项系统工程，包含了完善的隐患排查治理信息系统、明确细化的责任机制、科学严谨的查报标准及重过程、可量化的绩效考核机制等内容。

安全生产理论和实践证明，只有把安全生产的重点放在建立事故预防体系上，超前采取措施，才能有效地防范和减少事故，最终实现安全生产。建立安全隐患排查治理体系，是安全生产管理理念、监管机制、监管手段的创新和发展，对于促进企业由被动接受安全监管向主动开展安全管理转变，由以政府为主的行政执法排查隐患向以企业为主的日常管理排查隐患转变，从治标的隐患排查向治本的隐患排查转变，实现安全隐患排查治理常态化、规范化、法制化、标准化，推动企业安全生产标准化建设，建立健全安全生产的长效机制，把握事故防范和安全生产工作的主动权，具有重要的意义。因此，建立隐患排查治理体系是安全生产的必然要求。

二、主要内容

1. 掌握基本情况

企业要根据自身规模的大小、安全管理水平的高低、生产技术水平的优劣，以及企业是否具有“两重点一重大”（具有重点危险化工生产工艺、重点监控的危险化学品和有重大危险源的企业）等基本情况，进行分类分级，建立“按类分级、依级监管”的隐患排查治理模式。

2. 制定排查标准

依据国家有关法律法规、标准规范和安全生产标准化建设的要求，结合企业的安全生产实际，以安全生产标准化建设评定标准为基础，细化隐患排查标准，明确企业每项安全生产工作的具体标准和要求，使企业知道“做什么，怎么做”，安全监管部门知道“管什么，怎么管”，实现隐患排查治理工作有章可循，有据可依。

3. 建立信息系统

这个信息系统包括企业隐患自查自报系统，安全隐患动态监管统计分析评价系统等，形成一套既有侧重，又统一衔接的综合监管服务平台，实现安全隐患排查治理工作全过程记录和管理。利用该信息系统，企业对自查隐患、上报隐患、整改隐患、接受监督指导等工作进行有序管理。安全监管部门对企业自查自报的隐患数据，日常执法检查数据和监管措施的到位情况进行统一分析，对重大隐患的治理实施有效监管。

4. 明确监管职责

在安全监管方面，在各级党委和政府的统一领导下，理顺和细化有关部门和属地的隐患排查安全监管职责，明确“管什么、谁来管”。因为安全监管部门是一个综合性安全管理部门，所以，一是要明确安全监管部门组织、协调、监督、考核各行业主管部门和属地政府的综合安全监督职责。二是要明确行业主管部门的监督、指导、协调、和服务职能，有安全监管行政处罚权的行业主管部门依法承担包括行政处罚在内的安全监督管理职责，没有安全监管行政处罚权的行业主管部门承担对有关行业或领域安全生产、隐患排查治理工作的日常指导、管理职责。三是要明确消防、质检等专项监管部门及时处理属地和行业主管部门移送的安全隐患的监管职责。如火险隐患、压力容器隐患、压力管道隐患等。

5. 明确监管方式

在分类分级的基础上，针对不同的企业在隐患排查治理监管频次、监管内容等方面实行异化监管监察，努力提高隐患排查治理工作的针对性和有效性。

6. 制定考核方法

在对隐患排查治理工作中，要突出工作过程和结果量化，将有关部门和企业建立安全隐患排查治理体系，日常执法检查等相关工作完成情况的过程管理指标，纳入安全生产工作年终考核，提高安全监管的约束力和公信力。

总之，隐患时时产生、形式多样、复杂多变，排查治理工作长期而艰巨，必须形成隐患排查治理规范化、制度化、责任化体系，依法强化企业主体责任，建立隐患排查治理长效机制，规范各项工作制度，不断发现隐患、控制隐患、消灭隐患，实现长治久安，这是保持生产经营长期安全运行的最有效途径。

三、落实是关键

在开展隐患排查治理工作过程中，要从排查入手，要以治理为重点，以消除为目的，将隐患排查治理工作与安全标准化建设、企业安全文化建设等活动有机结合起来，把落脚点放在生产过程的每道工序的规范上、每个项目的标准化作业上、每位员工的安全行动上，通过隐患排查治理工作的扎实深入开展，进一步提升员工的安全技能和操作水平，优化企业的安全作业环境，以保持企业安全生产形势持续、稳定、健康发展。

对查出的各类安全隐患，整改消除抓落实是关键。必须做到项目、措施、资金、时间、人员、责任、验收七落实。对查出的隐患还要进行系统的分析和研究，找出各类隐患产生的内在原因，进而吸取教训、亡羊补牢、举一反三，推动隐患治理工作的持续健康发展，从而达到根除隐患的目的，特别是严防出现新的类似隐患，要防止治而复发、反复治理现象的发生。同时，在企业班组还要充分利用班前会、班后会、黑板报、宣传栏等各种宣传手段，深刻认识隐患排查治理工作对于安全生产的重要意义，通过各种途径教育引导员工，深刻认识开展安全生产隐患排查治理的重要性、必要性和紧迫性，进一步增强企业全体员工做好隐患排查治理工作的主动性和自觉性，真正形成隐患排查治理全员、全面、全方位、全过程、全天候齐抓共管的良性循环局面。

第三节　政府隐患排查治理监管体系

众所周知，企业是安全生产的责任主体。要想搞好安全生产管理工作，必须逐步解决企业的自律问题，就是让企业主体责任落实有平台、有载体、有舞台。在建立隐患排查治理体系过程中，必须明确政府与企业的职责定位，各级政府要充分发挥指导、监督、管理的作用，通过政府监管职责的落实来推动企业隐患排查治理工作主体责任的落实。

一、基础数据采集

隐患排查治理体系建设的最终抓手，是信息化系统的建立。信息化系统建设的好坏在很大程度上决定了隐患排查体系建设的成败。

政府采集企业的基础数据，建立本行政区域内开展安全隐患排查治理企业的台账登记，是做好隐患排查治理工作的前提条件和基础地位。政府只有做到“底数清，情况明”，了解了所辖企业的具体情况，才能有组织、有目的地做好隐患排查治监督工作。为此，企业基础数据采集应重点做好以下几点工作。

（1）划分企业类型。划分企业类型是为了明确隐患排查治理企业范围，明确隐患排查治理标准种类，明确企业员工在隐患排查治理工作中的职责分工的一类基础性工作。只有建立了全国统一的企业类型，才能建成上下一起、运行通畅的隐患排查治理系统。我国主管全国安全生产综合管理的部门国家安全监管总局依据《国民经济行业分类》（GB 754—2011）国家标准，确定全国统一的企业类型划分标准，并要求各省级安全监管部门可以在统一企业类型的基础上，结合自身的实际情况，细分细划自己辖区内的企业类型，并据此划分本地区或本省的行业管理部门和属地管理部门安全管理职责分工。

（2）采集企业基础信息

① 企业基础信息采集项目。国家安全监管总局确定基本采集项目，各省级安全监管部门可进一步细分细划，确定本省统一的数据采集项目，如有必要各地区也可以进一步细划。全国统一采集项目包括：企业名称、企业代码、企业类别、企业规模、注册地址、行业分类、安全负责人及联系方式等。

② 采集方式。根据各自的情况，可拟采用不同的方式：一是与工商行政部门建立联系，直接获取注册的生产经营单位台账；二是以乡镇、街道为单位，分

片摸查生产经营单位台账；三是还可以直接从本行政区域内企业法人库调取数据；四是从质监部门获取数据进行分发；五是由企业自行注册，然后由镇、街道或行业管理部门审核确定。

二、违章立制

隐患排查治理监管体系的建立和维护，需要一套健全的规章制度予以固化，各级政府要统筹本行政区域内的安全隐患排查治理工作，制定并出台相应的行之有效的实施方案、管理办法和奖惩制度。有立法条件的地区也可以将安全隐患排查治理工作管理办法、责任考核和绩效考核评估管理等办法纳入地方性立法。对于没有立法条件的地区。可以以政府规范性文件的形式将隐患治理工作固化下来，这非常有利于这项工作的推进。隐患排查制度主要分为三类。

(1) 基本管理制度，是保障体系建设、运行的关键性制度。基本管理制度同时也是配套运行机制的管理制度，要在基本管理制度中明确各部门、各环节的具体参与内容和参与方式，约束各部门按照制度参与并履行自身在体系建设中的具体职责，是体系运行的基本保障。

(2) 分项管理制度，具体包括企业管理制度、信息系统管理制度、绩效考核制度、下级管理制度等。此类制度是对基本管理制度的细化落实，企业管理制度要明确企业在体系建设过程中应当履行的具体义务、具体内容、操作方法、运行方式等；信息系统管理制度要明确规定信息系统的管理、信息的保密、信息的留存期限、备份措施、维护措施等一系列具体内容；下级管理制度要明确各下级单位在体系运行过程中的角色定位、履行的义务及职责、具体的操作方法、运行约定等内容，同时要说明各下级在上级的管理框架下根据自身实际情况进一步细化出台更为落地的实施细则；绩效考核制度是体系运行具有规范性、操作性的保障性制度。

(3) 制度之上的制度，即对各项制度的管理约束。在此制度中应当说明制度的修订与约束、修订周期、具体负责部门、修订的规范等内容。由于隐患排查治理体系建设是一个长期的、持久的工作任务，制度要跟随体系推进而进行适当的调整和修订，此制度即是保障制度持续完善改进的基本保障。

总体来说，基本制度相当于我国法律体系中的“宪法”，分项制度相当于我国法律体系中的“法律”，而下一级在此框架下建立的更具有自身特点的管理制度则相当于我国法规体系中的“地方性法规”。

1. 具体内容

(1) 制定本行政区域内事故隐患自查自报工作管理办法或方案、确定开展事故隐患自查自报工作的生产经营单位和行业管理部门、属地管理部门、综合监管部门的范围、职责。

（2）确定隐患排查治理的上报途径、时间流程，也就是“时间表和路线图”。各地可以根据自身实际，确定上报的时间，但时间间隔不能低于《安全生产事故隐患排查治理暂行规定》（国家安全生产监督管理总局令第16号）的要求。

（3）制定培训教育方案并组织实施。

（4）制定行业、属地、综合监管部门日常抽查、核查对象，内容和频次。

（5）确定在隐患排查治理工作中的奖励、处罚规定。

2. 典型实例

北京市顺义区是我国隐患排查治理搞得比较突出的地方政府，他们区政府出台了《关于生产经营单位隐患排查治理自查自报管理办法》。在这个《办法》中明确规定了生产经营单位、行业、属地、专业监管和综合监管的工作职责，制定了工作内容和程序，取得了很好的效果。具体做法是：

（1）企业分级上报。他们结合本区的实际情况，将全区各类新生产经营单位按照许可备案情况、从业人数、企业规模等分为行业季报企业、属地季报企业和属地年报企业。季报企业上报的一般隐患要在下一季度15日前上报到自查自报系统；年报企业上报的一般隐患于每年10月1～31日之间上报。

（2）隐患分级上报。对排查出的一般事故隐患由生产经营单位负责人或者有关人员立即组织整改，建立隐患排查治理登记制度，留存登记档案，至少保存2年备案备查；并在下一季度15日前，通过自查自报系统对事故隐患排查治理情况进行网上填报。对于检查出的重大事故隐患立即进行网上填报，并提交专项报告。重大隐患确认要经过生产经营单位所在属地、行业和区安全生产委员会办公室现场审核确认后，才能最终确定为重大隐患，并进行市区两级挂牌监督管理。

三、政府监管职责

建立隐患排查治理体系，做好隐患排查治理工作，最为重要的一点是理顺生产经营单位、行业管理部门、属地管理部门、专项管理部门以及综合监管部门的安全生产工作职责，明确其履行安全监管职责的范围、内容和要求，解决职责空缺、职责不清、职责交叉、政出多门等问题，从而形成“分工负责、齐抓共管”的安全生产监管格局，实现安全隐患排查治理监管工作的全覆盖和无缝化对接管理。

建立隐患排查治理体系，对政府各部门监管职责的划分和责任机制的建立，需通过政府规范性文件确定下来，并建立安全生产责任考核机制来督促责任落实。责任的划分要根据所辖区域内的企业类型，根据行业管理部门“三定”职责进行划分，做到“责任到户”。各个地区也可以根据自身的情况，实施分类分级，差异化监管。

1. 综合监管部门职责

2014年12月1日起施行的《安全生产法》第九条中明确规定：“国务院安

全生产监督管理部门依据本法，对全国安全生产工作实施综合监督管理；县级以上地方各级人民政府安全生产监督管理部门依照本法，对本行政区域内安全生产工作实施综合监督管理。”法律明确了各级安全监管部门作为综合监管部门要充分发挥组织、协调、指导、监督作用。在事故隐患排查治理体系建设中主要承担组织、协调、指导、监督、考核等职责。

2. 省（自治区、直辖市）级安全监管部门职责

（1）制定适用全省统一的事故隐患排查治理标准。省里制定下发后，一般省级以下地区就不再制定隐患排查治理标准，可以采用由各个行业管理部门分别制定，安全监管部门汇总的方式，也可以采用由安全监管部门统一制定。在制定隐患排查治理标准时要与安全生产标准化评定标准相结合，正确处理好二者的关系。近年来，广东省珠海市安全生产监督管理局将隐患排查治理标准与安全生产标准化评定标准合二为一，隐患排查治理标准即为企业开展安全生产标准化的依据之一，取得良好的效果。

（2）建立隐患排查治理信息系统。充分利用隐患排查治理信息，综合分析收集的各类信息，明确提出隐患排查治理过程中的要求和注意事项。原则上，省一级信息系统实现数据汇总分析，形势预判的功能就可以了。

（3）建立安全隐患排查治理规章制度，规范隐患排查治理工作流程。

（4）建立隐患统计汇总分析制度。通过利用企业自查自报信息管理系统，及时收集汇总、分析生产经营单位事故隐患数据，对企业排查出的集中性或危险性较大的事故隐患，组织开展有针对性的专项整治活动，以确保生产经营单位的安全。

（5）省安全生产监督管理部门负责省级挂牌重大隐患的审核认定、监督治理、综合协调和销账备案等工作。

3. 市（地）级安全监管部门职责

（1）建设隐患排查治理信息系统，一般来说，原则上隐患排查治理信息系统以市（地）级为单位进行建设，形成全市（地）统一的隐患排查治理数据库。

（2）制定隐患排查治理实施方案，出台本市（地）规范性管理文件。

（3）协同本行政区域内各行业管理部门，组织开展事故隐患排查治理方案。

（4）组织下级区（县）级安全生产监督管理部门，同级行业监管部门安全管理人员进行培训，以掌握安全生产新知识、新技术、新方法。

（5）建立例会，函告、监督检查、考核等隐患排查治理工作制度。

（6）负责市级挂牌重大隐患的审核认定、监督治理、综合协调和销账备案工作。

4. 区（县）级安全监管部门职责

（1）具体负责组织本辖区内企业隐患排查治理台账的摸底建立，负责组织乡镇、街道录入企业基础信息。

(2) 负责组织辖区内以乡镇为单位所进行的企业安全培训教育工作。

(3) 负责督促企业开展隐患自查自报工作。

(4) 负责依托市（地）级隐患排查治理系统逐级汇总、分析、上报隐患排查治理情况。

5. 行业管理部门监管职责

《安全生产法》中明确规定："国务院有关部门依照本法和其他有关法律、行政法规的规定，在各自的职责范围内对有关行业、领域的安全生产工作实施监督管理；县级以上地方，各级人民政府有关部门依照本法和其他有关法律、法规的规定，在各自的职责范围内对有关行业、领域的安全生产工作实施监督管理。"安全生产法赋予了有关部门依法管安全的权利和义务。

各地区要根据自身实际情况，采取多种形式充分调动发挥本行政区域内相关行业管理部门的积极性，将有关工作分解到不同行业管理部门。按照我国安全生产法律法规的要求，有安全监管行政处罚权的行业管理部门依法承担包括行政处罚在内的安全生产监督管理职责；没有安全监管行政处罚权的行业管理部门，也要充分发挥自身的资源优势，承担对有关行业或领域的安全隐患排查治理工作的日常指导、管理职责。

市（地）安全生产监督管理部门要在政府的统一领导下，按照企业类型，将组织企业开展隐患自查自报的职责划分到不同行业的管理部门，由行业的管理部门组织、督促、指导企业进行查、报、改，切实建立起部门联动的隐患排查治理工作格局。

(1) 工作职责

① 督促、指导、组织、培训本行业领域生产经营单位开展事故隐患自查自报工作，并定期监督检查生产经营单位开展事故隐患排查治理工作情况，发现问题及时纠正。

② 在隐患排查治理工作中要建立生产经营单位约谈制度。

③ 建立工作交流机制。通过交谈会、现场观摩、经营交流等方式，定期组织生产经营单位之间开展事故隐患自查自报交流学习活动，取长补短，共同提高。

(2) 典型实例。以北京市顺义区为例，该区安全生产监督管理局在履行好对本区安全生产综合监管职责的基础上，定期组织生产经营单位之间开展事故隐患排查治理自查自报交流学习活动，使各生产经营单位互相学习、共同提高，收到了较好的效果。

① 明确监管职责和范围。该区出台了《生产经营单位安全生产分类分级管理办法》，根据国民经济分类和综合辖区内生产经营单位类型，把生产经营单位

分为：a. 工业生产；b. 人员聚集；c. 危险化学品；d. 工程建设；e. 道路交通；f. 其他，共 6 个大类。并将安全监管职责划分到 18 个行业管理部门。2009 年结合事故隐患自查自报工作，进一步细化安全监管，将 6 大类生产经营单位划分为 105 小类，将 18 个行业管理部门扩展到 23 个，并由行业管理部门牵头制定了 47 套不同行业类型的事故隐患自查标准，做到每一类型生产经营单位对应一个行业管理部门，适用一套自查标准。如图 3-1 所示。

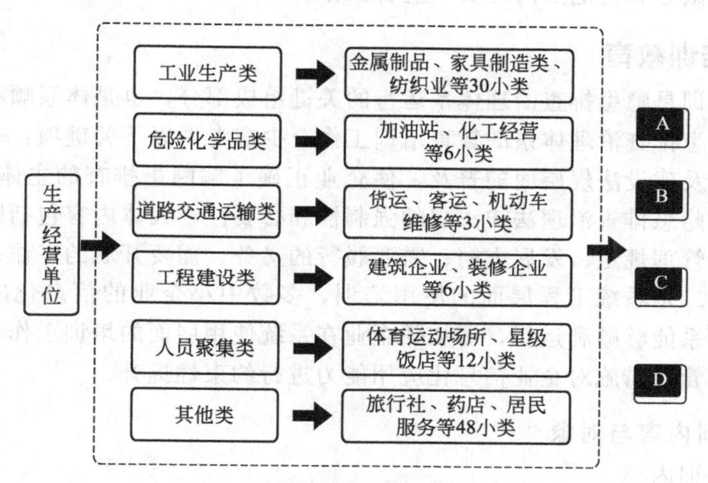

图 3-1 生产经营单位实施差异化管理图

② 积极履行行业监管职责。2007 年北京市政府出台了关于加强人员密集场所的 5 个安全生产规定，明确了商务、文化、体育、旅游等部门的行业监管职责，为推进顺义区事故隐患自查自报工作奠定了基础。北京市顺义区有监管权的部门依法履行监管职责，对 1000m^2 以下的商业零售单位履行管理职责。该区 23 家行业管理部门在事故隐患自查自报工作中履行制定标准、组织生产经营、单位培训、指导督促查报、监督检查等职责。见图 3-2。

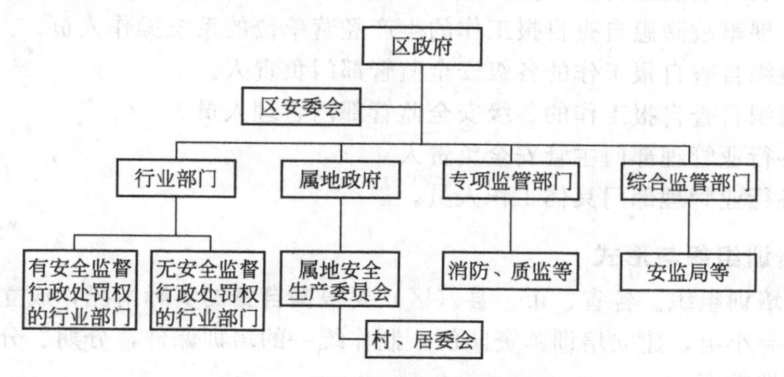

图 3-2 顺义区政府部门结构图

6. 专项监管部门职责

消防、质检等专项监管部门要按照消防、特种设备安全等法律、法规、规章的规定、对企业履行专项监管职责。如《消防法》《特种设备安全法》等就是这些专项安全监管的法律依据。

消防、质检等部门要及时跟踪、督促属地管理部门和行业监管部门移送的隐患，并积极做好职责范围内的安全监管工作。

四、培训教育

教育培训是隐患排查治理体系运行的关键组成部分，也是体系顺利推行的关键保障。隐患排查治理体系的教育培训工作至少应考虑以下关键项：一是隐患排查体系推进及建设法规层面的普及，使企业正确了解隐患排查的主体责任所在，使企业明确隐患排查治理法律法规的强制性和必要性，大体内容包括国家层面的基本要求、管理规定、发展方向、需要履行的义务、需要开展的工作、需要完善的内容等。二是系统工程层面的使用培训，多数中小企业的信息化应用水平偏低，要使体系能够顺利运行，需加强企业在系统使用层面的培训工作，必要时可配合相应的管理措施对企业信息化应用能力进行约束性提升。

1. 培训内容与对象

（1）培训内容

① 安全生产事故隐患排查治理自查自报工作的目的和意义、工作内容、工作方法、职责要求等。

② 生产经营单位事故隐患排查治理标准的解读与应用。

③ 隐患排查治理信息系统操作等专业知识。

（2）培训对象

① 开展事故隐患自查自报工作的生产经营单位的主要负责人。

② 开展事故隐患自查自报工作的生产经营单位的安全管理人员。

③ 开展事故隐患自查自报工作的生产经营单位的系统操作人员。

④ 组织自查自报工作的各级安全监管部门负责人。

⑤ 组织自查自报工作的各级安全监管部门管理人员。

⑥ 各行业管理部门主管安全负责人。

⑦ 各行业管理部门具体工作人员。

2. 培训组织与形式

（1）培训组织。各省、市、县（区）要根据自身的实际情况，成立相应的培训教育领导小组，建立培训师资队伍，制作统一的培训课件，分期、分批、分层次进行培训教育。

（2）培训形式

① 集中授课培训；

② 教学视频培训；

③ 书面课件培训；

④ 上机实操培训；

⑤ 现场指导训练。

要开展好隐患排查治理工作，提高企业安全意识，仅仅依靠一次或几次培训是远远不够的，各地要根据自身实际，判定系统的可操作的教育培训方案，实施全员、全过程、全覆盖、持续性的教育培训，解决好为什么要开展隐患自查自报，怎样开展隐患自查、自报的问题。

五、隐患查报与分类监管

1. 隐患查报

组织查报是推进企业开展隐患自查自报工作最为重要的一项内容，如何使企业做到真查、真改、真报，是真正开展好隐患自查自报工作，使企业安全生产主体责任真正落实到位的关键一步。省级安全监管部门，重点是发挥宏观组织协调作用，督促、指导各地、各部门开展工作，具体组织、发动企业的隐患排查自查自报工作应由市、县、乡镇来组织和实施。对于组织查报的频次，按照国家安监总局令的要求，每季度报一次隐患排查治理数据，对于重大隐患则要立即上报挂牌督办。省级以下行政区域可根据自己的实际需要，可要求企业随时随报、每月上报、每季度上报等各种不同的上报频次。

(1) 市（地）级组织。不同的市（地）由于部门的职责分工不同，在组织形式上也有较大差异，但市（地）安全生产监督管理部门在事故隐患组织查报过程中要起草制度和办法，统一部署、收集数据、汇总分析、督促检查等。可采取以下形式。

① 由市（地）安全监管部门牵头，县（区）安全监管部门作为具体执行层和组织单位，协调相关行业管理部门。

② 由市（地）安全监管部门牵头，市（地）行业管理部门分别组织，县（区）安全行业管理部门执行组织工作。

③ 由市（地）安全监管部门牵头，县（区）安全监管部门作为具体执行层和组织单位，市（地）安全监管部门除负责统一部署、汇总分析工作外，亲自负责督促组织辖区内中央企业或省市级较大企业的隐患查报工作。

(2) 县（区）级组织。县（区）级作为改革落实层和执行层，主要承担起事故隐患排查治理的具体组织工作。要根据各县（区）自身特点，采取有针对性、可操作性的组织形式，既可以采取安全监管部门总协调、各行业管理部门分工负责的方式，也可以采用安全监管部门牵头、行业管理部门配合的方式。

2. 分类监管

为实现对事故隐患排查治理企业的有效管理，各级安全监管部门可以在企业分类的基础上，根据各企业隐患排查治理状况，安全生产标准化达标情况以及监管工作的实际，制定相应的分类分级管理方法，实施差异化管理，依据相应法律法规开展日常执行检查活动。具体分级的标准和方式由各地根据自身情况自己确定。

(1) 执行主体

① 各级安全监督管理部门；

② 各行业监管（管理）部门；

③ 属地管理部门。

(2) 检查内容

① 生产经营单位是否按照本办法要求开展日常隐患自查自报工作；

② 生产经营单位是否在经过相关部门检查发现事故隐患，但在自查自报系统中未进行填报的现象；

③ 生产经营单位是否存在事故隐患漏报、瞒报的现象；

④ 生产经营单位是否存在填报事故隐患及其治理情况与实际检查不符的现象。

(3) 检查重点。重点要对未上报隐患的企业、上报重大隐患的企业、隐患未整改的企业、上报无隐患的企业等进行重点检查，还可以与具体分级监管重点企业相结合实施日常监督检查。

(4) 重点隐患挂牌督办。对重大事故隐患，各地区要按照各自制定的“关于重大隐患挂牌督办的办法”进行跟踪处理。如北京市顺义区专门出台了《北京市顺义区安全生产委员会办公室关于加强安全生产隐患排查治理工作的通知》，此通知规范了重大隐患进行市区两级挂牌管理的相关流程，使重大隐患挂牌督办工作走上了有法可依、有据可查的正确道路。

六、考核与奖惩

考核是推动政府各项政策贯彻执行的重要手段，也是推动企业安全生产主体责任落实的重要举措，安全生产隐患排查治理考核主要分为政府绩效考核和对生产经营单位的考核。目前，普遍存在的现象是考核存在重控制指标、轻基础工作，重结果、轻过程的情况，不能充分反映日常隐患排查治理实际工作情况，也不利于调动生产经营单位的安全工作积极性。各地区要以建立隐患排查治理体系为契机，在理清行业、属地监管职责的基础上，加大对行业、属地的安全考核力度，逐步实现由控制指标考核向日常管理基础工作考核为主转变，形成重过程、可量化、见实效的动态考核机制。

1. 建立政府部门职责考核机制

政府部门考核主要包括对各级政府的考核、对各职能部门的考核。目前，在我国各地已经将安全生产考核纳入各级政府绩效考核的重要内容之一，但各项内容所占比重不同，特别是大部分还是采取“一票否决”式的“一刀切”的考核方式，这是不太科学的，应逐步向过程考核，量化考核转变。在这里将北京市顺义区、广东省珠海市的做法介绍给广大读者。

（1）北京市顺义区的做法

① 明确考核对象。该区至 2005 年起对 19 个镇、6 个街道和 15 个经济功能区实施量化指标考核，从 2008 年开始，对行业管理部门实施量化指标考核，为了使考核更有针对性，按照不同考核对象制定不同的考核实施细则，这样更具可操作性。实施差异化考核布局见图 3-3。

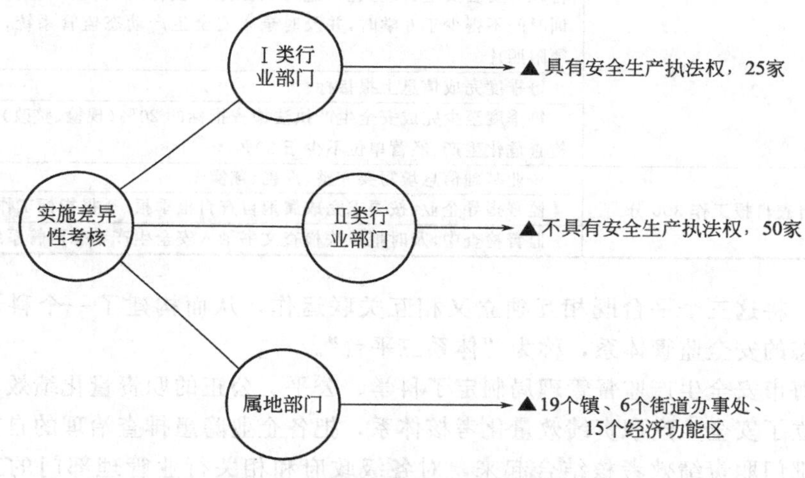

图 3-3 顺义区实施差异化考核布局

② 量化考核指标。顺义区分别制定了各部门安全生产工作考核细则，从隐患排查覆盖率、文书下达率、隐患发现率、隐患移送率、行政处罚率等执法检查指标、教育培训指标、专项整治指标，自查自报检查指标等方面进行量化考核。见表 3-1。

③ 考核公信力强。北京市顺义区安全生产隐患排查考核办法和实施细则，每年必须经过区政府常委会议通过后，以区安委会的名义下发到各个被考核单位，同时安全生产考核占全区年终考核总分值的 10%。考核采取季度考核和年终考核相结合的方式，采取信息化系统自动统计分值和现场实地考核相结合的形式进行。考核结束后要以反馈函的形式反馈到各个被考核单位。特别是指标量化的安全生产隐患排查治理机制，提高了安全生产工作考核的结束力和公信力，有效促进了安全监管职责的落实。

（2）广东省珠海市的做法。广东省珠海市为贯彻落实国务院 2010 年第 23 号文和广东省委省政府关于“一岗双责”的 13 号文件精神，利用现代信息化手段，通过构建企业基础信息平台，安全隐患排查治理平台和安全生产职责量化绩效考

表 3-1 顺义区隐患排查考核细则（节选）

考核项目	考核内容
（一）任何指标 400 分	重大节日（国庆、元旦、春节）和重要时期，行政一把手亲自带队进行安全检查，全年至少两次，主管领导亲自带队排查，全年至少 4 次。检查要有方案、信息、照片等
	按上级部门要求组织安全生产专项检查，要有方案、信息、总结，并及时录入安全生产动态监管系统
	按要求开展分类分级复评工作
	每季度对本辖区内季报生产经营单位主要负责人，安全管理人员及村（居）委会安全管理人员，进行安全生产教育培训（或以会代培），培训时间不得少于 6 学时，并及时录入安全生产动态监管系统，信息必须附照片
	每季度完成信息上报指标
	每季度至少完成安全生产执法检查指标的 20%（现检、整改），其中，检查危化生产、经营单位不少于 30%
（二）自查自报工作 300 分	企业基础信息填写要完整、准确、翔实
	监督指导企业，按要求完成属地自查自报季报、季报指标工作
	监督检查中，及时把执法检查文书录入安全生产动态监管系统

核平台，将这三个平台既相互独立又相互关联运作，从而构建了一个科学、依法、动态的安全监管体系，称为“体系三平台”。

珠海市安全生产监督管理局制定了科学、公平、公正的职责量化绩效考核标准，建立了安全生产职责绩效量化考核体系，把各企业隐患排查治理的自查自报和政府部门职责绩效考核结合起来，对各级政府和相关行业管理部门的工作数量、质量、进度等予以量化细化，实施全过程监督考核。使各级政府和相关行业管理部门的安全生产工作部署、行政处罚、应急演练、专项检查、重大危险源监控、重大建设工程监管等一目了然。特别是要求企业把自查、自报、自纠、自改的情况上报到属地和行业监管部门，相对应的属地和行业管理部门对所管辖的企业每核查一个单位就能得到加分，系统每月根据量化评分标准自动生成各级政府和各相关部门的当月得分，并将考核结果由高到低按顺序进行排名，晒在系统首页上，并将考核排名上报市委和市政府主要领导。

2012 年初市政府对 2011 年度各区政府和部门进行职责考核时，将 2011 年度绩效考核月平均分按功效系数法折算成各区政府和部门日常考核得分（占年度考核总分值的 60%），加上指标考核得分（占年度考核总分值的 40%），计算出总成绩，再按分数高低评出年度安全生产先进单位并进行奖励。

通过科学量化的安全生产隐患排查治理绩效，避免了以往安全生产职责考核“重控制指标轻基础工作”，强化了基础性工作、预防性工作在考核中所占的比重，解决了长期困扰安全生产工作考核不能量化的难题，扭转了以往安全生产考核重死亡人数控制指标而产生的“年初超控制指标一年白干，年末超控制指标白干一年”的消极被动工作局面。

2. 建立对生产经营单位的奖励机制

建立对生产经营单位的奖励机制，是推动企业安全生产主体责任落实，真正开展隐患排查治理自查自报工作的重要保障。国家安监总局颁布的《安全生产事故隐患排查治理暂行规定》中，明确规定了对生产经营单位的责任追究内容。各地要结合实际建立具体的责任追究和奖惩机制，并与安全生产责任险、风险抵押金、税率浮动、黑名单等手段相结合，强化奖惩、制约机制。

还是以北京市顺义区为例，他们依据《安全生产法》《安全生产事故隐患排查治理暂行规定》《安全生产违法行为行政处罚办法》等相关法律法规，对生产经营单位开展事故隐患自查自报工作予以制约。如依据《安全生产事故隐患排查治理暂行规定》第26条：生产经营单位有下列行为之一的，由安全监管监察部门给予警告，并处3万元以下的罚款。

(1) 未建立安全生产事故隐患排查治理等各项制度的；

(2) 未按规定上报事故隐患排查治理统计分析表的；

(3) 未制定事故隐患治理方案的；

(4) 重大事故隐患不报或者未及时报告的；

(5) 未对事故隐患排查治理擅自生产经营的；

(6) 整改不合格或者未经安全监管监察部门审查同意擅自恢复生产经营的。

由于有强有力的法律依据，北京市顺义区建立起对生产经营单位的奖惩机制，促进了该区隐患排查治理工作的有序进行，并取得了很好的成效。

第四节　企业隐患排查治理体系

企业是隐患排查治理工作的主体，是隐患排查治理工作的直接实施者、受益者。企业隐患排查治理工作主要包括四个方面：①自查隐患；②隐患治理；③隐患自报；④分析趋势。

自查是为了发现自身所存在的隐患，保障自查全面无遗漏；治理是为了将自查中发现的隐患控制住或消除掉，防止引发后果，尽可能从根本上解决问题；自报是为了将自查和治理情况报送政府安全监管部门和行业主管部门，以使其了解企业在隐患排查治理方面的信息；分析趋势是为了建立安全生产预警系统，对安全生产状况作出科学、综合、定量的判断，为合理分配安全监管资源和加强安全管理提供依据。

一、企业自查隐患

企业自查隐患是在政府及其部门的统一安排和指导下，确定自身分类分级的定位，采用其适用的隐患排查治理标准，通过工作准备、机构建设、制度建设、教育培训、实施排查、分析改进等步骤形成一个完整的、系统的、可操作性强的企业自查机制，尤其是大型企业集团，应在企业内部形成连接所有管理层和各个生产单位以及当地安全监管部门的隐患排查治理体系。

1. 准备工作

为了保证隐患自查工作能够顺利进行，为隐患自查奠定坚实的基础，企业必须做好与之相关的各项准备工作。隐患排查治理是涉及企业所有部门、所有生产流程、所有人员的一项庞大而复杂的系统工程，如果不做好全面的准备工作，那么所建立的隐患排查治理机制将缺乏系统性和可操作性，其结果必然是“一阵风”式地开展一次“运动”，不能做到深入和持久地开展自查自检工作。一般来说，企业隐患排查治理自查准备工作有如下内容。

（1）收集信息。由企业安全生产管理部门和有关专业人员，对现行的有关隐患排查治理工作的各种信息、文件、资料等通过各种行之有效的方式进行收集。此项工作也可以委托与企业有合作关系的服务方（如承包商）来实施。

（2）辅助决策。将收集到的信息形成的有关材料向企业管理层汇报，并说明有关情况，使企业管理层的领导能够及时、全面、正确理解和认识隐患排查治理工作，辅助企业领导对隐患排查治理工作作出正确的决策。

（3）领导决策。企业高、中层领导需要从思想意识中真正解决为什么要实施隐患排查治理的问题，并为此项工作提供充分的资源，这样，隐患排查治理工作才能够在企业得到有效的完善和实施。企业领导提高了对隐患排查治理工作的认识，在工作中的决策才会是正确的、客观的、科学的、可操作性的。

2. 机构建设

一般来说，由企业党政一把手来担任隐患排查治理工作的总负责人，以企业安全生产委员会或领导班子为隐患排查治理工作总决策管理机构，以企业安全生产监督管理部门为办事机构，以基层安全管理人员为骨干力量，以全体员工为工作基础，形成从上至下的组织保证，形成以企业主要负责人到生产一线员工的隐患排查治理工作网络，确定各个层级的排查隐患治理职责。

现代企业的人员构成，一般分为领导层（决策层）、管理层、操作层（执行层）三个层级。他们在隐患排查治理工作中的职责和作用是不一样的，下面分别叙述。

（1）领导层（决策层）。明确主要负责人是隐患排查治理工作的第一责任人，通过安委会、领导办公会等形式，将隐患排查治理工作纳入到其日常工作范围中，领导层亲自定期组织和参与自查自报，及时准确把握隐患排查治理情况，果断发出明确的指令。主管负责人要在其职责中明确有关隐患排查治理的内容，并将有关情况上传下达，做好主要负责人的帮手。其他班子成员也要在各自管辖范围内做好隐患排查治理工作，并且要坚持做到：知道、清楚、过问、督促、确认、决策。

（2）管理层。企业的安全生产监督管理机构和专职安全管理人员是隐患排查治理的中坚和骨干力量，在工作中编制有关标准、制度，培训教育有关人员，组织检查排查，下达整改指令，验收整改效果等是他们的主要工作内容。还要通过监督方式对各个管理部门和下属单位及所有员工在隐患排查治理工作方面的履职情况进行了解，并纳入工作考核内容，全力推动隐患排查治理工作的全方位和全面化、系统化。

（3）操作层（执行层）。安全生产责任制的要求、企业安全管理制度的要求、岗位操作规程的要求这三个文件均明确了隐患排查治理工作中员工的责任。在日常的工作中，员工必须有高度的隐患意识，随时发现和处理各种隐患，要做到抓早、抓小、抓苗头。做到自己不能解决的及时上报，同时采取临时性的控制措施、特护措施，并做好记录，为统计分析隐患留下第一手资料。

3. 规章制度

制度是隐患排查治理管理的基本依据。隐患排查治理工作需要企业将法律法规和标准规范以及上级和外部的其他要求全面掌握，并将其各项具体的规定和自身的实际情况结合起来，通过编制工作将外部的规定转化为企业内部的各项安全管理制度，再经过全面的执行和落实，变成企业的安全生产管理行动。一般来说，企业按以下思路展开工作。

（1）现状评估。企业在隐患排查治理工作中通过评估来确认安全管理现状与企业适用的隐患排查治理标准之间不相符的地方。评估有如下内容：

① 法律法规识别及其他要求的收集和识别。法律法规识别主要就是收集与企业有关的法律、法规及其他要求的隐患排查治理内容，并对所收集的、识别的法律法规及其他要求的适用性、符合性进行评价。

② 组织机构分析。认真梳理现有的安全生产管理机构及其网络是否能满足全面实现隐患排查治理的各项要求，是否有足够的资源保证，工作效率是否满意等。

③ 收集、整理企业现有的有关隐患排查治理的规章制度，并对其充分性、有效性和可操作性进行评价。

（2）制度策划

① 在现状评估的基础上，进行隐患排查治理体系规章制度策划，首要的是搞清楚以下几个问题：

a. 企业的隐患排查治理的目标与指标；

b. 企业的隐患排查治理组织机构及职责；

c. 企业的隐患排查治理体系需要解决的人、财、物等方面的资源需求；

d. 企业的隐患排查治理程序（流程）；

e. 企业的隐患排查治理所需要的记录；

f. 与企业现有的安全管理机构、职责、规定制度等相关文件的关系。

② 在搞清楚上述问题的基础上，根据《安全生产事故隐患排查治理暂行规定》中对企业开展隐患排查治理工作所需要的规章制度的要求："生产经营单位应当健全事故隐患排查治理和建档监控等制度，逐级建立并落实从主要负责人到每个从业人员的隐患排查治理和监控责任制。"在第9条规定："生产经营单位应当保证事故隐患排查治理所需的资金、建立资金使用专项制度"，"对排查出的事故隐患，应当按照事故隐患的等级进行登记，建立事故隐患信息档案"。第11条规定："生产经营单位应当建立事故隐患报告和举报奖励制度。"笔者结合多年在隐患排查治理工作中的实践，结合《规定》的要求，认为在隐患排查治理工作中需要建立的制度主要有：

a. 隐患排查治理和监控责任制；

b. 事故隐患排查治理制度；

c. 事故隐患排查治理资金使用专项制度；

d. 事故隐患建档监控制度；

e. 事故隐患报告和举报奖励制度。

（3）制度的基本结构和内容。与隐患排查治理工作相关的内容应包括在企业安全生产责任制中，并有专门的隐患排查治理制度，体现在操作规程中。一般说来，企业所制定的隐患排查治理制度的结构和内容并没有规定统一模式和要求。各个企业都有根据自身实际需要，规定适应本身特点的文件形式，但通常不外乎以下几个部分或内容：

① 编制目的；

② 适用范围；

③ 术语和定义；

④ 引用资料；

⑤ 各级领导、各管理部门和各类人员相应职责；

⑥ 隐患排查治理主要工作程序和内容；

⑦ 需要形成的记录要求及其格式；

⑧ 制度的管理、制定、审定、修改、发放、回收、更新等；

⑨ 相关文件。

当然隐患排查治理制度还必须有符合本企业、本单位相关规定的文件标题和编号。最终还要确定隐患排查治理制度的文件数量和框架结构及与其他管理文件的关系。

(4) 标准的细化。企业必须根据其适用的政府部门制定颁布的隐患排查治理标准，结合自身的实际情况，对标准的内容和要求应当进行细化。例如对企业主要负责人的安全生产职责中规定“督促、检查安全生产工作，及时消除安全事故隐患”的内容，这个规定是宏观的，企业就应当提出更具体的要求，明确督促的方式方法、检查的方式方法、检查的频率和深度等。

(5) 制度的编制。企业要组建一支精干、高效的制度编写组是一项非常重要的工作，在编制过程中对文件质量影响最大的应当是编写人员的水平，建议可以采取过去形成的一些好的做法和经验，做到两个结合。

一种是“老中青结合”结合，老同志经验丰富，年轻人学历较高，视野开阔，中年人兼而有之，这种结合形成了“黄金搭档”，能够取长补短。

另一种是“工技管”结合，“工”是一线作业人员，他们对生产实际最为了解，有丰富的一手经验；“技”是技术人员，他们在专业方面的长处，为制度的编制提供专业导向；“管”是各类管理人员他们站得高看得远，擅长协调和沟通。将这三类人员的长处有机地结合起来，能够发挥出“1＋1＞2”的作用。

在选人上做到“两个结合”之后，还要制定严格的编制计划，明确任务、时间、责任人和质量要求，计划必须落实到人，按规定的时间节点检查编制进度，最后进行统稿，以保证格式的统一和内容的协调。文件（制度）编写时还要注意解决如下问题：

① 明确谁来负责起草工作、谁来负责组织协调、检查、修改工作，谁来负责文件之间的接口及协调性，做好工作分工，明确职责。

② 文件编写人员要吸收企业中其他管理体系文件编写人员参加，吸纳经验。

③ 文件编写完之后还有一项非常重要的工作，就是解决文件的可操作性问题。因此，要落实专人负责将相关文件（制度）向有关部门和人员征求意见，以最大限度解决文件的可操作性问题。

(6) 制度的管理。文件（制度）的管理是制度编制和贯彻的重要保证，隐患排查治理制度的文件管理也是如此，应当特别关注以下几个环节。

① 审批发布。由企业各级领导按职责权限对隐患排查治理制度文件进行审阅，征求有关意见并进行最后修改，然后按文件发布的权限进行审批，最终按照企业文件管理的程序正式发布。

② 发放。隐患排查治理制度发放到哪一级，发给哪些人，直接影响到本制度能否充分贯彻执行的程度。现在有很多企业、很多单位在实际工作中形成了文件只发到中层领导这一级的习惯，再向下就仅仅是组织员工学习（就是宣读），导致很多真正需要按照文件规定进行操作的人员无法获取相应的文件，使文件内容得不到有效实施。

发布不仅仅是发个红头文件即可，企业应当将新增的规章制度纳入已有的文件体系，如汇编、电子版（包括光盘）、内部网络等。

③ 保存。文件保存的目的不单单是存放，更重要的是方便其使用，因此，按照档案管理的要求，文件应当保存在方便获取、便于查阅的地方，并应将相关手续告知给有关人员。

④ 文件的使用。发布文件的目的是使之得到有效的执行使用，这就要求每个相关人员必须不折不扣地严格按照文件的规定执行，必须使企业的每个部门、每位员工养成良好的“死板”习惯，在制度面前决不能“灵活”使用。

⑤ 文件的修改。文件在执行过程中发现存在的问题时，应当根据有关单位或有关人员提出意见和建议的方法和程序，逐级向上反映，由文件编制部门按手续收集反馈意见，并按照规定的步骤和程序进行修改。

⑥ 文件废止和存档。当文件换版、作废时，应按相应的步骤规定执行，以防止使用已经过期的文件，保证相关岗位和人员获得有效版本，业已废止的文件除大部分销毁或处理掉以外，应保留底稿，目的是使文件的修改有一定的连续性，为今后其他文件的编制提供参考。

4. 教育培训

(1) 初步培训。在隐患排查治理工作全面铺开之前，企业应对有关人员进行初步的教育培训，使其掌握“谁来干？干什么？如何干？工作质量有什么要求？”等内容的标准。

企业隐患排查治理体系建设的初期培训对象分为两种：一种是对企业领导层（高层与中层）人员进行背景教育培训，另一种是对承担隐患排查治理推进工作的骨干人员进行全面教育培训。

对领导层（高层与中层）人员进行背景教育培训，使相关领导能够充分认识到企业实施隐患排查治理体系的重要意义、作用，让他们了解整个实施过程，知道自己在整个过程中的工作职责，以及应该给予隐患排查治理工作的支持和保障。

对承担隐患排查治理推进工作的骨干人员进行全面教育培训，主要包括的内容、背景（可与领导层教育培训合并同步进行）、相关政策法规、隐患排查治理标准内容详解、制度编写、隐患排查治理过程等方面。

(2) 全面培训。隐患排查治理的主体是企业的所有员工，包括从领导到一线员工直到在企业工作范围内的全部人员，以保证排查的全面性和有效性。

在企业颁布隐患排查治理制度文件后，组织全体员工，按照不同层次，不同岗位的要求，学习相应的隐患排查治理制度文件内容，以文件内容为准绳去开展隐患排查治理工作。

企业所有人员能不能或者会不会隐患排查治理，关键必须对他们进行有针对性和有效果的教育培训。因为企业的安全教育培训多种多样，企业应在各种安全生产教育培训中纳入隐患排查治理的内容，并根据工作需要作专门的培训，必须注意培训的效果，员工的掌握程度，以保证所有人员有意识、有技术、有能力开展好隐患排查治理。这里必须强调的是：隐患排查治理全员安全教育培训工作应以已有的安全教育培训方面的规章制度为准，并按其要求实施。

5. 实施排查

隐患排查的实施是一个涉及企业所有管理范围的工作，需要有计划、按部就班认认真真、踏踏实实地开展。

（1）排查计划。企业的安全隐患排查涉及面广、时间较长、战线较长，需要制定一个比较详细可行操作性强的实施计划，在这个计划中，要确定排查目标、参加人员、排查内容、排查时间、排查日程、排查记录等内容。为提高效率也可以与企业日常安全生产检查、安全生产标准化的自评工作或管理体系中的合规性评价和内审工作相结合。

（2）排查种类

① 专项隐患排查。企业的专项隐患排查是指采用特定的、专门的隐患排查方法，这种排查的方法具有周期性、技术性和投入性。主要有按隐患排查治理标准进行的全面自查，对重大危险源的定期评价，对危险化学品定期现状安全评价等。

② 日常排查。是指与企业安全生产检查工作相结合，具有日常性、及时性、全面性、普遍性和群众性。主要有全面的安全大检查（综合性安全大检查）主管部门的专业安全检查（专业性安全检查），各个季节变化的安全检查（季节性安全检查），各管理层次的日常安全检查（日常性安全检查），以及操作岗位的现场安全检查（岗位安全检查）等。

（3）检查的实施。以专项检查为例，企业组织隐患排查，根据排查计划到各个部门和各个所属单位进行全面的检查。排查时必须及时、准确和全面地记录排查情况和发现的问题，并随时与被检查单位的人员做好沟通。排查的流程和关键点如图 3-4 所示。

（4）排查结果的分析总结

① 评价本次隐患排查是否覆盖了计划排查中的范围和相关隐患类别。

② 评价本次隐患排查是否做到了“全面、抽样”的原则，是否做到了重点部门、重点部位高风险和重大危险源适当突出的原则。

③ 确定本次隐患排查发现，包括确定隐患清单、隐患级别以及分析隐患的分布，包括隐患所在单位和地点的分布、种类等。

④ 作出对本次隐患排查治理工作的结论性意见并填写隐患排查治理标准表格。

⑤ 向企业领导汇报隐患排查情况。

6. 纳入考核和持续改进

为了确保顺利进行隐患排查治理工作，企业领导必须责成有关部门以考核的

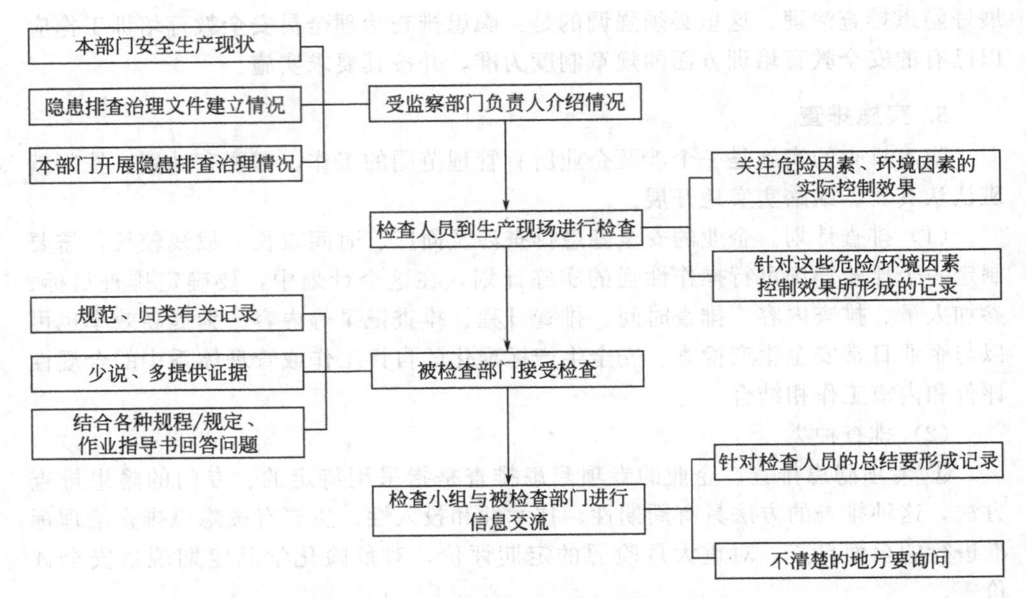

图 3-4　在各部门/单位排查流程及关键点

手段作为基本的保障。必须明确规定上至企业一把手，下至普通的员工以及所有的隐患排查人员的职责、权利和义务，特别是必须明确规定企业中、高层领导在隐患排查治理工作中的义务和责任。因为，企业的中、高层领导是实施与开展隐患排查治理工作最为重要的保障力量。

隐患排查治理机制的各个方面都不是一成不变的，也要随着企业安全生产管理水平的提高而与时俱进，借助企业开展的安全生产标准化和隐患排查自评和评审以及职业健康管理体系的合规性评价，企业内部审核与认证审核等外力的作用，实现企业在隐患排查治理工作方面的持续改进。

二、企业隐患治理

对隐患排查所发现的各种隐患必须进行治理，才能真正解决企业生产经营过程中的问题，降低各类风险，提高企业安全生产管理水平。

1. 一般隐患治理

（1）一般隐患分级。一般隐患是指危害和整改难度较小，发现后能够立即整改排除的隐患。为了更好地有针对性地治理在企业生产和管理工作存在的一般隐患，要对一般隐患进行进一步的细化分级。事故隐患的分级是以隐患的整改、治理和排除的难度及其影响范围为标准的。根据这个分级标准，在企业中通常将隐患分为班组级、车间级、分厂级至企业（公司）级，其含义是在相应级别的组织（单位或部门）中能够整改、治理和排除。其中的厂（公司）级隐患中某些隐患如果属于应当全部或者局部停产停业，并经过一定的时间整改治理方能排除的隐患，或者因外部因素影响致使企业自身难以排除的隐患应当列为重大事故隐患。

(2) 现场立即整改。在企业的生产运行过程中，有些隐患如明显的违反操作规程和劳动纪律的行为，这属于人的不安全行为方式的一般隐患，排查人员一旦发现，应当要求立即整改，并如实记录，以备对此类行为统计分析，确定是否为习惯性或群体性隐患。有些设备设施方面的、简单的不安全状态如安全装置没有启用、现场物料混乱等物的不安全状态等一般隐患，也可以要求现场立即整改，因为这些物的不安全一般隐患，不需要花钱，不需要多少技术含量，只是思想上有意识，举手之劳就解决了。

(3) 限期整改。在企业生产经营中，特别是一些系统连续性生产的企业，如大型危险化学品生产企业，在隐患排查过程中难以做到立即整改，但也属于一般隐患，则应限期整改。限期整改通常由排查人员和排查主管部门对隐患所属单位发出“隐患整改通知”，内容中需要明确列出如隐患情况的排查发现时间、地点、隐患情况的详细描述，隐患发生原因的分析，隐患整改责任的认定、隐患整改负责人、隐患整改的方式和要求、隐患整改完毕的时间要求等。

对于限期整改的隐患，需要全过程监督管理，除了对整改结果进行“闭环”确认外，也要在整改工作实施过程中进行监督，以发现和解决可能临时出现的问题，防止拖延以及确保隐患整改过程的安全。

2. 重大隐患治理

针对重大隐患，就需要有针对性地“量身定做”，为每个重大隐患制定专门的治理方案。由于重大隐患治理的复杂性和较长的周期性，在未完成治理前，还需要有临时的特护措施和应急预案。在治理完成后还要有书面申请以及接受审查和验收等复杂工作。

(1) 制定治理方案。在国家安监总局《安全生产事故隐患排查治理暂行规定》第15条规定：“重大事故隐患由生产经营单位主要负责人组织制定并实施事故隐患治理方案。”重大事故隐患治理方案应当包括如下内容。

① 治理的目的和任务；
② 采取的方法和措施；
③ 费用和物质的落实；
④ 负责治理的机构和人员；
⑤ 治理的时限和要求；
⑥ 治理的安全措施和应急预案。

此外《安全生产事故隐患排查治理暂行规定》第20条规定：“安全监管监察部门对检查过程中发现的重大事故隐患，应当下达整改指令书，并建立信息管理台账。必要时，报告同级人民政府并对重大事故隐患实行挂牌督办”，“安全监管监察部门发现属于其他有关部门职责范围内的重大事故隐患的，应该及时将有关资料移送有管辖权的有关部门，并记录备查”。

根据这些规定企业在制定重大事故隐患排查治理方案时还必须考虑安全监管监察部门或其他有关部门所下达的“整改指令书”和政府挂牌督办的有关内容的指示，也要将这些指示的要求体现在治理方案里。

（2）重大事故隐患治理过程中的安全防护措施。国家安监总局第16号令《安全生产事故隐患排查治理暂行规定》第16条规定：“生产经营单位在事故隐患治理过程中，应当采取相应的防范措施，防止事故发生。事故隐患排查前或者排除过程中无法保证安全的，应当从危险区域内撤出作业人员，并疏散可能危及的其他人员，设置警戒标志，暂时停产停业或者停止使用；对暂时难已停产或者停止使用的相关生产储存装置、设施、设备，应当加强维护和保养，防止事故发生。”按照《安全生产事故隐患排查治理暂行规定》第16条的要求，企业在重大事故隐患治理过程中，必须增加安全防护措施，还应编制应急预案，这样才能确保在重大事故隐患治理过程中的安全。

（3）重大事故隐患的治理过程。国家安监总局第16号令《安全生产事故隐患排查治理暂行规定》第21条要求：“已经取得安全许可证的生产经营单位，在其挂牌督办的重大事故隐患治理结束前，安全监管监察部门应当加强监督检查。必要时，可以提请原许可证颁发机关依法暂扣其安全生产许可证”；第22条要求：“安全监管监察部门应当会同有关部门把重大事故隐患整改纳入重点行业领域的安全专项整治中加以治理，落实相应责任。”这两条规定意味着企业在重大事故隐患治理过程中，还要随时接受和配合安全生产监管部门的重点监督检查。如果企业的重大事故隐患属于重点行业领域的安全专项整治的范围，如危险化学品生产行业，就更应落实相应的整改、治理的主体责任。

（4）重大事故隐患治理情况评估。在国家安全监管总局第16号令《安全生产事故隐患排查治理暂行规定》第18条规定：“地方人民政府或者安全监管监察部门以及有关部门挂牌督办并责成全部或者局部停产停业治理的重大事故隐患，治理工作结束后，有条件的生产经营单位应当组织本单位的技术人员和专家对重大事故隐患的治理情况进行评估；其他生产经营单位应当委托具有相应资质的安全评估机构对重大事故隐患的治理情况进行评估。”企业在治理重大事故隐患后须对治理情况和效果进行评估，这种评估主要是针对治理结果的效果而进行的，经过评估确认其安全措施的合理性和有效性，得出对隐患及其可能导致的事故的预防效果的结论。当然，评估需要有一定条件和资质的工程技术人员或有相应资质的安全评价机构来实施，以保证重大事故隐患治理工作结束后评估本身的权威性和有效性。

（5）重大事故隐患治理后的工作。在国家安全监管总局第16号令《安全生产事故隐患排查治理暂行规定》第18条规定：“重大事故隐患治理后并经过评估，符合安全生产条件的，生产经营单位应当想安全监管监察部门和有关部门提出恢复生产的书面申请，经安全监管监察部门和有关部门审查同意后，方可恢复生产经营。申请报告应当包括治理方案的内容、项目和安全评价机构出具的评价报告等。”在《安全生产事故隐患排查治理暂行规定》第23条也规定：“对挂牌督办并采取全部或者局部停产停业治理的重大事故隐患，安全监管监察部门收到生产经营单位恢复生产的申请报告后，应当在10日内进行现场审查。审查合格后，对事故隐患进行注销，同意恢复生产经营；审查不合格的，依法责令改正或者下达停产整改指令。对整改无望或者生产经营单位拒不执行整改指令的，依法实施行政处罚；不具备安全生产条件的，依法提请县级以上人民政府按照国务院规定的权限予以关闭。”

国务院安监总局在《安全生产事故隐患排查治理暂行规定》中非常明确地说明了，重大事故隐患在治理后企业所要进行的工作。企业只有按照《安全生产事故隐患排查治理暂行规定》的要求，认真做好每一步工作，才能使重大事故隐患在治理过后走上恢复生产的正常轨道。

3. 隐患治理措施

企业在隐患排查治理工作中，其治理及其方案的核心都是通过具体的治理措施来实现的，在常规下这些治理措施大体上可分为工程技术措施和管理措施两大类，另外再加上重大事故隐患治理中需要做的临时性的特护措施和应急措施。

(1) 治理措施的基本要求

① 能消除或减弱生产过程中产生的危险，有害因素。

② 处置危险和有害物，并降低到国家规定的限值内。

③ 预防生产装置失灵和操作失误产生危害，有害因素。

④ 能有效地预防重大事故和职业危害的发生。

⑤ 若发生意外事故时，能为遇险人员提供自救和互救条件。

在企业中隐患治理的方式是多种多样的，因为企业必须考虑成本投入，需要用最小的代价获得最适当（不一定是最好）的结果。有时候隐患治理很难完全彻底地消除隐患，这就要求必须在遵守安全生产法律法规和标准规范的前提下，将其风险降低到企业可以接受的程度。在安全生产实践中可以这样说：“最好”的方针不一定是最适当的，而最适当的方法一定是“最好”的。例如，在生产现场员工未正确佩戴安全帽是一个典型的低级别的隐患，其治理方式在企业中主要是排查（检查、督查）人员对其批评教育，责令其马上纠正，对这种隐患通常是没有必要制定治理方案的。但如果对某些隐患经过数理统计分析，发现这种现象普遍存在，已经成为一种习惯性和群体性违章，那么就要将其隐患级别上升、并研究制定治理方案，采取多种措施和手段进行治理。

(2) 工程技术措施。工程技术措施的实施等级顺序一般是：直接性安全技术措施、间接性安全技术措施、指示性安全技术措施等；根据等级顺序的要求应该遵循的具体按消除、预防、减弱、隔离、联锁、警告的等级顺序来选择安全技术措施；在选择时要根据具体实际选择具有针对性、可操作性和经济合理性并符合国家有关安全生产法律法规、标准和设计规范的规定。

根据安全技术措施等级顺序的要求，应当遵循以下具体原则：

① 消除。尽可能从根本上消除危险，有害因素；如采用无害化工艺技术，生产过程中以无害物质代替有害物质，实现自动化作业，实行遥控技术等，在现代大型危险化学品生产中采用DCS控制系统即属于此类。

② 预防。当在生产作业过程中消除危险、有害因素有困难时，可采取预防性安全技术措施，来预防危险、有害、危害的发生。如现在多数企业中使用的安全阀、安全屏护、漏电保护装置、安全电压、熔断器、防爆膜、事故排放装置、紧急切断装置等均属于此类。

③ 减弱。在生产中既无法消除危险、有害因素也难以预防的情况下，可采取减少危险、危害的安全技术措施，如设置局部通风排除毒气装置，生产过程中以低毒物质代替高毒物质，降低温度、湿度装置、避雷接地装置、消除静电装置、减振消声装置等都能起到减弱的作用。

④ 隔离。在生产过程中无法消除、预防、减弱的情况下应将操作人员与危险、有害因素隔开和将不能共存的物质分开。如遥控作业，设置安全罩、防护屏、隔离操作室、安全距离，事故发生时的自救装置（如防护服、防毒面具）等。

⑤ 联锁。当操作者失误发生误操作时或在设备运行中一旦达到危险状态时，应通过联锁装置终止危险、危害的发生。例如在危险化学品企业生产过程中，为了防止危险物质的泄漏和超温超压而发生爆炸、燃烧、中毒事故，均在各个重要岗位和重大操作步骤设置了较多的仪表控制联锁装置。

⑥ 警告。在生产中生产现场易发生故障和危险性较大的地方，配置醒目的安全色，安全标志，必要时也可设置声、光或声光组合报警装置。

（3）安全管理措施。企业的安全管理措施往往在隐患排查治理工作中受到忽视，即使有也是些老生常谈式的提高安全意识、加强培训教育、强化安全检查等几种。其实安全管理措施往往能系统地解决很多普遍存在的和长期存在的事故隐患，这就需要在实施隐患排查治理时，管理者主动地和有意识地研究分析隐患产生原因中的管理因素，发现和掌握其管理规律，通过修订和制定有关规章制度和操作规程并贯彻执行从根本上来解决问题。

4. 闭环管理

在企业隐患排查治理工作中实行“闭环管理”是现代安全生产管理中的基本要求，对任何一个过程的管理最终都要通过“闭环”才能结束。隐患排查治理工作的收尾工作也是“闭环管理”，要求治理措施完成后，企业主管部门和人员对其结果进行验证和效果评估。验证就是检查措施的实现情况，是否按方案和计划一一落实了，效果评估是对完成的措施是否起到了隐患排查治理和整改的作用，是彻底解决了问题还是部分的、达到某种可接受程度的解决问题，是否真正能做到“预防为主”。当然不可忽视还有，是否隐患的治理措施会带来或产生新的风险也需要特别关注。

三、企业隐患自报

企业将自己隐患排查治理的结果自行上报给政府主管部门，将政府部门的监管与企业生产经营的实际联系在一起，是隐患排查治理体系的重要环节，必须给予足够的重视。

1. 自报的内容

企业开展隐患排查治理工作，包含有很多内容，有机制的、管理的、技术的、记录的、设备设施的等，隐患排查治理自报并不是要求企业将自己进行的这些内容全部上报，而是按照规定的内容、方式、时限、格式等要求进行上报。

企业隐患排查治理工作依据的是其所适用的政府部门颁布的隐患排查治理标准和企业自己细化的标准以及规章制度、操作规程和企业内部标准等，这就产生了两种依据在格式和内容上的不一致。在所覆盖的范围和细致程度上看，企业的各项规定要远远多于政府部门制定的隐患排查治理标准；从格式上看，隐患排查治理标准是以表格的形式存在的，与企业的各项内部要求不会完全相同。因此，要从内容和格式上进行一个“对接”工作。

“对接”并不是要企业修改自己的各项规定去完成适应标准的格式，而是在上报工作环节中，将自己的各项规定去对照寻找标准中的内容，在填报时将实际隐患排查情况按标准的格式填报到相应的部分里去即可，随着工作的逐步深化和细化，最终形成按标准和企业规定开展排查工作，按标准规定的类别填报的局面，两者同时存在，并又相互“对接”。

“对接”后的自报工作中，对于那些比较稳定和较长时间内不发生显著变化的隐患类别，如基础管理类的隐患，就可以在日常自报中不再重复填报。对于能够经常排查出的现场型的隐患，则需要如实和及时地填报。当然如果企业的基础管理或现场管理发生了变更则需要重点填报。

2. 自报的方式

隐患排查治理信息系统中对隐患自报的信息管理作了说明，但企业的类型、规模和管理等方面有着千差万别的情况，所以其所采用的自报方式也不尽相同。

（1）自报的程序。无论企业规模大小还是行业不同或者管理方式有异，其隐患自报的程度大体上是相同的，主要有以下几个步骤。

① 统计。将各种方式的隐患排查工作所发现的隐患进行汇总、统计和整理，得到隐患清单，形成隐患整改通知，将这些集合为一套完整的材料。

②“对接”分类。按隐患排查治理标准的格式，将企业的隐患材料按其顺序分门别类地“对接”入位，每个隐患都给予适当的标识。

③ 审查批准。根据管理层级和权限，由有关领导对隐患上报的内容进行审阅，批准后方能上报。

④ 上报。根据企业实际，采取相应的上报方式，按政府及其部门规定的时间和形式进行上报。

(2) 基于信息系统自报。企业要将自己的信息管理系统与政府隐患管理信息系统进行接口定期接通上报网络，按信息管理系统的提示和要求进行填报。

大型企业集团需要在集团内部层层上报下属单位的隐患情况，方式与隐患排查治理标准的格式相同，进行汇总整理后，将整体情况以总结的方式向有关主管部门上报。其下属单位的隐患上报仍按属地监管的原则向有关政府部门报送。

四、安全生产形势预测预警

安全生产形势预测预警是指隐患排查结果和仪器仪表监测检测数据为基础，辨识和提取有效信息，分析其可能产生的后果并予以量化，将有关信息经过综合分析形成直观地、动态地反映企业安全生产现状的安全生产预警系统，运用预测理论，建立数学模型，对未来的安全生产趋势进行预测，得出安全生产趋势的发展情况。

1. 预测预警的任务

① 以企业日常隐患排查工作为基础，发现生产现场、工作岗位存在的隐患，并及时纠正，使生产过程中人的不安全行为和物的不安全状态以及管理缺陷处于被检测、识别、诊断和干预的监控之下。

② 通过对隐患排查数据、监测信息的分析，可以确定各种信息可能造成的后果，辨明造成伤亡的严重程度如何，确定是否处于安全状态，其主要任务是应用适宜的识别指标判断可能造成的后果，这对整个预警系统的活动至关重要。将分析得出的不安全因素进行量化，对可能造成的后果进行量化统计分析，加以系数修正，计算得出安全生产预警指数，通过安全生产预警指数趋向的升高和降低，直观反映当前安全状况是安全、注意、警告或是危险。

③ 利用系统分析、信息处理、建模、预测、决策、控制等主要内容的预测理论，定量计算未来安全生产发展趋势，警示生产过程中将面临的危险程度，提请企业采取有效措施防范事件、事故的发生。

④ 根据安全生产预警指数数值大小，对事故征兆（险警事件）的不良趋势采取不同的措施，进行矫正、预防与控制。

⑤ 对可能造成损失的事件及时进行整改，分析规律，防范同类事件的发生。

2. 预测预警指数系统的建立

（1）收集数据。安全生产预警的基础是数据的收集，数据来源为两个方面：一是隐患排查的结果；二是仪器仪表监测数据。在隐患排查治理工作中，不仅要发现物的不安全状态，同时对人的行为也要加以判断，对于好的安全行为要及时表扬并记录在案，仪器仪表检测过程中不正常的数据要进行整理。通过对历史数据、即时数据的整理、分析、存储，建立安全预警数据档案。

（2）分析判断。对收集到的信息、数据进行分析，判断已经发生的异常征兆及可能发生的连锁反应，评价事故征兆可能造成的损失。对分析的结果进行分类统计，形成部门安全预警情况报告，上报企业安全管理部门，汇总分析后，得出当前安全生产预警指数报告。

① 原始数据判断。各部门对隐患排查情况、监测检测的数据，运用判断指标，对可能造成人员伤害、疾病的状况或行为，分为“不安全状况”或“不安全行为”进行统计。

② 伤害等级判断。将不安全行为、不安全状况可能导致的人员伤害分为：死亡、重伤、轻伤、无伤害等4个等级。采用“事故当量”的概念，量化可能造成的伤害等级。

（3）系数修正

① 报告份数修正。为了消除规定时间内安全预警情况报告数量不同对安全生产预警指数的影响，按每月适合在本企业的平均数来修正月伤害统计值。

② 事故修正。事故的发生会造成安全生产预警指数的升高，另外，每次事故发生后都会对一定时期内的安全生产工作产生影响，因此，系数修正要考虑不同级别事故及事故发生后一段时间内的影响。

③ 隐患整改率修正。隐患整改率的高低，直接影响企业安全生产状况，因此，要根据不同的隐患整改率，进行修正。

④ 培训及演练修正。安全教育培训是提高员工安全意识和安全素质，防止产生不安全行为，减少人员失误的重要途径。因此，培训能够降低企业安全风险，降低安全生产预警指数值不同级别的培训（厂级、车间级和班组级）对员工的影响不同，因而修正值也不同。

应急演练可以在事故真正发生前暴露应急预案存在的问题，提高应急人员的熟练程度和技术水平，提高整体应急反应能力，降低事故发生造成的损失，降低安全生产预警指数数值。考虑每次培训、演练后会对一定时期内的安全生产状况产生影响。

（4）计算。安全生产预警指数的计算是以规定时间段内的各部门安全预警情况报告为基础，进行报告份数、演练、培训、事故隐患整改率等系数修正，计算得到安全生产预警指数值，其计算过程为：

① 统计值计算。根据原始数据的分类统计值与所对应的伤害等级；加权得

出周或月伤害统计值。

② 安全生产预警指数计算。安全生产预警指数=安全预警报告修正值+隐患排查率修正值+培训、演练、修正值+其他修正值。

③ 生成图形。根据预警指数数值，并按照时间的顺序，将一段时间内的安全生产预警指数连接后，即构成了安全生产预警指数图，从而直观反映企业整体安全生产形势。

运用预测理论，对历史安全生产预警指数进行整理、修正后，消除影响因素，建立数学模型，生成安全生产趋势图，直观预测企业安全生产趋势。

第四章

危险化学品企业隐患排查内容

第一节　安全管理基础隐患排查

一、机构、责任制、制度的健全和落实

1. 排查安全管理机构的建立

（1）查安全管理机构是否具备相对独立职能。

（2）查专职安全管理人员是否不少于企业员工总数的2%（不足50人的企业至少配备1人），要具备化工或安全管理相关专业中专以上学历，有从事化工生产相关工作2年以上经历。

（3）是否按规定配备注册安全工程师，且至少有1名具有3年化工安全生产经历；或委托安全生产中介机构选派注册安全工程师提供安全生产管理服务。

（4）A、B类企业是否配备安监局长、总工程师，所属厂（处）需配备安监厂（处）长、总工程师，同时根据工作需要配备一定数量的副总工程师。按规定设置生产、技术等相关业务部门。

2. 排查安全生产责任制

（1）是否制定安全方针和年度安全目标。

（2）是否制定了安全委员会的职责，主要负责人是否清楚和执行安委会安全职责。

是否每个管理部门或基层单位均制订了和执行安全职责。

（3）是否每个管理部门或基层单位均制订了和执行安全职责。

（4）安全生产责任制内容与部门安全职责是否相符。

3. 排查安委会和安全生产管理网络

（1）安委会是否依据企业存在安全生产主要问题定期开展活动及记录。

（2）是否建立安全监察、管理部门、车间、基层班组的安全生产管理网络。

4. 排查安全生产责任制考核机制

（1）是否制定安全生产目标的考核细则，检查执行情况记录。

（2）是否签订各级组织的安全目标责任书，安全目标责任书内容与本组织的安全职责是否相符。

（3）是否定期考核，考核内容与安全目标责任书内容是否相符。

（4）是否制定安全工作计划，并对安全工作指标进行量化。

（5）是否落实安全生产目标考核奖惩及记录。

5. 排查安全生产规章制度及执行情况

（1）安全生产例会等安全会议制度。

（2）安全投入保障制度。

（3）安全生产奖惩制度。

（4）安全教育培训制度。

（5）领导干部轮流现场带班制度。

（6）特种作业人员管理制度。

（7）安全检查和隐患排查治理制度。

（8）重大危险源评估和安全管理制度。

（9）变更管理制度。

（10）应急管理制度。

（11）安全事故或者重大事件管理制度。

（12）防火、防爆、防中毒、防泄漏管理制度。

（13）工艺、设备、电气仪表、公用工程安全管理制度。

（14）动火、进入受限空间、吊装、高处、盲板抽堵、动土、断路、设备检修、临时用电等作业安全管理制度。

（15）危险化学品安全管理制度。

（16）职业健康相关管理制度。

（17）劳动保护用品使用维护管理制度。

（18）承包商管理制度。

（19）安全管理制度及操作规程定期修订制度。

二、企业安全生产费用的提取、使用

1. 排查安全生产费用的提取

安全生产的费用的提取是否符合以下内容：

（1）营业收入不超过1000万元的，按照4%提取。

（2）营业收入超过1000万元至1亿元的部分，按照2%提取。

（3）营业收入超过1亿元至10亿元的部分，按照0.5%提取。

（4）营业收入超过10亿元的部分，按照0.2%提取。

2. 排查安全生产费用的使用

安全生产费用的使用是否符合以下范围：

（1）完善、改造和维护安全防护设施设备支出。

（2）配备、维护、保养应急救援器材、设备支出和应急演练支出。

（3）开展重大危险源和事故隐患评估、监控和整改支出。

（4）安全生产检查、评价（不包括新建、改建、扩建安全评价）、咨询和标准化建设支出。

（5）配备和更新现场作业人员安全防护用品支出。

（6）安全生产宣传、教育、培训支出。

（7）安全生产适用的新技术、新标准、新工艺、新设备的推广应用支出。

（8）安全设施及特种设备检测检验支出。

（9）其他与安全生产直接相关的支出。

（10）重大安全隐患整改资金是否列入计划。

（11）是否使用国家明令禁止使用设备和工艺的且没有淘汰计划，淘汰计划是否落实。

三、安全教育培训管理

1. 排查安全培训教育的基本要求

（1）企业是否对从业人员进行安全生产教育和培训，保证从业人员具备必要的安全生产知识，熟悉有关的安全生产规章制度和安全操作规程，掌握本岗位的安全操作技能。从业人员是否接受教育和培训，考核合格后上岗作业；对有资格要求的岗位，是否配备依法取得相应资质的人员。

（2）企业采用新工艺、新技术、新材料或者使用新设备，是否了解掌握其安全技术特性，采取有效的安全防护措施，并对从业人员进行专门的安全生产教育和培训。

2. 排查企业主要负责人和安全生产管理人员的安全培训教育情况

（1）主要负责人或安全生产管理人员是否取得安全资格证书，证书是否在有效期内。

（2）主要负责人或安全生产管理人员安全资格培训时间是否少于 48 学时，每年再培训时间是否少于 16 学时。

3. 排查新上岗的从业人员的强制性安全培训情况

（1）新上岗的从业人员安全培训时间是否少于 72 学时，每年接受再培训的时间是否少于 20 学时。

（2）从业人员在本年度内调整工作岗位或离岗 1 年以上重新上岗时，是否重新接受车间和班组级的培训。

4. 排查企业特种作业人员的安全培训教育

特种作业人员是否按照国家有关规定经过专门的安全作业教育培训，取得特种作业操作资格证书，并定期复审。

5. 排查年度安全培训计划

(1) 是否制定年度安全培训工作计划，检查执行情况记录。

(2) 是否保证本单位安全培训工作所需资金。

(3) 企业是否建立健全从业人员安全培训档案，详细、准确记录培训考核情况。

6. 排查班组安全活动

(1) 班组安全活动每月是否少于2次，每次活动时间是否少于1学时。

(2) 班组安全活动是否有负责人、有计划、有内容、有记录。

(3) 企业负责人是否每月至少参加1次班组安全活动，基层单位负责人及其管理人员是否每月至少参加2次班组安全活动。

四、风险评价和隐患控制

1. 排查法律、法规和标准的知识和获取

(1) 是否明确专门部门和方式，定期识别和获取。

(2) 企业是否将适用的安全生产法律、法规、标准及其他要求的执行情况进行符合性评价，消除违规现象和行为。

(3) 是否每年至少1次对适用的法律、法规、标准及其他要求的执行情况进行符合性评价，消除违规现象和行为。

2. 排查安全风险评价

(1) 企业是否依据风险评价准则，选定合适的评价方法，定期和及时对作业活动和设备设施进行危险、有害因素识别和风险评价，并按规定的频次和时机开展风险评价。

(2) 企业各级管理人员是否参与风险评价工作，并鼓励从业人员积极参与风险评价和风险控制。

(3) 企业是否根据风险评价结果及经营运行情况等，确定不可接受的风险，制定并落实控制措施，将风险尤其是重大风险控制在可以接受的程度。

(4) 企业是否根据风险评价结果及所采取的控制措施对从业人员进行宣传、培训，使其熟悉工作岗位和作业环境中存在的危险、有害因素，掌握、落实应采取的控制措施。

(5) 企业是否定期评审或检查风险评价结果和风险控制效果。

(6) 企业是否在下列情形发生时及时进行安全风险评价：

① 新的法律法规或其他要求的变更；

② 操作条件变化或工艺改变；

③ 技术改造项目；

④ 有对事件、事故或其他信息的新认识；

⑤ 组织机构发生大的调整。

3. 排查隐患治理

（1）企业是否对风险评价出的隐患项目，下达隐患治理通知，限期治理，做到定治理措施、定负责人、定资金来源、定治理期限、定应急预案。企业应建立隐患治理台账。

（2）企业是否对确定的重大隐患项目建立档案，档案内容应包括：

① 评价报告与技术结论；

② 评审意见；

③ 隐患治理方案，包括资金概算情况等；

④ 治理时间表和责任人；

⑤ 竣工验收报告；

⑥ 备案文件。

（3）企业无力解决的重大事故隐患，除应书面向企业主管部门和当地政府报告外，是否采取有效防范措施。

（4）企业对不具备整改条件的重大事故隐患，是否采取防范措施，并纳入计划，限期解决或停产。

五、事故管理、变更管理与承包商管理隐患排查

1. 排查事故管理

（1）是否以任何形式与从业人员订立协议，免除或者减轻从业人员因安全事故伤亡依法应承担的责任。

（2）发生安全事故后，事故现场有关人员应当立即报告本单位负责人。单位负责人接到事故报告后，应当迅速采取有效措施，组织抢救并在接到报告后1小时内向事故发生地县级以上人民政府安全生产监督管理部门和负有安全生产监督管理职责的有关部门报告。

（3）事故调查处理是否按照实事求是、尊重科学的原则，及时、准确地查清事故原因，查明事故性质和责任，提出整改措施，并对事故责任者提出处理意见。

（4）企业是否落实事故整改和预防措施，防止事故再次发生。整改和预防措施应包括：

① 工程技术措施；

② 培训教育措施；

③ 管理措施。

（5）企业是否建立事故档案和事故管理台账。

2. 排查变更管理

（1）是否建立变更管理制度，履行下列变更程序：

① 变更申请。按要求填写变更申请表，由专业人员进行。

② 变更审批。变更申请表要逐级上报主管部门，并按管理权限报主管领导审批。

③ 变更实施。变更批准后，由主管部门负责实施。不经过审批和批准，任何临时性的变更都不得超过原批准范围和期限。

④ 变更验收。变更实施结束后，变更主管部门应对变更的实施情况进行验收，形成报告，并及时将变更结果通知相关部门和有关人员。

（2）企业是否对变更过程产生的风险进行分析和控制。

3. 排查承包商管理

（1）企业是否严格按照承包商管理制度，对承包商资格预审、选择、开工前准备、作业过程监督、表现评价、续用等过程进行管理，建立合格承包商名录和档案。企业是否与选用的承包商签订安全协议书。

（2）企业是否对承包商的作业人员进行入厂安全教育培训，经考核合格发放入厂证，并有安全培训教育记录，进入作业现场前，作业现场所在基层单位是否对施工单位的作业人员进行进入现场前安全教育培训，并有安全教育培训记录。

六、作业管理隐患排查

1. 排查个人安全防护

（1）企业是否根据接触毒物的种类、浓度和作业性质、劳动强度，为从业人员提供符合国家标准或者行业标准的劳动防护用品和器具。

（2）企业为从业人员提供的劳动防护用品，是否超过使用期限。

（3）企业是否督促、教育从业人员正确佩戴和使用劳动防护用品。

（4）从业人员在作业过程中，是否按照安全生产规章制度和劳动防护用品使用规则，正确佩戴和使用劳动防护用品；未按规定佩戴和使用劳动防护用品的，不得上岗作业。

2. 排查作业活动安全

（1）企业是否在危险性作业活动作业前进行危险、有害因素识别，制定控制措施。在作业现场配备相应的安全防护用品（具）及消防设施与器材，规范现场人员作业行为。

（2）企业作业活动的负责人是否严格按照科学要求科学指挥；作业人员是否严格执行操作规程，不违章作业，不违反劳动纪律。

（3）企业作业活动监护人员是否具备基本救护技能和作业现场的应急处理能力，持相应作业许可证进行监护作业，作业过程中不得离开监护岗位。

（4）对动火作业、进入受限空间作业、破土作业、高处作业、断路作业、吊装作业、设备检修作业、抽堵盲板作业和临时用电作业等危险性作业是否实施作业许可管理，严格履行审批手续，并严格按照相关作业安全规程的要求执行。

七、应急管理隐患排查

1. 排查应急组织和职责

（1）是否建立应急救援组织；生产经营规模较小，可以不建立应急救援组织的，是否指定兼职的应急救援人员。

（2）是否建立应急指挥系统，实行厂级、车间级分级管理，建立应急救援队伍；明确各级应急指挥系统和救援队的职责。

2. 排查应急救援预案的制定和备案

（1）查企业制定并实施本单位的生产安全事故应急救援预案；是否按照国家有关要求，针对不同情况，制定了综合应急预案、专项应急预案和现场处置方案。

（2）查企业综合应急预案和专项应急预案是否按照规定报政府有关部门备案；是否组织专家对本单位编制的应急预案进行了评审，应急预案经评审后，是否由企业主要负责人签署公布。

3. 排查应急物资保障

企业是否配备必要的应急救援器材、设备，并进行经常性维护、保养并记录，保证其处于完好状态。

4. 排查应急救援体系的维护

（1）企业是否对从业人员进行应急救援预案的培训。

（2）企业是否制定了本单位的应急预案演练计划，并且每年至少组织1次综合应急预案演练或者专项应急预案演练，每半年至少组织1次现场处置方案演练。

（3）应急预案演练组织单位是否对应急预案演练效果进行评估，并撰写应急预案演练评估报告。

5. 排查应急预案的修订

企业制定的应急预案是否至少每3年修订1次，预案修订情况应有记录并归档。

有下列情形之一的，应急预案应当及时修订：

① 生产经营单位因兼并、重组、转制等导致隶属关系、经营方式、法定代表人发生变化的；

② 生产经营单位生产工艺和技术发生变化的；

③ 周围环境发生变化，形成新的重大危险源的；

④ 应急组织指挥体系或者职责已经调整的；
⑤ 依据的法律、法规、规章和标准发生变化的；
⑥ 应急预案演练评估报告要求修订的；
⑦ 应急预案管理部门要求修订的。

第二节 区域位置、总图布置与公共设施隐患排查

一、区域位置

(1) 排查下列场所、区域与危险源保持的距离是否符合国家相关法律、法规、规章和标准的规定。

① 居民区、商业中心、公园等人口密集区。
② 学校、医院、影剧院、体育场（馆）等公共设施。
③ 供水水源、水厂及水源保护区。
④ 车站、码头（按照国家规定，经批准专门从事危险化学品装卸作业的除外）、机场以及公路、铁路、水路交通干线、地铁风亭及出入口。
⑤ 基本农田保护区、畜牧区、渔业水域和种子、种畜、水产苗种生产基地。
⑥ 河流、湖泊、风景名胜区和自然保护区。
⑦ 军事禁区、军事管理区。
⑧ 法律、行政法规规定予以保护的其他区域。

(2) 排查化工装置（设施）与居住区之间的卫生防护距离。

应按《石油化工企业卫生防护距离》（SH 3093—1999）中表 2.0.1 确定，表中未列出的装置（设施）与居住区之间的卫生防护距离一般不应小于 150m。卫生防护距离范围内不应设置居住性建筑物，并宜绿化。

(3) 排查需与污染严重企业保持距离的场所。

严重产生有毒有害气体、恶臭、粉尘、噪声且目前尚无有效控制技术的工业企业，不得在居民区、学校、医院和其他人口密集的被保护区域内建设。

(4) 排查危险化学品与相邻工厂或设施，同类企业及油库的防火间距是否满足如下要求。

① 液化烃罐组
a. 与居住区、公共福利设施、村庄和相邻工厂（围墙）距离 120m。
b. 与国家铁路线（中心线）距离 55m。
c. 与厂外企业铁路线（中心线）距离 45m。
d. 与国家或工业区铁路编组站（铁路线或中心建筑物）距离 55m。

e. 与厂外公路（路边）距离 25m。

f. 与变电站（围墙）距离 80m。

g. 与架空电力线路（中心线）距离 1.5 倍塔高度。

h. 与Ⅰ、Ⅱ级国家架空通信线路（中心线）距离 50m。

i. 与通航江、河海岸边距离 25m。

② 可能携带可燃液体的高架火炬

a. 与居住区、公共福利设施、村庄和相邻工厂（围墙）距离 120m。

b. 与国家铁路线（中心线）、厂外企业铁路线（中心线）、国家或工业区铁路编组站（铁路线或中心建筑物）距离 80m。

c. 与厂外公路（路边）距离 60m。

d. 与变电站（围墙）距离 120m。

e. 与架空电力线路（中心线）、Ⅰ、Ⅱ级国家架空通信线路（中心线）和通航江、河、海岸边距离 80m。

③ 甲、乙类工艺装置或设施

a. 与居住区、公共福利设施、村庄距离 100m。

b. 与相邻工厂（围墙）距离 50m。

c. 与国家铁路线（中心线）距离 45m。

d. 与厂外企业铁路线（中心线）距离 35m。

e. 与国家或工业区铁路编组站（铁路线或中心建筑物）距离 45m。

f. 与厂外公路（路边）距离 20m。

g. 与变电站（围墙）距离 50m。

h. 与架空电力线路（中心线）距离 1.5 倍塔高度。

i. 与Ⅰ、Ⅱ级国家架空通信线路（中心线）距离 40m。

j. 与通航江、河、海岸边距离 20m。

（5）排查是否对危险化学品液体和受污染消防水采取措施。

查邻近江河、湖、海岸布置的危险化学品装置和罐区，应采取措施防止泄漏的危险化学品的液体和受污染的消防水进入水域。

（6）排查危险化学品对自然灾害的防范措施。

抗震、抗洪、抗地质灾害等设计标准应能够承受：破坏性地震；洪汛灾害（江河洪水、渍涝灾害、山洪灾害、风暴潮灾害）；气象灾害（强热带风暴、飓风、暴雨、冰雪、海啸、海冰等）；由于地震、洪汛、气象灾害而引发的其他灾害。

（7）排查区域排洪沟通过厂区。

区域排洪沟不宜通过生产区；应采取措施，防止泄漏的可燃气体和受污染的消防水流入区域排洪沟。

二、总图布置隐患排查

1. 排查可燃气体和污水处理厂的位置

查可能散发可燃气体的工艺装置、罐组、装卸区或全厂性污水处理厂等设施，不宜布置在人员集中场所，而应布置在明火或散发火花地点的全年最小频率风向的上风侧。

2. 排查需与危险化学品生产装置保持防火安全距离的各个场所

查控制室、变配电室、点火源（包括火炬）、办公楼、厂房、消防站及消防泵房、空分空压站、危险化学品生产与储存设施、其他重要设施及场所。

3. 排查液化烃罐组或可燃液体罐组的位置

查液化烃罐组或可燃液体罐组不应毗邻布置在高于工艺装置、全厂性重要设施或人员集中场所的阶梯上。人手条件限制或者工艺要求，可燃液体原料储罐毗邻布置在高于工艺装置的阶梯上时应采取措施，防止泄漏的可燃液体流入工艺装置、全厂性重要设施或人员集中场所。

4. 排查空分站的位置

空分站应布置在空气清洁地段，并宜位于散发乙炔及其他可燃气体、粉尘等场所的全年最小频率风向的下风侧。

5. 排查有机动车频繁进出的设施位置

查汽车装卸设施、液化烃灌装站及各类物品仓库等机动车辆频繁进出的设施应布置在厂区边缘或厂区外，并宜设围墙独立成区。

6. 排查公路的位置

查公路是否穿越生产区（不应穿越）。

7. 排查架空电力线的位置

查采用架空电力线进出厂区的总变电所，是否布置在厂区边缘，不应穿过生产区。

8. 排查输油输气管道的位置

查输油输气管道是否穿越厂区。

9. 排查生产剧毒物质、高温以及强放射车间的位置

查是否考虑相应事故防范和应急、救援设施和设备的配套并留有应急通道。

10. 排查泡沫站的位置

查是否将泡沫站设置在防火堤内、围堰内、泡沫灭火系统保护区域或其他火灾及爆炸危险区内；当泡沫站靠近防火堤设置时，其与各甲、乙、丙类液体储罐

壁之间的间距应大于 20m，且应具备远程控制功能；当泡沫站设置在室内时，其建筑的耐火等级不应低于二级。

11. 排查建构筑物

(1) 查变电所的屋顶、墙体、排风口以及电缆线进出口是否有漏水、渗水、进水，玻璃窗不能破损，门口、窗口以及其他所有开口，有防鼠措施，防鼠网不能破损。

(2) 查高层建筑，如高层办公楼，窗户是否有防台风功能。

(3) 查厂内新增建筑物，防震等级是否低于原全厂设计防震等级，且在防震等级方面符合最新设计规范要求。

(4) 查大型机组（压缩机、风机、泵等）、散发油气的生产设备是否采用敞开式或半敞开式厂房，有爆炸危险的甲、乙类厂房泄压设施需满足规定。

(5) 查在危险爆炸场所新增建筑物，是否有较好防爆功能，防止现场发生爆炸，建筑碎块给人员造成二次伤害。是否擅自在危险爆炸场所新增建筑物，要事先有风险评价。

(6) 查生产、储存危险化学品的车间、仓库是否与员工宿舍在同一座建筑物内，且与员工宿舍保持符合规定的安全距离；同时不应设置在地下室或半地下室内。

(7) 查化学品和危险品仓库内是否设置员工宿舍。甲、乙类仓库内是否设置办公室、休息室等，并不应贴邻建造。在丙、丁类仓库内设置的办公室、休息室，应采用耐火等级不低于 2.5h 的不燃烧隔墙和不低于 1.0h 的楼板与库房隔开，并应设置独立的安全出口。如隔墙需开设相互连通的门时，是否采用乙级防火门。

(8) 查有爆炸危险的甲、乙类库房泄压设施是否满足 GB 50016 的规定。

① 有爆炸危险的甲、乙类厂房宜独立设置，并宜采用敞开或半敞开式。其承重结构宜采用钢筋混凝土或钢框架、排架结构。

② 有爆炸危险的甲、乙类库房应设置泄压设施。且泄压设施宜采用轻质屋面板、轻质墙体和易于泄压的门、窗等，不应采用普通玻璃，且轻质屋面板和轻质墙体的单位质量不宜超过 $60kg/m^2$，应避开人员密集场所和主要交通道路，并宜靠近有爆炸危险的部位。同时，屋顶上的泄压设施应采取防冰雪积聚措施。

③ 散发较空气轻的可燃气体、可燃蒸气的甲类厂房，宜采用轻质屋面板的全部或局部作为泄压面积。顶棚应尽量平整、避免死角，厂房上部空间应通风良好。

④ 散发较空气重的可燃气体、可燃蒸气的甲类厂房以及粉尘、纤维爆炸危险的乙类厂房，应采用不发火花的地面。采用绝缘材料作整体面层时，应采取防静电措施。散发可燃粉尘、纤维的厂房内表面应平整、光滑，并易于清扫。厂房

内不宜设置地沟，必须设置时，其盖板应严密，地沟应采取防止可燃气体、可燃蒸气及粉尘、纤维在地沟积聚的有效措施，且与相邻厂房连通处应采用防火材料密封。

⑤ 有爆炸危险的甲、乙类生产部位，宜设置在单层厂房靠外墙的泄压设施或多层厂房顶层靠外墙的泄压设施附近。有爆炸危险的设备宜避开厂房的梁、柱等主要承重构件布置。

⑥ 有爆炸危险的甲、乙类厂房的总控制室应独立设置。

⑦ 有爆炸危险的甲、乙类厂房的分控制室宜独立设置，当贴邻外墙设置时，应采取耐火等级不低于 3.0h 的不燃烧墙体与其他部分隔开。

⑧ 使用和生产甲、乙、丙类液体厂房的管、沟不应和相邻厂房的管、沟相通，该厂房的下水道应设置隔油设施。

⑨ 甲、乙、丙类液体仓库应设置防止液体流散的设施。遇湿会发生燃烧爆炸的物品仓库应设置防止水渍的措施。

⑩ 有粉尘爆炸危险的筒仓，其顶部盖板应设置必要的泄压设施。

(9) 查在危险场所是否设置警示标志牌，如“当心电离辐射”“止步高压危险”“必须戴防护眼镜”警示标志牌。

(10) 查建构筑物是否存在有坠落危险的建构筑件和其他物件。

(11) 查处于倒塌危险状态的建构筑物，是否及时拆除。

(12) 查建构筑物的人员紧急撤出通道口是否少于 2 个，宜位于不同方位，并且保持通道口畅通无阻塞，不被封闭。厂区面积大于 50000m^2 的化工企业应有两个以上的车辆出入口，人流和货运应明确分开，大宗危险货物运输须有单独路线，不与人流及其他货物流混行或平交。

(13) 查两条或两条以上的工厂主要出入口的道路，是否避免与同一条铁路平交；若必须平交时，其中至少有两条道路的间距不应小于所通过的最长列车的长度；若小于所通过的最长列车的长度，应另设消防车道。

(14) 查装置区、罐区、仓库区、可燃物料装卸区四周是否有环形消防车道；转弯半径、净空高度需满足规范要求。

(15) 查大型石油化工装置、大型煤化工装置的设备、建筑物区占地面积大于 10000m^2 且小于 20000m^2 时，道路路面宽度不小于 6m，设备、建筑物区的宽度不应小于 120m，相邻两设备、建筑物区的防火间距不应小于 15m。

(16) 查停用、废弃的建构筑物，是否切断电源，或者及时拆除。查建构筑物安全通道、安全出口、耐火等级是否符合规范要求。

(17) 查建构筑物抗震设计是否满足 GB 50223、GB 50011、GB 50453 等规范要求，排查内容如下：应将特大型、大型和中型化工企业的主要生产建筑以及对正常运行起关键作用的建筑，如供热、供电、供气、供水建筑，通信、生产指挥中心等建筑划分为建筑抗震重点设防类。

(18) 查建构筑物防雷(感应雷、直击雷)措施是否符合 GB 50057—2010 的规范要求。

查防直击雷:

① 是否装设独立接闪杆或架空接闪线(网),且网格尺寸不应大于 5m×5m 或 6m×4m。

② 查排放爆炸危险气体、蒸气或粉尘的放散管、呼吸阀、排风管等的管口外的以下空间是否处于接闪器的保护范围内。

③ 查排放爆炸危险气体、蒸气或粉尘的放散管、呼吸阀、排风管处的保护范围是否可保护到管帽或管口。

④ 查独立接闪杆的杆塔、架空接闪线的端部和架空接闪网的每根支柱处是否至少设一根引下线。对用金属制成或有焊接、绑扎连接钢筋网的杆塔、支柱,是否利用金属杆塔或钢筋网作为引下线。

⑤ 查独立接闪杆和架空接闪线或网的支柱及其接地装置至被保护建筑物及其有联系的管道、电缆等金属物之间的间距是否达到 3m。

⑥ 查架空接闪线至屋面和各种突出屋面的风帽、放散管等物体之间的间隔距离是否达到 3m。

⑦ 查架空接闪网至屋面和各种突出屋面的风帽、放散管等物体之间的间隔间距是否达到 3m。

⑧ 查独立接闪杆、架空接闪线或架空接闪网应设独立的接地装置,每一引下线的冲击接地电阻不宜大于 10Ω。在土壤电阻高的地区,可适当增大冲击接地电阻,但在 3kΩ 以下的地区,冲击接地电阻不应大于 30Ω。

查防感应雷:

① 建筑物内的设备、管道、构架、电缆金属外皮、钢屋架、钢窗等较大金属物和突出屋面的放散管、风管等金属物,均应接到防闪电感应的接地装置上。

② 金属屋面周边每隔 18～24m 应采用引下线接地一次。现场浇灌的或用预制构件组成的钢筋混凝土屋面,其钢筋网的交叉点应绑扎或焊接,并应每隔 18～24m 采用引下线接地一次。

③ 平行敷设的管道、构架和电缆金属外皮等长金属物,其净距小于 100mm 时,其交叉处也应跨接,跨接点的间距不应小于 30m;交叉净距小于 100mm 时,其交叉处也应跨接。当长金属物的弯头、阀门、法兰盘等连接处的过渡电阻大于 0.03Ω 时,连接处应用金属线跨接。对有不少于 5 根螺栓连接的法兰盘,在非腐蚀环境下,可不跨接。

查防雷电感应的接地装置:

① 是否与电气和电子系统的接地装置共用,其工频接地电阻不宜大于 10Ω。

② 防闪电感应的接地装置与独立接闪杆、架空接闪线或架空接闪网的接地装置之间的间隔距离同查防直击雷第⑤项。

③ 当屋内设有等电位连接的接地干线时，与其防闪电感应接地装置的连接不应少于 2 处。

(19) 查正式建构筑物、临时建构筑物是否有正规设计，以保证其结构安全和消防安全。查建构筑物是否大量采用易燃材料作为建筑材料。在建构筑物内是否堆放大量易燃材料。建构筑物不能存在火灾隐患。查原料及产品运输道路与生产设施的防火间距是否符合规范要求。查是否擅自改变建构筑物的用途，事先要有风险评估。查建构筑物出现损坏的情况，是否及时维修加固。

三、公共设施-平台通道隐患排查

1. 直梯

(1) 直踏板后侧是否紧靠设备、框架的连续封闭面，便于踏脚。

(2) 查在 6m 高度处，是否有梯间平台，整梯总高度不可高于 15m。

(3) 查高于 3m 的直梯，是否设安全防护笼。

(4) 查梯子底部平台面或地面，与安全防护笼下端部之间的高度，是否小于 2.1m，也不能大于 3m。

(5) 查安全防护笼顶部，是否高出梯子所要达到的平台面 1.1m。

(6) 查梯级是否出现断档。

2. 斜梯

(1) 查在 5m 高度处，是否有梯间平台。

(2) 查顶部踏板的上表面，是否与平台平面平齐。

(3) 查梯级是否出现断档。

3. 防护栏

(1) 查高度在 1.2m 以上的平台、通道、作业面，是否设防护栏。

(2) 查防护栏是否有上扶手、中间栏杆、下踢脚板，踢脚板与平台面、通道面、作业面之间，要有间隙，便于排水。

(3) 查平台面、通道面、作业面。当高度小于 2m 时，护栏高 0.9m；当高度在 2～20m 时，护栏高 1.05m；当高度大于或等于 20m 时，护栏高 1.2m。

(4) 查护栏沿长度方向的两端，是否设置立柱。

4. 平台面、通道面、作业面

(1) 查上方高度处是否碰头，必要时挂警示牌。

(2) 查下方板面是否有突出物和尖锐物，是否有空洞。

(3) 查施工时是否有临时放置的、不固定的板面，应放置就位一块，焊接固定一块。

(4) 查临时拆开的板面，是否有洞口保护措施。不能出现以下情况：变形、断裂、松动、脱落、易打滑、易绊脚、易碰头、易积液、毛刺、障碍物、挠性、强度不够、严重腐蚀、靠近排放口。

四、公共设施-道路（厂内道路和铁路）

1. 厂内道路

（1）查占用、切断厂内道路，是否办理消防手续。占用、切断厂内道路，是否影响消防车通行和展开消防灭火工作。

（2）查厂内道路是否设置交通、限高安全警示标志牌。

（3）查改变厂内道路允许通行车辆的类型，事先是否有风险评估。

（4）是否有铁路穿越厂内道路，在穿越点，道路要时刻保持畅通，不能停放有机动车辆，不能有障碍物阻碍火车通行。

（5）查厂内道路是否采用贯通式道路。罐区、装置区的道路，路面宽道不能小于 6m，路面内缘转弯半径不小于 12m，路面以上净空高度不能小于 5m。

（6）查厂内道路出现有桥梁、涵洞，是否设置有车辆限重标志牌。

（7）查道路出现损坏情况，是否及时维修。

2. 厂内铁路

（1）查厂内铁路是否设置交通、限高安全警示标志牌，设置交通信号灯。

（2）查厂内铁路路面以上净空高度是否小于 5.5m。

（3）查厂内铁路路面是否有任何影响火车通行的障碍物。铁路路面两侧是否有凸出物伸入铁路内影响火车通行。

（4）不能在铁路两侧地基挖土，影响地基安全。暴雨过后铁路管理部门要检查地基安全。

（5）厂内铁路损坏、或者出现异常情况，是否及时通知铁路管理部门。

（6）火车装卸车栈台出现异常情况，导致机车不能进入站内，是否及时通知铁路管路部门。

（7）查是否落实有铁路管理部门检查、维修和管理厂内铁路。

五、公共设施-安全警示标志隐患排查

（1）是否按照 GB 16179 规定，在易燃、易爆、有毒、有害以及重大危险源现场等危险场所的醒目位置设置符合 GB 2894 规定的安全警示标志。

（2）是否在重大危险源现场设置明显的安全警示标志。

（3）是否在生产区域设置风向标。

（4）是否在检维修、施工、吊装等作业现场设置警戒区域和安全标志，在检修现场的坑、井、洼、沟、陡坡等场所设置围栏和警示灯。并根据相关规定在厂内道路设置限速、限高、禁行等标志。

（5）是否在可能产生严重职业危害作业岗位的醒目位置，按照 GBZ 158 设置职业危害警示标志，同时设置告知牌，告知产生职业危害的种类、后果、预防

及应急救治措施、作业场所职业危害因素检测结果等。

第三节 设备系统隐患排查

一、设备管理制度和管理体系

(1) 查是否按国家相关法规制定和及时修订本企业的设备管理制度。

(2) 是否依据设备管理制度制定检查和考核办法，定期召开设备工作例会，按要求执行并追踪落实整改结果。

(3) 是否有健全的设备管理体系，设备专业管理人员配备齐全。

(4) 是否生产及检维修单位巡回检查制度健全，巡检时间、路线、内容、标识等记录准确、规范，设备缺陷及隐患及时上报处理。

(5) 企业是否有严格执行安全设施管理制度，建立安全设施管理台账。

(6) 企业的各种安全设施是否有专人负责管理，定期检查和维护保养。

(7) 是否将安全设施已编入设备检维修计划，并定期检维修。安全设施不得随意拆除、挪用或弃置不用，因检维修拆除的，检维修完毕后应立即复原。

(8) 企业是否对监视和测量设备进行规范管理，建立监视和测量台账，定期进行校准和维护，并保存校准和维护活动的记录。

(9) 是否使用国家明令淘汰、禁止使用的危及生产安全的设备。

二、大型机组、机泵的管理和运行状况及其他动设备排查

1. 查大型机组、机泵的管理和运行状况

(1) 查企业是否建立大型机组的管理体系及制度并严格执行。

(2) 查大型机组联锁保护系统应正常投用，变更、解除时要办理相关手续，并制定相应的防范措施。

(3) 查大型机组润滑油是否定期分析，其机组油质应按要求定期分析，应有分析指标，分析不合格应有措施并得到落实。

(4) 查大型机组的运行管理是否符合以下要求：

① 机组运行参数应符合工艺规程要求；

② 机组轴（承）振动、温度、转子轴位移小于报警值；

③ 机组轴封系统参数、泄漏等在规定范围内；

④ 机组润滑油、密封油、控制油系统工艺参数等正常；

⑤ 机组辅机（件）齐全完好；

⑥ 机组现场整洁、规范。

(5) 查机泵的运行管理是否符合以下要求：

① 机泵运行参数应符合工艺操作规程；

② 有联锁、报警装置的机泵，报警和联锁系统应投入使用，完好；

③ 机泵运行平稳，振动、温度、泄漏等符合要求；

④ 机泵现场整洁、规范；

⑤ 机泵附件要求完好；

⑥ 建立备用设备相关管理制度并得到落实，备用机泵完好；

⑦ 重要机泵检修要有针对性的检修规程（方案）要求，机泵技术档案资料齐全符合要求。

（6）查机泵电气接线是否符合电气安全技术要求，有接地线。

（7）查易燃介质的泵密封的泄漏量，不应大于设计的规定值。

（8）查转动设备是否有可靠的安全防护装置并符合有关标准要求。

（9）查可燃气体压缩机、液化烃、可燃液体泵是否使用带传动；在爆炸危险区范围内的其他传动设备若必须使用带传动时，应采用防静电带。

（10）查可燃气体压缩机的吸入管道是否有防止产生负压的设施。

（11）查离心式可燃气体压缩机和可燃液体泵是否在其出口管道上安装止回阀。

（12）查单个安全阀的起跳压力不应大于设备的设计压力。当一台设备安装多个安全阀时，其中一个安全阀的起跳压力不应大于设备的设计压力；其他安全阀的起跳压力可以提高，但不应大于设备设计压力的1.05倍。

（13）查可燃气体、可燃液体设备的安全阀出口应连接至适宜的设施或系统。

2. 查动设备机械密封

（1）查寿命管理：运行寿命一般为6000～8000h。

（2）查密封断面粗糙度：硬环不大于0.2μm，软环不大于0.4μm。

（3）查静、动环装配间隙：静环直径比轴大1～2mm；动环直径比轴大0.4～0.6mm。

（4）查辅助密封圈（动环密封圈和静环密封圈）

① 通常选用合成橡胶、聚四氟乙烯材料，一般不采用柔性石墨；

② 压力高设备，应采用紫铜、铝材料平垫片；1Cr18Ni9Ti O形环；0Cr13三角形密封；

③ 高温高压泵，应采用耐热合金材料。

（5）查密封弹簧

① 一般不能用碳素钢弹簧；

② 强酸介质，弹簧上要有包覆层。

（6）查密封辅助设施

① 机械密封是否配置有辅助设施；
② 自冲洗管路不应设阀门；
③ 循环冲洗应设置过滤器和冷却器；
④ 注入式在采用外冲洗液时，要防止其汽化。
(7) 查故障分析
① 是否有运行故障跟踪统计分析并汇编成表；
② 是否编制运行维护细则，并实行寿命管理。
(8) 排查是否在下列不宜采用填料密封的场合使用了填料密封：
① 可自燃介质；
② 剧毒介质；
③ 负压环境；
④ 高密封要求场合。
(9) 泄漏排查：查是否出现泄漏。查填料使用寿命是否到期。

3. 查动设备润滑

(1) 仪表与附件
① 观察油色的视窗是否清洁透明；
② 观察油位的视镜要有上下限标识；
③ 油温度表、油压力表、油流量计、冷却水压力表要正常投入运行；
④ 过滤器工作正常；
⑤ 无堵塞现象；
⑥ 油箱是否有超压保护，接地保护是否正常。
(2) 查联锁保护
① 正常投用，能起到有效的保护作用；
② 无特殊原因，不得摘除润滑系统的联锁保护。
(3) 查油泵是否按设计要求，实现自启动，备用状态正常。
(4) 查冷换热器
① 换热器有无因结垢造成堵塞、油量不足，导致对油品冷却不良；
② 蒸汽加热器、电加热器需要时可正常使用，温度控制不超高。
(5) 查油品
① 检查油色、油温、油压、油流量、氮封是否正常；
② 检查有无漏油现象。
(6) 查基础管理：三级过滤、五定管理、台账记录管理工作是否落实。

4. 查动设备机械传动

(1) 查带传动
① 传动不能处于过载状态；

② 是否要安装防护罩，护罩不能变形、松脱、破损。

（2）查链传动是否安装了防护罩，且有足够的强度，不能变形、松脱、破损。

（3）查齿轮传动

① 不能过载运行；对于重载、载荷不稳、易过载的齿轮，要有过载保护装置，防止因过载而断齿、裂齿；

② 是否安装有护罩、齿轮箱，齿轮箱要有足够强度，不能变形、松脱、破损。

（4）查联轴器

① 设备发生振动，要注意检查、校正联轴器；

② 注意检查电机运行情况，防止特殊情况下，因联轴器弹性作用，导致电机扫膛、轴向位移碰壳等现象的发生；

③ 是否安装有联轴器护罩，护罩要有足够的强度，不能变形、松脱、破损。

5. 查压缩机润滑系统

（1）查润滑油温度：温度要在操作法所说明的允许范围内。

（2）查润滑油压力是否在操作法所说明的允许范围内。

（3）查润滑油油位是否在操作法所说明的允许范围内。

（4）查润滑油注油器的巡检工作和管理制度落实情况，要求必须到位；是否逐个到位巡查。

（5）查润滑油过滤器

① 通过差压值，可以判断管理系统过滤器是否产生堵塞；

② 油站的油管理系统过滤器，应该并联安装两个，以便定期切出清理滤芯；

③ 应定期清理油箱过滤器。

（6）查润滑油冷却器是否内漏。

（7）查润滑油泵的油泵出口压力正常，无异响和异常振动；是否定期检修齿轮油泵，更换齿轮。

（8）查润滑油油箱

① 油箱应设有氮气保护，要开启氮气阀，向箱内补充足够氮气；

② 设置油箱防超压装置，有安全放空管道；

③ 设置有油箱内润滑油的蒸汽加热和电加热装置，且完好备用；气温低时，如期启动；

④ 设置防超温措施，到时能自动切断加热。

（9）查润滑油管路系统是否产生疲劳、磨损的振动；是否出现润滑油泄漏。

6. 排查压缩机密封系统

（1）排查活塞环动密封（活塞与气缸之间的密封件）

① 活塞环与气缸配合过紧；

② 活塞环与气缸配合过松或环磨损；

③ 运行中，活塞杆是否径向跳动。

(2) 排查气缸填料（活塞杆与气缸之间的密封件）是否漏气。

(3) 排查吸入阀和排气阀是否漏气。

7. 排查泵的保护管线

(1) 排查小流量线

① 泵的工作流量如果小于其最小流量，应设置小流量管线；

② 小流量管线的设置，应使介质液体从泵的出口管线开始，流向泵的吸入储罐、塔、釜、槽，切忌流向泵的吸入口管道；

③ 小流量管线要设置截止阀和限流孔板；阀门保持常开状态，不可出现误关阀的现象。

(2) 排查旁通线

① 高扬程泵，是否设置旁通管线；

② 旁通管线要设置在泵出口阀前、阀后，带有限流孔板。

(3) 排查暖泵线

① 泵输送温度高于150℃，或低于－20℃时，备用泵应设置暖泵管线；

② 暖泵线要设置限流孔板，或者阀门来控制流量。

(4) 排查防凝线

① 泵输送在常温下凝固的液体，或者输送高凝固点的液体时，备用泵是否设防凝管线；

② 是否设置两条防凝管线；

③ 根据介质易凝固的情况，防凝管线要设置伴热保温。

(5) 排查冷却线供水支管、压回水管都应设置阀门，同时又要设置检流器、换热器、排污阀。

8. 排查泵机封自冲洗装置

(1) 排查泵机封自冲洗装置的冲洗管路不应带有阀门。

(2) 排查泵机封循环式冲洗装置的循环液阀是否保持常开。

9. 离心泵

(1) 排查压力表、电流表指示是否平稳，指示值是否在允许范围之内。

(2) 排查流量值、温度控制点的温度值，是否在允许范围之内。

(3) 排查运转情况，是否有异常振动、异常大的噪声，不能有杂音。

(4) 排查泄漏

① 阀体、阀门、法兰、进出口管线、附属管线是否有泄漏；

② 重点排查轴封，不能出现泄漏；

③ 非危险介质，轴封泄漏应在允许范围之内。

（5）排查润滑油的润滑情况，排查油位、油压、油色是否正常。

（6）排查填料密封，是否出现过热情况。

（7）排查冷却冲洗系统，是否正常运转。

（8）排查备用泵，要定期盘车，有盘车时间、定位记录。

（9）排查各部件，电缆线路、防护罩、标识、警示标志、铭牌要完好，没有松脱、腐蚀、缺损、不清晰现象。

10. 隔膜泵

（1）排查气动隔膜泵是否空转且气源是否稳定，有足够气量、气压。

（2）排查柱塞隔膜泵

① 排查电力驱动，是否有异常噪声、杂音，异常振动和松动；

② 排查压力、流量、电流、温度值，是否稳定并在允许范围内；

③ 泵体有无泄漏；润滑状况是否良好；

④ 排查柱塞密封油是否有泄漏。

（3）排查电动隔膜泵（与柱塞隔膜泵类似）

① 排查电力驱动，是否有异常噪声、杂音，异常振动和松动；

② 排查压力、流量、电流、温度值，是否稳定并在允许范围内；

③ 泵体有无泄漏；润滑状况是否良好；

④ 排查柱塞密封油是否有泄漏。

11. 磁力泵

（1）是否设置有报警、联锁自动切断电源装置。

（2）是否设置有回流管。

（3）运行中，泵的入口阀必须全开。

（4）运行中泵是否出现缺料、停料、介质变化、抽空的情况。

（5）检查泵的流量、压力是否正常，有无异常波动。

（6）检查电机温度，不应大于75℃；泵体温度要与泵入口处相同。

（7）检查泵的运转，不能有异常声音、异常噪声、异常振动；泵周围不能有异味；泵的地脚螺栓不能出现松动。

（8）长时间停运泵，需将将泵内的腐蚀性介质放净，并清洗泵。

12. 液下泵

（1）排查泵表面状况是否良好，包括如下内容：

① 泵座接地线是否牢固；

② 金属外壳防爆操作柱接地线是否牢固；

③ 泵接线盒、防爆操作柱密封是否良好，能否保证不进水；

④ 立式电机设有防雨罩，且不变形；

⑤ 防爆操作柱按钮、电流表、外壳完好；电流表、指示灯正确；

⑥ 泵出口，出口管线没有异常振动，异常响动，没有摩擦受损；

⑦ 泵进口管线、出口管线、辅助管线、阀门、泵体，没有外腐蚀、没有泄漏、标志清晰。

(2) 专项排查

① 工作叶轮要在液面之下，不能断液运行；

② 工作叶轮、泵入口不能插入抽泥、废渣或其他液底下固体物之中运行；

③ 是否用不锈钢网罩；

④ 泵叶轮容易因腐蚀损坏、变形，造成低流量，要注意检查、检修；

⑤ 泵内及其管道，不能吸入气体；

⑥ 泵不能出现反转。

13. 潜水泵

参照液下泵的隐患排查方法，并检查如下内容：潜水泵是否设置过热保护(85～110℃)、过载保护、漏电保护，并有可靠接地，绝缘等级带到E级、H级，电缆线不能有破损。

14. 齿轮泵

参照液下泵、潜水泵的隐患排查方法，并注意以下问题：

(1) 运行中，齿轮泵中的出口阀是否保持全开；应在泵入口阀调节齿轮泵流量。

(2) 是否设置安全阀。

15. 屏蔽泵

参照以上泵的隐患排查方法，并注意以下问题：

(1) 屏蔽泵TRG表指示灯灵敏，表指示是否在允许范围之内；绿区良好、黄区轴承良好、红区应停泵。

(2) 是否设置空转保护器。

16. 往复泵

参照以上泵的隐患排查方法，并注意以下问题：

(1) 往复泵运行时，出口阀是否全开。

(2) 往复泵出口是否设置安全阀。

(3) 过滤器是否完好。

(4) 往复泵油箱是否与大气相连通。

三、加热炉/工业炉的运行状况隐患排查

（1）排查加热炉/工业炉现场运行管理

① 加热炉/工业炉应能够在设计允许的范围内运行，是否超温、超压、超负荷运行；

② 加热炉炉膛内燃烧状况良好，不存在火焰偏烧、燃烧器结焦等情况；

③ 燃料油（气）管线无泄漏，燃烧器无堵塞、漏油、漏气、结焦，长明灯正常点燃，油枪、瓦斯枪定期清洗、保养和及时更换，备用的燃烧器已将风门、汽门关闭；

④ 灭火蒸汽系统是否处于完好备用状态；

⑤ 炉体及附件的隔热、密封状况，检查看火门、看火孔、点火孔、防爆门、人孔门、弯头箱门是否严密，有无漏风；炉体钢架和炉体钢板是否完好严密；

⑥ 辐射炉管有无局部超温、结焦、过热、鼓包、弯曲等异常现象；

⑦ 炉内壁衬无脱落，炉内构件无异常；

⑧ 有吹灰器的加热炉，吹灰器应正常投用；

⑨ 加热炉的炉用控制仪表以及检测仪表是否正常投用，定期对所有氧含量分析仪进行校验。

（2）排查加热炉基础外观是否有裂纹、蜂窝、露筋、疏松等缺陷。

（3）钢结构安装立柱不得向同一方向倾斜。

（4）排查人孔门、观察孔和防爆门安装位置的偏差应小于8mm。人孔门框、观察孔与孔盖是否均接触严密，转动灵活。

（5）排查烟、风道挡板和烟囱挡板的调节系统应进行试验，检查其启闭是否准确、转动是否灵活，开关位置应与标记相一致。

（6）排查加热炉的烟道和封闭炉膛均应设置爆破门，加热炉机械鼓风的主风管道是否设置爆破门。

（7）排查对加热炉有失控可能的工艺过程，应根据不同情况采取停止加入物料、通入惰性气体等应急措施。

（8）排查加热炉保护层是否采用不燃材料。

（9）排查设备的外表面温度在50～850℃时，除工艺有散热要求外，是否设置绝热层。

（10）排查绝热结构是否设置保护层，保护层结构是否严密和牢固。

（11）明火加热炉附属的燃料气分液罐、燃料气加热器等与炉体的防火间距，不应小于6m。

（12）燃料气的加热炉应设长明灯，并宜设置火焰检测器。

（13）加热炉燃料气调节阀前的管道压力等于或小于0.4MPa时，且无低压自动保护仪表时，是否在每个燃料气调节阀与加热炉之间设阻火器。

（14）排查加热炉燃料气管道上的分液罐的凝液不应敞开排放。

四、防腐蚀设施的隐患排查

(1) 排查腐蚀、易磨损的容器及管道，是否进行测厚和状态分析，并有检测记录。

(2) 排查大型、关键容器（如液化气球罐等）中的腐蚀性介质含量的监控措施，是否进行定期分析，有无 H_2S 含量超标的情况存在等。

(3) 排查重点容器、管道腐蚀状况监测工作的开展情况。如对重点容器和管道是否进行在线的定期、定点测厚或采用腐蚀探针等方法进行监测，以及这些措施的实际效果等。

(4) 排查重点容器、管道腐蚀状况的检测、检查记录，如测厚报告等。

五、压力容器及其他静隐患设备排查

1. 排查压力容器

(1) 排查压力容器管理范围

① 同时具备下列条件的压力容器，按照《固定式压力容器安全技术监察规程》（TSGR 0004—2009）管理。工作压力大于或者等于 0.1MPa，工作压力与容积的乘积大于或者等于 2.5MPa·L；盛装介质为气体、液化气体以及介质最高工作温度高于或者等于其标准沸点的液体；

② 不能将《固定式压力容器安全技术监察规程》要求管理的压力容器当作常压容器进行管理；

③ 不能将设计压力大于或者等于 100MPa 的压力容器，仅按照《固定式压力容器安全技术监察规程》进行管理。

(2) 排查压力容器的安全管理

① 贯彻执行《容规》和压力容器有关的安全技术规范；

② 建立健全压力容器安全管理制度，制定压力容器安全操作规程；

③ 办理压力容器使用登记，建立压力容器技术档案。

(3) 排查安全附件

① 压力表、温度表、液位计显示值稳定，并在正常值范围内；

② 安全阀是否有铅封、合格证、生产许可证；

③ 紧急切断装置、联锁装置完好投用；

④ 停止运行：长时间停运的压力容器，要排净介质，并清洗、置换，不能留有积液死角产生腐蚀。

(4) 排查设备情况

① 容器本体、管道、附件不能有异常振动、不能有磨损；

② 压力容器本体及其附件不能有泄漏、严重变形和塑性变形。

(5) 排查基础不能有下沉、开裂、倾斜；底座防火涂料不能有脱落。

(6) 排查接地电气线、跨接电气线不能有缺失、松脱。

（7）排查表面状况：保温层不能有破损、脱落、潮湿、跑冷；不能有异常声音；不能有裂纹、弯曲、螺栓松动缺失。外部检查每年至少一次。

（8）排查压力容器操作规程

① 操作工艺参数（含工作压力、最高或者最低工作温度）；

② 岗位操作方法（含开、停车的操作程序和注意事项）；

③ 运行中重点检查的项目和部位，运行中可能出现的异常现象和防止措施，以及紧急情况的处置和报告程序。

（9）年度排查：对年度检查发现的压力容器安全隐患是否及时消除。

（10）排查装卸连接装置要求。需要在移动式压力容器和固定式压力容器之间进行装卸作业的，其连接装置应当符合以下安全要求：

① 压力容器与装卸管道或者装卸软管有可靠的连接方式；

② 有防止装卸管道或者装卸软管拉脱的联锁保护装置；

③ 所选用装卸管道或者装卸软管的材料与介质及低温工况相适应，装卸软管的公称压力不得小于装卸系统工作压力的 2 倍，其最小爆破压力大于 4 倍的公称压力；

④ 装卸软管必须每半年进行 1 次水压试验，试验压力为 1.5 倍公称压力，试验结果要有记录和试验人员签字。

（11）排查定期检验：压力容器一般应当于投用 3 年后进行首次定期检验，下次的检验周期，按照以下要求确定：

① 安全状况等级为 1、2 级的，一般每 6 年一次；

② 安全状况等级为 3 级的，一般 3～6 年一次；

③ 安全状况等级为 4 级的，应当监控使用，其检验周期由检验机构确定，累计监控使用时间不得超过 3 年；

④ 安全状况等级为 5 级的，应当对缺陷进行处理，否则不得继续使用。

2. 排查储罐脱水装置

（1）排查现场手动脱水装置，是否设置串联的双阀。

（2）排查现场自动脱水装置是否采用串联方式设置有手动前双阀；是否设置有手动后切断阀、排污阀和检查阀；是否前串联双阀、后切断阀应设置为常开。

3. 排查储罐呼吸窗

（1）排查储罐的呼吸窗用不锈钢材料制网，并具有阻火功能。

（2）排查是否有在打雷天气不准进料规定及执行情况记录。

（3）排查储罐防雷防静电装置是否良好，特别是防雷埋地装置。

（4）如果采用碳钢材料制网，网上是否存在铁锈。

4. 排查储罐呼吸阀

（1）排查呼吸阀是否安装在罐顶。如果储罐物料能发挥出可燃气体，呼吸阀是否带阻火器。

(2) 在氮封装置上设置的呼吸阀，呼吸阀与储罐之间的接口。不能靠近氮气的氮气管管口，防止氮气直接从呼吸阀排出，造成氮封效果不良。

(3) 打雷天气时，是否有储罐禁止进料的规定。

(4) 呼吸阀通气量是否充足。

5. 排查储罐阻火器

(1) 对于腐蚀性介质，是否采用硕石阻火器。

(2) 阻火器是否出现金属片、金属网锈蚀损坏穿孔的情况。

(3) 阻火器的金属片、金属网的通气孔是否被堵塞。

(4) 阻火器的金属片、金属网是否采用不易锈蚀的材料。

6. 排查储罐防火堤

(1) 排查可燃液体储罐防火堤

① 所有可燃液体储罐，是否设置防火堤。防火堤有效容积不能小于罐组内一个最大储罐的容积；

② 立式储罐至防火堤内侧的距离不能小于罐壁高度的1/2；

③ 卧式储罐至防火堤内侧的距离不能小于3m；相邻罐组、两罐组防火堤外侧间距不能小于7m（消防通道）；

④ 罐组内为同一可燃液体时，单管容积不大于5000m^3，隔堤所分隔储罐容积之和不能大于20000m^3；单罐容积大于5000m^3且小于20000m^3时，每4个一隔；单罐容积大于20000m^3时，每2个一隔；

⑤ 罐组内为不同可燃液体时，下列情况要设隔堤。甲B、乙A类液体与其他可燃液体在同一防火堤内；水溶性液体与非水溶性液体罐处在同一防火堤内；具有腐蚀性液体与可燃性液体处在同一防火堤内；介质相互接触能引起化学反应的储罐处在同一防火堤内；

⑥ 储罐改装其他液体，要评定能否在同一罐组内，是否需要设置隔堤；

⑦ 立式储罐防火堤高度为计算高度加上0.2m且在1～2m之间，卧式储罐防火堤高度不低于0.5m，隔堤顶是否低于防火堤顶0.2～0.3m；

⑧ 防火堤要有足够的耐压强度；防火堤、隔堤是否能承受所容液体的静压；

⑨ 防火堤、隔堤是否有渗漏、裂纹、沉降和空洞；管道穿堤要采用非燃烧材料严密封闭；防火堤内排雨水沟穿堤，是否设置防可燃液体流出堤外措施，是否设置切断阀；

⑩ 在防火堤的不同位置，设置2个以上人行台阶或斜坡通道；隔堤是否设置人行台阶。

(2) 排查液化烃全压力式储罐防火堤

① 防火堤高度不高于0.6m，隔堤高度不高于0.3m；

② 防火堤与储罐的距离不应小于 3m，隔堤应低于防火堤 0.3m；

③ 是否出现物料渗出物。处于沿海、地下软土层厚、地下水丰富地区容易发生储罐基础沉降，是否进行了安全评定。

7. 排查储罐基础沉降

(1) 排查介质

① 有保温层的储罐，检查罐底是否存在腐蚀情况；

② 介质含硫量较大，是否有定期清罐、检测底部余下厚度的检查记录。

(2) 排查防火堤内的有效容积

① 拱顶罐防火堤内的有效容积不小于管组内 1 个最大储罐的容积；

② 内浮顶罐，防火堤内的有效容积不得小于罐组内 1 个最大储罐的容积的一半，是否建立应急预案。

8. 排查储罐防雷

(1) 排查钢板厚度：内浮顶罐、拱顶罐、卧罐，在罐壁板、罐顶板实际厚度不小于 4mm。

(2) 排查电气通路的接地点数

① 卧罐、立罐、球罐、内浮顶罐、拱顶罐至少 2 个专门接点；

② 球罐、内浮顶罐、拱顶罐的 2 个接地点沿罐周长的间距不能大于 30m；否则，应再增加专门接地点。

(3) 排查电气通路接地电阻：接地电阻不能大于 10Ω，每年至少检测 2 次。

(4) 排查电气通路接地连线

① 接地连线用螺栓压紧，不能出现松脱现象；

② 在框架、平台上的卧罐、立罐要设置专门接地线，不能仅仅依靠通过金属框架自然接地；

③ 法兰一般要求有电气跨接；

④ 孤立导体、附件应有跨线；

⑤ 储罐内浮顶与罐体要有截面不小于 $25mm^2$ 的软铜线作等电位连接。

(5) 排查电气通路电气跨线

① 可燃液体储罐的温度、液位等测量装置是否采用铠装电缆或钢管配线；

② 电缆外皮或配线钢管与罐体之间，要设置电气跨线；

③ 其他处于绝缘状态的孤立导体、附件要设置电气跨线。

(6) 排查避雷装置-顶部

① 安装在储罐顶部边缘的避雷针，不能弯曲；

② 不能靠近没有阻火装置的呼吸窗安装。

(7) 排查工艺操作：雷雨天尽量避免物料进入罐作业。

(8) 排查工艺口操作：检查口、人孔口、透光口等不能出现泄漏情况。

（9）排查罐附件：阻火器的阻火元件，要采用铜或不锈钢材质；清罐检修，要拆开阻火器，检测阻火元件的完好性。

9. 排查换热设备（管壳式换热器）

（1）排查换热器内漏

① 管子和管板的连接处是否出现裂纹、拉脱；

② 换热器是否出现穿孔，导致内漏。

（2）排查换热器腐蚀的管子和管板的连接部位，以及是否产生缝隙腐蚀和应力腐蚀。

（3）排查是否有换热管振动产生。

（4）排查定期清洗记录：是否根据生产安排、维修安排，以及检查间隔时间、运行压差参数等情况，确定停运清洗换热器。

（5）排查静、动设备夹套水换热装置

① 腐蚀情况；

② 泄漏情况，特别是冲刷、腐蚀减薄泄漏；

③ 运行温度、压力、流量参数状态；

④ 夹套水是否保持正常流通状态。

10. 排查反应设备（主要指反应釜设备）

（1）排查电动机运行状态

① 是否有异响、异味和异常振动；电流等运行参数是否正常；

② 轴封润滑是否良好，是否有发热、振动、泄漏；

③ 用测温仪测温，外壳温度是否过高；减速装置润滑是否良好，是否有发热、振动、泄漏。

（2）排查搅拌器

① 径向摆动是否超出允许值；是否反转；

② 转动是否受到卡阻，与蛇管、料管、温度计套管要保持距离，是否相碰；

③ 搅拌器是否有裂纹、松脱、变形和严重腐蚀；

④ 如果搅拌装置有中间轴承、底轴瓦，是否进行了定期检查。包括底轴承（轴瓦）的间隙；中间轴承的润滑情况，是否有物料进入破坏润滑；固定螺栓是否松动。

（3）排查表面状况

① 法兰、阀门等是否有泄漏；

② 反应釜本体是否有严重腐蚀；

③ 反应釜内是否有异常振动和响声；

④ 反应釜是否设置报警、联锁和紧急泄压装置；

⑤ 是否根据需要设置事故终止剂，且现场有足量储备，可随时投用。

(4) 排查运行参数

① 是否超压、超温运行；

② 夹套水、反应器内温度是否超出工艺指标要求；

③ 进料配比是否正确，是否发生激烈反应；

④ 电动机运行是否有异响、异味和异常振动，电流等运行参数正常。

11. 排查塔设备

(1) 排查塔设备本体

① 是否有局部腐蚀；

② 法兰、阀门、焊缝等是否有泄漏；

③ 测厚减薄量是否符合要求。

(2) 排查附属设备

① 盘梯、平台的踏板、护栏、支撑结构，是否完好，是否有严重腐蚀；防雷、防静电接地线、跨线是否完好，检测接地电阻阻值；

② 是否有良好的灯光照明；

③ 保温层是否完好，是否有松脱、进水；

④ 防火涂料是否有开裂、脱落；

⑤ 消防措施、火灾报警器、可燃气体报警器、有毒有害报警器是否处于可用状态；

⑥ 裙座内是否有积水。

(3) 排查运行参数

① 排查原料、产品、回流液的流量、温度和组分；

② 排查水蒸气、氮气、仪表气、工业风、工业水的流量、温度和压力；

③ 排查塔顶、塔底压力和压力降；

④ 排查塔底温度；

⑤ 检测温度、压力、流量、液位现场仪表及其显示器，并与控制室显示值对比。

12. 排查氮封装置

(1) 排查氮封装置管理

① 氮封装置是否列入巡检范围，巡检内容包括：氮气管线上氮气压力表显示值、储罐上氮封压力表显示值，有中控压力远程显示的，应对照现场和远程显示值；

② 排查水封或油封液位，排查常压储罐呼吸阀排出口，要有氮气排出；排查放空口不能有排放出现；

③ 排查设置巡检点以及巡检要求，并书面明确；看巡检结果是否形成书面记录。

（2）排查氮封装置设备

① 是否设置氮气压力检测装置：在氮气来源的管线上，必须设置压力表，以便观察、确认有氮气来源；在储罐上，要设置压力表，用于测量进入储罐内的氮气压力；

② 是否设置氮气压力源调节装置：在氮气来源的管线上，必须设置切断阀门、减压阀、压力调节阀，防止压力源超高；

③ 是否设置氮气泄压装置：进入储罐的氮气有放空管线，且放空管线上有放空调节阀；罐顶呼吸阀；罐顶安全阀；若只有呼吸阀，应注意分析，在异常情况下，能否确保及时泄压；

④ 确保泄压排放物的去向安全：压力储罐，利用安全阀排放；若果允许，通过安全阀，密闭排放至火炬管线；

⑤ 氮气来源管线上是否需要设置防止储罐物料倒流的装置：不能在中控室监控氮气压力的储罐，是否需要改造，实现在中控室监控氮气封压力；是否设置氮气压力远传报警装置和氮气流量计；是否有需要设置氮封的储罐没有设置密封。

13. 排查静设备焊接

（1）焊缝及其热影响区的表面，经检测，不能出现裂纹。

（2）焊缝不能出现有泄漏、液体渗出、严重腐蚀的情况。

（3）焊接对接焊缝，应采用 X 形或 V 形坡口，不能随意变更坡口形式。

（4）焊缝与焊缝之间的正交、斜交，或纵焊缝和横焊缝相接，都应用 T 字形焊缝，不能用十字形焊缝。

（5）人孔、透光孔、仪表孔以及其他附件孔、接管孔或补强圈的边缘，距离纵、横焊缝应大于 100mm。储罐壁板上、下圈之间的纵焊缝错开量应大于 500mm。

（6）对于高温、温度变化大、振动、压力不稳、压力较高的管线，不能采用直接开孔焊接的方式接管。

（7）避免在焊缝处开孔（特殊的工况和特殊的补强除外）。

（8）补强圈应采用连续焊，并且要有泄漏指示孔。

（9）垫板如果采用连续焊，也要有泄漏指示孔。

（10）补强圈的补强面积不小于因开孔而失去的截面积；厚度不应大于 1.5 倍主管的名义厚度。

六、压力管道隐患排查

1. 压力管道的基础排查

按照《压力管道安全技术监察规程》（TSG D0001—2009）开展隐患排查，并注意以下排查内容是否符合上述规范要求：

① 材料适用性；
② 焊接适用性；
③ 低温适用性；
④ 密封适用性；
⑤ 防静电；
⑥ 安全管理制度、操作管理；
⑦ 安全泄放装置；
⑧ 放空阻火器；
⑨ 管道阻火器；
⑩ 紧急切断装置。

2. 排查精细管道

（1）排查管路固定：应用管卡、卡环固定，不能用钢丝固定，不能任其摆动和散落。

（2）排查管路防磨损：管子与管卡间、管子与管子间的接触点，是否装软衬垫；管子与其他管子、设备、框架、平台隔栅板有接触和振动的，是否在接触点加装软衬垫。

（3）排查管路连接：管子与管子的连接加长，以及管子与设备的连接，要用卡套接头；管路分支，要用三通连接，不能在管路上直接开孔分支接出管线。

（4）排查管路弯曲：管路弯曲点，应有较大的弯曲半径，弯曲处不能出现有裂纹、压扁、凹陷；对于高压管路尤其注意。

3. 排查管道排放口

（1）直通大气环境的管口端，是否出现开口现象。

（2）是否加装有：盲法兰、螺纹堵头、螺纹管帽、盲板，或者在频繁使用的端口加装双阀（介质含有硫化氢、剧毒、自燃时，此点更为重要）。

（3）不能在储罐壁、容器壁、管道壁上开孔，直接接出管道排放口。

（4）是否在连接点加装补强圈。

（5）高压管道是否加装承插接焊头。

（6）管道排放口不能靠近框架横梁安装接头，防止只能向一端伸缩的管道，当冷热收缩时，挤断接出管口。

（7）倒淋口、排液口、排渣口、向上放空口不能安装在道路上空，防止排出介质洒漏在人员身上。

（8）管道排放不应通过排放口较长时间地排放轻烃，防止轻烃汽化吸热，导致冻裂连接点焊缝。

4. 排查埋地管道

（1）排查埋地管道类别

① 非重力流管道和液化石油气管道，应尽量在地面上架空敷设；

② 管沟敷设应注意，可燃气体管道、可燃液体管道、液化烃管道，从地下穿越铁路、道路时，要通过管涵洞穿越，或将管道套在管内穿越；当可燃性介质比空气重时，在管沟内采取冲砂措施，同时要求管沟要用排水装置，管沟底部有排水坡度；生产污水管道应埋地敷设；全厂性污水管道，不可以穿越工艺装置、罐组和其他设施；

③ 有毒介质管道不应埋地敷设。

(2) 排查敷设深度

① 用土覆盖的埋地管线深度，管顶距地面高度不小于0.5m；

② 用混凝土覆盖的埋地管线深度，管顶距地面高度不小于0.3m；

③ 大型埋地管道，要在管道正对的地面上，设置警示牌，防止管道受到机械车辆碾压损坏。

(3) 排查埋地管道的阀门阀井

① 埋地管道的阀门要设置阀井；

② 井壁四周的顶部，要高出地面100mm；

③ 井底与管底之间的净空距离，要求200mm；

④ 阀井要有盖板，要有排水装置。

(4) 排查水封井

① 生产污水管道，应设置水封井，水封高度不得小于250mm；

② 全厂性支干管和全长性支干管交汇，在交汇前的支干管上，要设置水封井；

③ 全长性支干管或全厂性主干管，长度每超过300m，要设置水封井。

(5) 排查腐蚀

① 容易产生腐蚀的埋地管道，要定期开挖，抽查腐蚀情况；

② 埋地管道开挖维修时，在填埋前应做试压、防腐处理；

③ 遇到易损管道时，要用人工开挖代替机械开挖；支撑土层被挖空后，要根据管道及介质质量、管道挠度的大小，设置临时支撑。

5. 排查蒸汽管道

(1) 排查蒸汽主管

① 排查蒸汽主管的末端，是否设置疏水阀；

② 分支时，蒸汽支管是否从蒸汽主管顶部接出；

③ 支管上的切断阀，是否安装在靠近主管的水平段上。

(2) 排查在蒸汽管道的“IT”型补偿器

① 是否引出分支管道；

② 在蒸汽管道的“IT”型补偿器前后直管段上，可引出分支管道；但引出

的分支管道不能对带有“IT”型补偿器的主管收缩带来卡阻，应保证其能够自由收缩。

（3）排查蒸汽管道是否架空设置、非特殊情况不能用地沟设置、禁用埋地方式设置。

（4）排查蒸汽管道是否设置疏水器，并根据需要设置排液阀。

（5）在蒸汽放空管下端，是否设置出液孔。

（6）蒸汽管道是否设置保温，保温不允许有裸露；因检查、检修需要拆除的保温，是否立即恢复。

（7）排查蒸汽管道是否设置管道标志。

6. 排查液化烃管道

（1）排查液化烃管道是否穿越与自己无关的装置区、储罐区、泵房。液化烃管道不能靠近高温管道设置，不能通过高温环境。

（2）液化烃管道的热补偿，可以用自然补偿、U形补偿，不能用填料补偿；用蒸汽吹扫液化烃管道，事前要注意管道是否有足够的高温补偿，防止因高温造成管道变形、挤压、拉裂。

（3）排查液化烃管道的排液口、排风口，是否有阀门，并加上丝堵、加装盲板。

（4）排查液化烃管道是否采取地上架空设置方式，除非必要，一般不宜采用管沟设置方式。

（5）排查埋地设置

① 除需要穿过道路、铁路外，不能埋地设置；

② 埋地穿过时，应加套管保护；

③ 不能沿地面设置；

④ 特殊情况下，要充砂填埋管沟，以防密度比空气大的液化烃在管沟内沉积。

（6）排查高压管道的排气阀、排气口是否串联双阀、加装盲板。

（7）排查两端可能被关闭，导致管道内蒸汽压力上升的液化烃管道，或有其他原因可能导致压力升高的液化烃管道：

① 是否设置隔热层和安全阀；

② 安全阀出口要密闭排放，不能对空排放。

（8）排查液化烃管道是否靠近高温管道设置，是否通过高温环境。

7. 安全阀

（1）安全阀要有产品质量证明书、产品合格证、产品金属铭牌。

（2）杠杆式安全阀（极少量采用）：用于高温介质，但如有振动，容易产生内漏；高压容器不能用杠杆式安全阀；配重如果被移动，卸压动作压力降改变。

（3）弹簧式安全阀（大量使用），但不适于高温场合，注意排查阀的适用温度和介质温度；弹簧式安全阀的铅封不能受到损坏。

（4）排查安全阀的类别

① 介质为易燃、有毒气体，要采用封闭式排放的安全阀；

② 介质为水、空气、蒸汽时，可用敞开排放的安全阀；

③ 卸放量小，压力要求平稳、设计安全裕度大的容器，可用微启式安全阀；

④ 工作压力高、卸放量大，应用全启式安全阀；

⑤ 液相安全阀，一般用微启式安全阀，也可用全启式安全阀；

⑥ 气相安全阀，无特殊情况，要用全启式安全阀。

（5）排查安全阀的本体

① 弹簧式安全阀要按期检验；

② 安全阀不能有泄漏的情况；

③ 介质具有强腐蚀性、黏度大，安全阀前应有爆破片；

④ 安全阀前后安装的切断阀，要全开启，且前后切断阀的介质流通面积，不能小于安全阀的流通面积。

（6）排查安全阀的排放

① 安全阀排放有强腐蚀性气体，强酸性气体，要先送入独立处理系统后，再送全厂系统排放；

② 安全阀排放有强腐蚀性液体，如酸、减，要收集处理，不能直接排入全厂污水系统；

③ 安全阀直接排入大气，气体应向上排放，排至安全地点，采用平管口，低点有排液口。

（7）排查安全阀是否有动作卸压，如有要查明原因，采取措施防止再超压。

8. 排查阀门防腐

（1）排查阀门材质

① 介质温度变化频繁，变幅大，且温度、压力比较高的阀门，为抗腐蚀，可采用不锈钢阀门；

② 介质（如烃类介质）、温度低、压力比较高的阀门，为抗腐蚀，可采用不锈钢阀门。

（2）排查关键部位的耐腐蚀材料

① 阀门关键部位包括盘根压紧螺母、盘根小压盖、盘根压紧螺栓、盘根拉紧插销，要重点排查；

② 排查关键部位不应采用一般材质，或一般表面处理的材料；

③ 在两块铝皮搭接缝处，要上铝皮外侧，下铝皮内侧，以保持开口向下，防止进水；特别是冷介质阀门，雨水进入保冷层，很难冒出，会加速阀门腐蚀。

9. 排查过滤器

（1）排查安装方向

① 管道内介质的流向，应与过滤器外表上的标识的介质流向一致；

② 过滤器、管道表面上都要有清晰的介质流向标识。

（2）排查压力装置

① 过滤器应安装上下液压差计或压力表；

② 要定期、不定期地检查核对过滤器前后压力，并据此判断堵塞情况；

③ 过滤器出现堵塞，要及时切出清堵。

（3）排查清洗装置

① 根据工艺需要，检查设置过滤器反吹洗管线；

② 定期、不定期反吹洗过滤器。

（4）排查切出装置的合理性

① 是否在过滤器前后各安装切断阀；

② 是否安装带常闭切断阀的旁路阀；

③ 是否安装并联双过滤和前后切断阀。

（5）排查定期检查记录

① 是否定期拆下检查过滤器；

② 滤芯损坏是否及时更换，并查清原因；

③ 如果过滤器受堵，是否及时清洗并查清原因。

（6）排查过滤器安装位置

① 静电缓和时间不应小于 30s；

② 不能在靠近储罐安装过滤器和介质出口处安装过滤器；

③ 变更重要过滤器的材质、目数，是否经过设计人员、专利商、制造商的确认同意。

10. 排查补偿装置

（1）排查波形补偿器（波纹管膨胀节）

① 适用于工作压力小于 0.7MPa、公称直径大于 100mm、温度－30～450℃的工作场合；

② 水平安装的管道，波形补偿器每个波结下侧都要设置排空阀；波形补偿器的导管，应一端焊接固定，另一端可活动；波形补偿器的导管与外壳焊接连接的一端，应朝向坡度的上方，或处于介质流向的上游；

③ 垂直安装的管道，焊接一端应处于管道上游；波形补偿器的安装，应与管道同轴，仅能有 1～4 个波结；波形补偿器两侧应各设置活动导向装置；两个管道固定座之间，管道应同心设置，只能安装一个波形补偿器且管道不能变径。

（2）排查填料补偿器

① 套管式补偿器管道的工作压力不得超过1.6MPa；

② 填料补偿器两侧，应设置导向装置，防止运行中管道偏离中心线；

③ 管道插入填料补偿器内部的方向，应与介质流向相同；

④ 在有毒、可燃介质的管道上，不能采用填料补偿器。

(3) 排查补偿器管架基础处是否有沉降、是否存在被挖空取土。

11. 排查倒淋装置

(1) 排查倒淋装置是否适用

① 高压管道、有毒介质管道等重要管道的倒淋装置，应采用串联接双阀或单阀后再接盲板或盲法兰的方式；

② 一般危险性管道可采用单阀、排出口再加管帽或丝堵的方法；

③ 带有强腐蚀介质的管道，倒淋装置应加丝堵代替管帽。

(2) 排查倒淋装置的排放

① 设置倒淋装置，要靠近地漏、地沟、地管等密闭式污水管线；

② 排放时，应通过软管密闭排放至污水排放管线；

③ 倒淋装置上的阀门，要靠近倒淋装置所接出的管线。

(3) 排查倒淋装置的设置

① 排出口的管口端部，是否留有合适的安装高度、净空和距离，便于拆装倒淋装置和观察排出液的情况；

② 不能在管道弯头处接出倒淋装置；不允许在管道上直接开孔接出倒淋装置。

12. 排查盲板

(1) 排查“8”字盲板的位置

① 在装置界区处，在工艺物料管线上要设置“8”字盲板；

② 作为置换处理用的氮气管道，在切断阀门处，是否设置“8”字盲板；

③ 设备、管道的低点放净管线，如果前后段连在一起，并集中到统一的收集系统，在各自的切断阀后，是否设置“8”字盲板。

(2) 排查盲板的位置

① 介质为有毒有害、易燃易爆的设备、管道，其排气管、排液管、取样管的切断阀出口，如果为直接对大气环境排放，在出口处是否设置盲板或者丝堵、管帽；

② 预设管道甩头，留作以后新上设备、管线、装置接管用的管道末端，是否设置盲板；

③ 因流程改变、切出停运的设备、管线，是否设置盲板；

④ 在设备停运时使用的公用工程管道，是否设置盲板或者断开管线。

(3) 排查固定盲板

① 盲板材质，要按介质性质和工艺参数选定；是否满足耐腐蚀、耐高温、耐低温要求，在强度方面满足耐高压的要求；

② 盲板要加装垫片；如果双面都可能有介质，要双面加装垫片；并根据介质压力、温度选用垫片；

③ 盲板固定用螺栓是否有欠缺，不能松动，螺母要拧到位；

④ 盲板表面情况是否出现有腐蚀、变形、泄漏、裂纹和损伤；特别是高压、超高压用盲板，要根据情况，做无损探伤。

13. 排查双阀

（1）排查设置条件。介质为液化石油气、可燃液体、有毒液体、酸和碱的储罐的：

① 底部进口阀、出口阀是否都串联接双阀；

② 底部放净阀、脱水阀也应串联接双阀；

③ 取样阀、倒淋阀是否串联接双阀。

（2）排查公用工程管道、公用工程管道和工艺设备之间：

① 一般不采用固定连接，是否在现场公用工程站，通过软管、快速接头半固定连接；

② 要设置止回阀防止工艺介质升压、工艺介质倒窜入公用工程系统；

③ 如必须采用固定连接，是否采用双阀连接，且要再设置中间检查阀；

④ 管道停用状态，检查阀应为铅封开启状态，同时还应设置止回阀。

七、其他特种设备的隐患排查

依照《中华人民共和国特种设备安全法》开展隐患排查，并注意排查以下内容。

1. 排查保险

是否办理保险，国家鼓励投保特种设备安全责任保险。

2. 排查出厂文件

（1）特种设备出厂时，应当随附安全技术规范要求的设计文件、产品质量合格证明、安装及使用维护保养说明、监督检验证明和相关技术资料和文件，并在特种设备显著位置设置产品铭牌、安全警示标志及其说明。

（2）进口特种设备其安装及使用维护保养说明、产品铭牌、安全警示标志及其说明应当采用中文。

3. 排查等级标志

特种设备使用单位应当在特种设备投入使用前或者投入使用后30天内，向负责特种设备安全监督管理的部门办理使用登记，取得使用登记证书。登记标志应当置于特种设备的显著位置。

4. 排查制度规程

特种设备使用单位应当建立岗位责任、隐患排查、应急救援等安全管理制度，制定操作规程，保证特种设备安全运行。

5. 排查安全技术档案

特种设备使用单位应当建立特种设备安全技术档案。安全技术档案应当包括以下内容：

(1) 特种设备的设计文件、产品质量合格证明、安装及使用维护保养说明、监督检验证明等相关技术资料和文件。

(2) 特种设备的定期检验和定期自行检查记录。

(3) 特种设备的日常使用状况记录。

(4) 特种设备及其附属仪器仪表的维护保养记录。

(5) 特种设备的运行故障和事故记录。

6. 排查维护检查

(1) 特种设备使用单位对其使用的特种设备进行经常性维护保养和定期自行检查，并作出记录。

(2) 特种设备使用单位应当对其使用的特种设备的安全附件、安全保护装置进行定期校验、检修，并作出记录。

(3) 锅炉使用单位应当按照安全技术规范的要求进行锅炉水（介）质处理，并接受特种设备检验机构的定期检验。

7. 排查定期检验

(1) 特种设备使用单位应当按照安全技术规范的要求，在检验合格有效期届满前1个月向特种设备检验机构提出定期检验要求。

(2) 特种设备检验机构接到定期检验要求后，应当按照安全技术规范要求及时进行安全性能检验。特种设备使用单位应当将定期检验标志置于该设备的显著位置。

8. 排查人员培训

(1) 特种设备安全管理人员应当对特种设备使用状况进行经常性检查，发现问题应当立即处理；紧急情况时，可以决定停止使用特种设备并及时报告本单位有关负责人。

(2) 特种设备作业人员在作业过程中发现事故隐患或者其他不安全因素，应当立即向特种设备安全管理人员和单位有关负责人报告；特种设备运行不正常时，特种设备作业人员应当按照操作规程采取有效措施保证安全。

9. 排查事故应急管理

特种设备使用单位应当制定特种设备事故应急专项预案，并定期进行应急演练。

八、安全附件管理与运行情况隐患排查

1. 通用要求排查

（1）制造安全阀、爆破片装置的单位应当持有相应的特种设备制造许可证。

（2）安全阀、爆破片、紧急切断阀等需要型式试验的安全附件，应当经过国家质检总局核准的型式试验机构进行型式试验，并且取得型式试验证明文件。

（3）安全附件的设计、制造，应当符合相关安全技术规范的规定。

（4）安全附件出厂时应当随带产品质量证明，并且在产品上装设牢固的金属铭牌。

（5）安全附件实行定期检验制度，安全附件的定期检验按照《压力容器定期检验规则》与相关安全技术规范的规定进行。

2. 排查安全附件装设要求

（1）压力容器应当根据设计要求装设超压泄放装置（安全阀或者爆破片装置），压力源来自压力容器外部，并且得到可靠控制时，超压泄放装置可以不直接安装在压力容器上。

（2）采用爆破片装置与安全阀装置联合结构时，应当符合 GB 150 的有关规定，凡串联在组合结构中的爆破片在动作中不允许产生碎片。

（3）对易燃介质或者毒性程度为极度、高度或者中度危害介质的压力容器，应当在安全阀或者爆破片的排出口装设导管，将排放介质引至安全地点，并且进行妥善处理，不得直接排入大气。

（4）压力容器工作压力低于压力源压力时，在通向压力容器进口的管道上应当装设减压阀，如因介质条件减压阀无法保证可靠工作时，可用调节阀代替减压阀，在减压阀或者调节阀的低压侧，应当装设安全阀或压力表。

3. 排查安全阀、爆破片

（1）排查安全阀、爆破片的排放能力

① 排放能力应当大于或者等于压力容器的安全泄放量；

② 对于充装处于饱和状态或者过热状态的气液混合状态的气液混合介质的压力容器，设计爆破片装置应当计算泄放口径，确保不产生空间爆炸。

（2）排查安全阀的整定压力

① 整定压力一般不大于该压力容器的设计压力；

② 设计图样或者铭牌上标注有最高允许工作压力的，也可以采用最高允许工作压力确保安全阀的整定压力。

（3）排查爆破片的爆破压力

① 压力容器上装有爆破片装置时，爆破片的设计爆破压力不得大于该容器的设计压力，并且爆破片的最小设计爆破压力不得小于该容器的工作压力；

② 当设计图样或者铭牌上标注有最高允许工作压力时，爆破片的设计爆破压力不得大于压力容器最高允许工作压力。

（4）排查安全阀的动作机构

① 杠杆式安全阀应当有重锤自由移动的装置和限制杠杆越出的导架；

② 弹簧式安全阀应当有防止随便拧动调节螺钉的铅封装置；

③ 静重式安全阀应当有防止重片飞脱的装置。

（5）排查安全阀的安装要求

① 安全阀应当垂直安装在压力容器液面以上的气相空间部分，或者装设在与压力容器气相空间相连的管道上；

② 压力容器与安全阀之间的连接管和管件的通孔，其截面积不得小于安全阀的进口截面积，其接管应当尽量短而直；

③ 压力容器一个连接口上装设两个或者两个以上安全阀时，则该连接口入口的截面积，应当至少等于这些安全阀的进口截面积的总和；

④ 安全阀与压力容器之间一般不宜装设截止阀门；

⑤ 新安全阀应当校验合格后才能安装使用。

（6）排查安全阀的校验单位

① 安全阀校验单位应当具有与校验工作相适应的校验技术人员、校验装置、仪器和场地，并且建立必要的规章制度；

② 校验人员应当取得安全阀维修作业人员资格；

③ 校验合格后，检验单位应当出具校验报告书并且校验合格安全阀加装铅封。

4. 排查压力表

（1）排查压力表的选用

① 压力表的校验和维护应当符合国家计量部门的有关规定；

② 压力表安装前应当进行校验；

③ 在刻盘上应当划出指示工作压力的红线；

④ 注明下次校验的日期；

⑤ 压力表校验后应当加铅封。

（2）排查压力表的安装要求

① 装设位置应当便于操作人员观察和清洗，并且应当避免受到辐射热、冻结或者振动的不利影响；

② 压力表与压力容器之间，应当装设三通旋塞或者针型阀（三通旋塞或者

针型阀上应当有开启标记和锁紧装置)，并且不得连接其他用途的任何配件或者接管；

③ 用于水蒸气介质的压力表，在压力表与压力容器之间应当装有存水弯管；

④ 用于具有腐蚀性或者高黏度介质的压力表，在压力表与压力容器之间应当装设能隔离介质的缓冲装置。

5. 排查液位计

(1) 根据压力容器的介质、最大允许工作压力和温度选用。

(2) 在安装使用前，设计压力小于10MPa压力容器用液位计进行1.5倍液位公称压力的液位试验，设计压力大于或者等于10MPa压力容器的液位进行1.25倍液位计公称压力的液压试验。

(3) 储存0℃以下介质的压力容器，选用防雷液位计。

(4) 寒冷地区室外使用的液位计，选用夹套型结构的液位计。

(5) 用于易爆、毒性程度为极度、高度危害介质的液化气体压力容器上，有防止泄漏的保护装置。

(6) 要求液面指示平稳的，不允许采用浮子(标)式液位计。

(7) 液位计应当安装在便于观察的位置，否则应当增加辅助设施。

(8) 大型压力容器还应当有集中控制的设施和报警装置。

(9) 液位计上最高和最低安全液位，应当做出明显的标志。

6. 排查壁温测试仪表

(1) 需要控制壁温的压力容器，是否装设测试壁温的测温仪表(或者温度计)。

(2) 测温仪表是否定期校验。

第四节　电气系统隐患排查

一、电气安全管理隐患排查

(1) 排查安全管理制度和台账

① 排查企业是否建立、健全电气安全管理制度和台账。

② 排查三图：系统模拟图、二次线路图、电缆走向图。

③ 排查三票：工作票、操作票、临时用电票。

④ 排查三定：定期维修、定期试验、定期清理。

⑤ 排查五规程：检修规程、运行规程、试验规程、安全作业规程、事故处理规程。

⑥ 排查五记录：检修记录、运行记录、试验记录、事故记录、设备缺陷记录。

⑦ 三票填写清楚，不得涂改、缺项，执行完毕画√或盖已执行章。

（2）排查临时用电管理：临时用电是否经有关主管部门审查批准，并有专人负责管理限期拆除。

（3）特种作业人员管理：排查从事电气作业中的特种作业人员是否经专门的安全作业培训，在取得相应的特种作业资格证书后，方能上岗。

二、供配电系统设置及电气设备设施隐患排查

1. 供电系统装置的隐患排查

（1）排查企业的供电电源是否满足不同负荷等级的供电要求：

① 一级负荷应由双重电源供电；

② 一级负荷中特别重要的负荷供电，应符合下列条件，除应由双重电源供电外，尚应增设应急电源，并严禁将其他负荷接入应急供电系统；设备的供电电源的切换时间，应满足设备允许中断供电的要求；

③ 二级负荷的供电系统，宜由两回线路供电。在负荷较小或地区供电条件困难时，二级负荷由一回 6kV 及以上专用的架空线路供电。

（2）排查消防泵、关键装置、关键机组等重点部位以及特别重要负荷的供电是否满足《供配电系统设计规范》（GB 50052）所规定的一级负荷供电要求：

① 除应由双重电源供电外，尚应增设应急电源，并严禁将其他负荷接入应急供电系统；

② 设备的供电电源的切换时间，应满足设备允许中断供电的要求。

（3）排查企业配电系统设计是否按照相关标准规范的规定。如《供配电系统设计规范》（GB 50052—2009）、《10kV 及以下变电所设计规范》（GB 50053）、《低压配电设计规范》（GB 50054）、《35～110kV 变电所设计规范》（GB 50059）、《3～110kV 高压配电装置设计规范》（GB 50060）。要求对负荷性质、用电容量、工程特点等条件进行设计。

（4）排查企业配电系统是否采用符合国家现行有关标准的高效节能、环保、安全、性能先进的电子产品。不应使用国家已经明令淘汰的电气设备设施。

（5）排查变配电室设备设施、配电线路是否满足相关标准规范的规定：

① 变配电室的地面是否采用防滑、不起尘、不发火的耐火材料。变配电室变压器、高压开关柜、低压开关柜操作面，地面应铺设绝缘胶垫；

② 用电产品的电气线路是否具有足够的绝缘强度、机械强度和导电能力并定期检查；

③ 变配电室是否设置防止雨、雪和小动物从采光窗、通风窗、门、电缆沟等进入室内设施。变配电室的电缆夹层、电缆沟和电缆室应采取防水、排水

措施；

④ 通往室外的门是否向外开。设备间与附属房间之间的门应向附属房间方向开。高压间与低压间之间的门，应向低压间方向开。配电装置室的中间门应采用双向开启门；

⑤ 变配电室出入口是否设置高度不低于400mm的挡板。变配电室应设置有明显的临时接地点，接地点应采用铜制或钢制镀锌蝶形螺栓；

⑥ 变配电室是否设有等电位连接板；

⑦ 变配电室应急照明灯和疏散指示标志灯的备用充电电源的放电时间不低于20min。

(6) 排查爆炸危险区域内的防爆电气设备是否符合AQ 3009—2007《危险场所电气防爆安全规范》的要求开展排查：

① 在装置和设备投入运行之前工程竣工交接验收时是否进行初始检查。

② 检查和维护是否由符合规定条件的有资质的专业人员进行。

③ 以上人员是否经过业务培训，是否接受适当的继续教育或定期培训，并具备相关经验和经过培训的资质证书。

④ 操作人员是否了解当如下情况出现时，应采取紧急措施并停机：负载电流突然超过规定值时或确认断相运行状态；电动机或开关突然出现高温或冒烟时；电动机或其他设备因部件松动发生摩擦，产生响声或冒火星；机械负载出现严重故障或危及电气设备。

⑤ 定期检查应委托具有防爆专业资质的安全生产检测检验机构，时间间隔一般不超过3年。

⑥ 企业应当根据检查结果及时采取整改措施，并将检查报告和整改情况向安全生产监督管理部门备案。

⑦ 防爆电气设备是否按制造厂规定的使用技术条件运行。

⑧ 防爆电气设备是否保持其外壳及环境的清洁，是否清除有碍设备安全运行的杂物和易燃物品，是否有指定的化验分析人员经常检测设备周围爆炸性混合物的浓度。

⑨ 设备运行时是否具有良好的通风散热条件，检查外壳表面温度不得超过产品规定的最高温度和温升的规定。设备运行时不应受外力损伤，应无倾斜和部件摩擦现象。声音应正常，振动值不得超过规定。

⑩ 在爆炸危险场所除产品规定允许频繁启动的电机外，其他各类防爆电机，不允许频繁启动。检查防爆照明灯具是否按规定保持其防爆结构及保护罩的完整性，检查灯具表面温度不得超过产品规定值，检查灯具的光源功率和型号是否与灯具标志相符，灯具安装位置是否与说明规定相符。

(7) 排查电气设备安全性能，是否满足相关标准规范的规定，如《国家电气设备安全技术规范》（GB 19157—2009）及如下内容：

① 设备的外壳是否采取防漏电保护接地；

② 查 PE 线若明设时，是否选用不小于 $4mm^2$ 的铜芯线，不得使用铝花线；

③ PE 线若随穿线管接入设备本体时，应选用不小于 $2.5mm^2$ 的铜芯线或不小于 $4mm^2$ 的铝芯线；

④ PE 线不得搭接或串接，要接线规范、接触可靠；

⑤ 明设的应沿管道或设备外壳敷设，暗设的在接线处外部是否有接地标志；

⑥ PE 线接线间不得涂漆或加绝缘垫。

(8) 排查电缆必须有阻燃措施。电缆桥架符合相关设计规范。如《电力工程电缆设计规范》(GB 50217—2007)，并重点做如下排查：

① 电缆桥架应表面光滑无毛刺、耐久稳固，并符合工程防火要求。

② 在强腐蚀环境，电缆桥架的材质选择，是否符合下列规定要求。技术经济较优时，可选用铝合金制电缆桥架；电缆桥架组成的梯架、托盘，可选用满足工程条件阻燃性的玻璃钢制；电缆沟中普通支架（壁式支架），可选用耐腐蚀的刚性材料制。

③ 电缆桥架组成结构应满足强度、刚度及稳定性要求，且桥架的承载能力，不得超过使桥架最初产生永久变形时的最大荷载以安全系数为 1.5 的数值；梯架、托盘在允许均布载荷作用下的相对挠度值，钢制不大于 1/200；铝合金制不大于 1/300；钢制托臂在允许载荷下的偏斜与臂长比值，不宜大于 1/100。

④ 电缆桥架形式的选择，是否符合下列规定。需屏蔽外部的电气干扰时，应选用无空金属托盘回实体盖板；在有易燃粉尘场所，宜选用梯架，最上一层桥架应设置实体盖板；高温、腐蚀性液体或油的溅落等需防护场所，宜选用托盘，最上一层桥架应设置实体盖板；需因地制宜组装时，可选用组装式托盘。

⑤ 金属制桥架系统，是否设置可靠的电气连接并接地。采用玻璃钢桥架时，是否沿桥架全长另敷专用接地线。

⑥ 振动场所的桥架系统，包括接地部位的螺栓连接处，是否装置弹簧垫片。

⑦ 要求防火的金属桥架，是否对金属构件外表面施加防火涂层，其防火涂层应符合现行国家标准的有关规定。

(9) 排查隔离开关与相应的断路器和接地刀闸之间，是否装设闭锁开关。屋内的配电装置，是否装设防止误入带电间隔的设施。

(10) 排查重要作业场所和消防泵房及其配电室、控制室、交配电室、需人工操作的泡沫站等场所是否设置有事故应急照明。

2. 电气装置的隐患排查

(1) 排查真空断路器

① 排查过电压保护装置。在真空断路器的负载侧是否设置过电压吸收装置。

② 排查真空保护装置。运行一段时间后，真空可能受到破坏，通常是动触

杆的动密封漏气，是否定期检查真空度。

③ 排查断相运行。一是要检查测试各项行程，要求每项行程可满足相接触，行程指相和自动闭合时动触头的位移；二是要检查测试各项超行程，要求每项超行程可满足相接触，超行程是指相自动闭合时动触头弹簧被压缩的数值。

④ 排查静动触头。要求触头没有变形，污浊、灼烧的痕迹。

⑤ 排查闭合控制。一是要求闭合控制路线有足够容量，不欠压；二是整流部分正常工作；三是接线正确，没有断线、断路；四是运动部件没有机械性卡阻。

⑥ 排查分断控制。一是要求分断控制线路有足够容量，不欠压；二是整流部分正常工作；三是接线正确，没有断线、断路；四是运动部件没有机械性卡阻。

(2) 排查六氟化硫断路器

① 排查灭弧介质。加装 SF_6 一定要注意实际含水量不能超标。在使用运行过程中，SF_6 不能出现变质、被污染的情况。

② 排查吸附剂。在断路器内要放置吸附剂，一是用于吸水；二是保持 SF_6 良好的绝缘性。

③ 排查 SF_6 气体压力。密度继电器要设置有两级报警，各级有不同报警器。一般3～5年要补加 SF_6 一次；一年要校验一次密度继电器。

④ 排查运行信号显示。排查是否出现 SF_6 气体运行压力信号低，要排查以下信号，并采取处理措施。一是操作机构液压低引起的断路器合闸闭锁信号显示，断路器已处于分闸的闭锁信号显示；二是液压机构触压桶泄漏氮气引起的信号显示；油泵启动打压超时引起的信号显示；油泵电机启动处于闭锁信号。

⑤ 排查触头烧损。至少每年检查一次。

⑥ 排查油过滤器。要先将断路器推出运行，但不要排出 SF_6 气体。注意清理滤网杂物。

⑦ 排查表面状况。一是排查油箱油位是否正常，必要时加油；二是排查油压管路、接头、元件没有漏点；三是排查瓷套表面不能有裂纹；四是排查触头表面清洁情况，清除触头表面的氧化物、电弧烧痕。

(3) 排查高压隔离开关

① 排查配套装置。在高压隔离开关和高压断路器之间，是否设置有联锁保护装置。带接地刀闸的隔离开关，在主刀闸和地刀闸之间，是否设置有联锁保护装置，防止误操作。

② 排查触头过热。通过开关接触部分的变色漆或示温片颜色来判断触头过热，也可在高压条件下使用的测温仪检测温度，要定时做检查。

③ 排查瓷瓶。瓷瓶出现有放电烧伤痕迹、裂纹、去釉表面的情况，要查明原因，更换瓷瓶。

④ 排查绝缘子。应没有电晕和放电现象，没有裂纹。

⑤ 排查触头刀口。应没有烧伤、变锈蚀、脏污现象，能牢固接触，接触面积不变小；排查接地刀闸要良好接触，没有损伤。

(4) 排查电流互感器

① 排查二次侧开路。二次侧出现开路，磁通量变化率会很大，对人员、设备都不安全。要排查二次侧，不能出现开路。

② 排查二次侧接地。排查二次侧绕组，必须有一点接地，并且要保证接地牢固。

③ 排查互感器过热。要定期检测温度，不能出现过热。

④ 排查互感器异响。互感器不能产生异响，异响为带电部分向外壳放电所致，能产生火花。原因：一是绝缘老化；二是受潮引起漏点。

⑤ 排查主绝缘对地击穿。如果主绝缘对地击穿，会出现单相接地的情况。原因：绝缘老化，受潮，过电压。

⑥ 排查线圈短路。一次线圈、二次线圈，有可能发生匝间或者层间短路。原因：绝缘老化，受潮，二次侧开路所产生的高电压。

(5) 排查电压互感器

① 排查二次侧断路。与电磁式电流互感器相反，电压互感器二次侧负载的阻抗很大，如发生断路，即阻抗大大减少，会出现很大的断路电流，导致熔断器出现熔断。

② 排查二次侧接地。排查二次侧绕组，必须有一点接地，并且要保证接地牢固。

③ 排查互感器过热。要定时排查检测互感器，不能产生过热。

④ 排查互感器异响，不能产生异响，不能产生过热。

⑤ 排查化感器表面状况。表面状况应没有腐蚀、松动、振动，要求接线紧固。

(6) 排查熔断器

① 排查额定电流。负荷的额定电流与熔断器熔体的额定电流要相匹配。

② 排查接触点过热。接触点，不能过热。接触不良，会导致接触点过热，过热会造成熔断器的熔体被误熔断，导致电气设备停止运行。

③ 排查信号指示。显示结果应为熔断器处于正常工作状态。

④ 排查熔体完好。应没有发生氧化、腐蚀、损伤，必要时更换。

⑤ 排查外壳完好。应没有破损、变形、闪络放电痕迹。

⑥ 排查环境温度。应与被保护电气设备的环境温度大致相同，如果相差过大，会出现熔断误差。

(7) 排查电抗器

① 排查过热。定时检测电抗器温度，是否有过热现象。

② 排查瓷瓶。瓷瓶应没有裂纹，表面清洁，固定良好。

③ 排查环境清洁。电抗器周围清洁，没有粉尘杂物，如果磁性物、粉尘被吸入绕组，会引起绝缘击穿，发生断路。

④ 排查通风。电抗器不能被置于高温、通风不良的环境。

⑤ 排查封闭性。门、窗是否有防止小动物进入的措施。

(8) 排查绝缘子

① 排查击穿。绝缘子是否被击穿，铁脚有放电痕迹或被烧损。

② 排查闪络痕迹。瓷瓶部位应没有闪络痕迹。

③ 排查泄漏。瓷套管，应没有滴漏、渗漏现象。

④ 排查表面。表面应没有脏污、积尘、生锈，部件齐全不脱落。

3. 排查变压器设备

(1) 排查运行声音。如放电声、撞击声，或者出现平时不同的声音，要停止运行，查明原因并检修。

(2) 排查运行温度。变压器运行温度太高，导致变压器绝缘老化严重，优质变劣加快，降低运行寿命。

(3) 排查运行载荷。一般负载电流值应为变压器额定电流值的75%～90%。

(4) 排查运行电压。电压的变动范围应在额定电压的±5%以内，有规程要求，变压器外加一次电压值，一般为不超过额定电压值的1.05倍。

(5) 排查绝缘油。一是查油温，油温是指上层油温度，从变压器本体上的温度表可以读出温度值，一般不允许超过85℃范围；二是查油位；三是查油质。

(6) 排查绝缘限制。运行中的变压器每隔1～2年，要做一次预防性试验。

(7) 排查爆破保护装置。要求设置有爆破保护装置。保护装置为透明镜片，透明镜片不能破损。

(8) 排查绝缘子的强度。查瓷瓶外表，不能有闪络、放电痕迹，不能出现裂纹。要检测绝缘强度，依靠检测阻值来判断。

(9) 排查三相不平衡电流。

4. 电动机设备的隐患排查

(1) 排查电动机轴承

① 查轴承润滑。滚动轴承的换油周期应为1000h，滑动轴承的换油周期为500h。

② 查轴承温度是否正常。

③ 查轴承是否有杂音。

④ 查轴承振动。定期用测振仪检测电动机轴承振动情况。

(2) 排查电动机绕组

① 排查绕组温度。每天用测温仪测量一次绕组温度值。

② 排查绝缘电阻。两相绕组之间的绝缘电阻值和每相绕组与机壳之间的绝缘电阻值，一般要求不能小于0.5MΩ。

③ 排查绕组气隙。气隙一般应为0.2～1mm。

④ 排查绝缘等级。应达到F级或H级绝缘等级。

(3) 排查电动机运行

① 排查缺相运行时，电动机保护装置是否发生动作保护，切断电源。

② 排查启动电流。10kV以上电机，启动电流超过变压器额定电流的20%～30%的电机，是否增设降压启动设备，采用降压启动方式。

③ 排查不平衡电流。要求其中任一组电流，偏离三相电流平均值，一般不能超过三相电流平均值的10%。

④ 排查运行电流。要注意检查电动机运行的电流指示值。

⑤ 排查不平衡电压。任一组电压与三相电压的平均值之差，不得超过三相电压平均值的5%。

⑥ 排查运行电压。允许电压波动为额定电压±5%。

⑦ 排查运行状况。检查电机，机壳、前后轴承、连接线不能过热，运行中不能有杂音、异物冒烟等现象。

⑧ 排查表面状况、电动机应设置有防爆等级、防护等级铭牌标识，接线箱、开关按钮密封完好；风扇运转正常，风扇网罩完好。联轴器与轴配合没有松动。带松紧适度没有破损。机壳清洁，没有滴漏油。

(4) 排查电动机附属装置

① 排查电动机风冷装置。防爆电机、扇叶要采用塑料、铝等防爆材料。运行不能有异响。网罩不能有变形。电动机运行，风扇也要运转。

② 排查电动机电加热装置。停转的电机是否已启动电加热装置。接线及其线路套管是否完好，是否应设置电加热装置而没有设置的情况。

(5) 排查电动机管理（查记录）

① 是否能及时发现设备故障。

② 能正确应对设备故障。

③ 是否能避免设备故障进而避免发生安全或生产事故。

④ 是否能避免因管理缺位而出现同类故障或事故。

5. 排查防爆电气

(1) 排查防爆电气设备本体

① 防爆电气设备运行的环境温度，要求为20～30℃。

② 防爆电气设备的外壳，应用铸钢、铸铁材料，不可用塑料、铝合金材料。

③ 防爆电气设备的外壳不能有裂纹。螺栓齐全不松动，接线口、孔洞封堵严实。

④ 隔爆结合面、防护结合面完好，没有划伤，没有变形。

⑤ 检查防爆电气设备的复视情况。

⑥ 防爆电气设备不能安装在长期受水、受潮的环境。

⑦ 防爆电气设备应设置有专用接线盒。

⑧ 防爆电气设备的金属外壳，要有接地点标志，有接地螺栓，有专门的外接地线。

⑨ 防爆电气设备的接线口，要有专门的密封装置。

⑩ 防爆电气设备的外壳标识。一要有EX标志、防爆等级标志、防护等级标志和防爆合格证编号；二要有设备铭牌；三要有危险禁止带电开盖的警示用语。

(2) 排查防爆电气设备用电线路

① 防爆用电线路，穿越不同等级的防爆区，孔洞要用不燃材料密封严密；线路保护套管、两端管口要用密封胶泥封堵；线路接线盒的多余孔洞要严密封堵。

② 线路在防爆区，要用整条电缆，不能出现中间接头；线路分路，要用隔爆型接线盒；输电架空线不能跨越爆炸危险场所。

③ 在0区，要用本安电缆，标识蓝色。电缆与电气设备的连接，不能将电缆钢管套管与电气设备直接连接，应有专用过渡接头。

④ 不能将用电线路设置在易受机械损伤、磨损、振动、受热、腐蚀的环境。

⑤ 用电线路的连接，要用压接或熔焊，不可用线接。

⑥ 电力电缆与通信、信号电缆，要分开铺设；高压电缆与低压电缆、控制电缆要分开铺设；本安电缆与非本安电缆，不能发生接触。

⑦ 防爆挠性连接管，要求没有裂纹、孔洞、没有机械损伤，没有变形。

6. 排查电缆导线线路

(1) 阻燃电缆、铠装电缆、塑料护套电缆、橡胶护套电缆、绝缘电缆要采用电缆沟、电缆桥架、埋地、架空敷设方式。电缆沟不能积有可燃液体、污水。电缆沟通入控制室、配电室的漏洞，要严密封堵。各种电缆、导线埋地敷设，要敷设在保护套管内；埋地电缆要设置电缆走向标志桩。绝缘导线架空敷设，也要敷设在保护套管内，不能直接明敷设。

(2) 电力电缆与通信电缆要分开敷设；电力电缆与信号电缆要分开敷设；高压电缆与低压电缆要分开敷设；高压电缆与控制电缆要分开敷设。

(3) 导线及电缆，额定电压不低于电网额定电压，且不低于500V。

(4) 电缆、导线线路，不能有受到机械损伤的危险，不能有受到振动，导致连接松动的危险；不能有受热、腐蚀的危险。

(5) 电缆线路中间不能有接头。

(6) 临时低压线路跨过道路，净空高度要达到6m以上。

(7) 电缆、导线与设备的连接，要用螺栓压接，不能用绕接绑扎方式。

(8) 防爆电气设备的电缆、导线进出口，要用弹性密封圈密封。电气或仪表盘、柜内的线路，要规则整齐摆放，不零乱；仪表盘、柜内的仪表线要集束摆放、固定，并有编码标示。

(9) 电气跨线，不能出现缺失、拆后不复位、松脱、没有专用接头的情况。

(10) 塔、换热设备、卧槽、反应器、炉、釜要有2处以上专门接地，不能用自然接地代替专门接地，电气设备的金属外壳应专门接地。电气设备接地装置埋地部分与独立避雷针的接地装置埋地部分，应分开设置。专门接地线，是否出现缺失、拆后不复位、松脱、没有接地线的情况。

7. 电气试验的隐患排查

是否排出试验明细计划，在具备停车的条件的情况下，尽可能实施试验；是否对相关需要做试验的电气元件、设备的试验周期和试验情况制定具体要求；对未能按照要求做实验的电气元件、设备，是否有特别检查、监控措施。

三、防雷防静电措施隐患排查

1. 排查基本要求

(1) 排查工艺装置。露天布置的塔、容器等，当顶板厚度等于或大于4mm时，可不设避雷针保护，但必须设防雷接地（GB 50160—2008）。

(2) 可燃气体、液化烃、可燃液体的钢罐，必须设防雷接地，并应符合下列规定：

① 甲$_B$、乙类可燃液体地上固定顶罐，当顶板厚度小于4mm时应设避雷针、线，其保护范围应包括整个储罐；

② 丙类液体储罐，可不设避雷针、线，但必须设防感应雷接地；

③ 浮顶罐（含内浮顶罐）可不设避雷针、线，但应将浮顶与罐体用两根截面积不小于25mm^{2}的软铜线作电气连接；

④ 压力储罐不设避雷针、线，但应作接地。

(3) 排查可燃液体储罐的温度、液位等测量装置，应采用铠装电缆或钢管配线，电缆外皮或配线钢管与罐体应作电气连接。

(4) 宜按照SH 9037—2000在输送易燃物料的设备、管道安装防静电设施。

(5) 在聚烯烃树脂处理系统、输送系统和料仓应设置静电接地系统，不得出现不接地的孤立导体。

(6) 可燃气体、液化烃、可燃液体、可燃固体的管道在下列部位应设静电接地设施：

① 进出装置或设施处；

② 爆炸危险场所的边界；

③ 管道泵及泵入口永久过滤器、缓冲器等。

（7）汽车罐车、铁路罐车和装卸场所，应设防静电专用接地线。

（8）可燃液体、液化烃的装卸栈台和码头的管道、设备、建筑物、构筑物的金属构件和铁路钢轨等（作阴极保护者除外），均应作电气连接并接地。

2. 排查防雷设施

（1）排查避雷网

① 建筑房屋的天面，高出地面的水池，要设置避雷网；

② 避雷网的网格不能大于 5m×5m；

③ 避雷网的高度，应为距离天面 0.1～0.15m；

④ 每相隔 1.0～1.5m，要设置有网格支撑；

⑤ 避雷网应用直径不小于 8mm 圆钢，或小于 12mm×4mm 扁钢材料制作；

⑥ 避雷网的任何连接部位，不可出现断接；

⑦ 避雷针所有焊接点都要作焊后防腐处理。

（2）排查避雷带

① 避雷带沿建筑房屋天面四周，或离高处地面的水池四周设置；

② 避雷带与被其所包围的避雷网作焊接连接；

③ 避雷带应与避雷引下线作焊接连接。

（3）排查避雷引下线

① 避雷引下线是雷电流通道，沿建筑物侧壁安装；

② 一座建筑，每条引下线之间的最大距离，不大于 18m，且至少要有两条避雷引下线，要求均匀距离布置；

③ 引下线一般贴墙上而下，引下安装，与墙面之间的间距为 0.015m；

④ 沿引下线从上而下，要安装引下线支撑，支撑距离 2m。

（4）排查避雷线

① 一般就是架空避雷线，用于保护架空“光身”输电线路，直接影响厂内电力系统正常运行，必须接地安装；

② 在架空避雷线附近，不可有高大的树木、管线、框架等导电物体。

（5）排查避雷针

① 避雷针高度应为 3～12m，针尖用直径 20mm 圆钢，针尖高度应为 0.25mm；

② 独立避雷针的接地装置埋地部分，不能接入厂内的公共接地网，两者在地下至少要保持 3m 距离；

③ 避雷针的地面以上部分，在周围 5m 范围内，不应有裸金属设施，否则容易感应出过电压。

（6）排查避雷器

① 排查避雷器电压值。分为额定电压和残电压。

② 排查避雷器预防性试验。相隔2～3年，要对避雷器做一次预防性试验。

③ 排查避雷器定期更新。一般使用年限5～8年，具体使用年限参照厂方说明书要求。

(7) 排查防雷接地

① 在变配电所周围的独立避雷针，接地电阻不能大于10Ω。

② 避雷器、保护间隙、接地电阻不能大于10Ω。电力线路架空避雷线，接地电阻不能大于10Ω。变压器接地电阻不能大于4Ω。建筑物避雷引下线接地电阻不能大于10Ω。设备外壳、金属框架的专门接地电阻不能大于10Ω。

③ 垂直接地极。用50mm×50mm×5mm、20mm×20mm×3mm角钢制作，或用20～50mm钢管制作。接地极长度为2m。接地极间距为5m左右。接地埋入地下，顶端距地面应为0.5～0.8m。

④ 水平接地线。用25mm×4mm至40mm×4mm扁钢制作，或用直径8～14mm圆钢制作。

⑤ 接地线埋入地下深度0.5～0.8m。

⑥ 每年检测二次接地电阻值，在雷雨季节到来前，至少检测1次。

(8) 排查变压器防雷

① 在高压侧要安装避雷器，在低压侧要安装避雷器。

②"三位一体"可靠接地。避雷器的防雷接地引下线、变压器的金属外壳、变压器低压侧的中性点，连接在一起，再连接进入接地装置。

(9) 排查变配电所防雷

① 要安装独立避雷针；安装屋顶避雷网；安装进线段避雷器；安装总高压断路器避雷器；安装高压柜避雷器；安装仪表用电避雷器；

② 为了便于管理和查清避雷器配备情况，制作变配电所避雷器基本情况表。

四、现场隐患排查

生产现场是电气安全隐患排查的重要场所。因此，对用电现场的隐患排查是用电安全的重要保障，一般来说，在用电现场排查如下几个方面。

(1) 排查企业变配电设备设施、电气设备、电气线路及工作接地、保护接地、防雷击、防静电接地系统等应完好有效，功能正常。

(2) 排查主控室是否有模拟系统图，是否与实际相符。高压室钥匙是否按要求配备，严格管理。

(3) 用电设备和电气线路的周围是否留有足够的安全通道和工作空间。且不应堆放易燃、易爆和腐蚀物品。电缆必须有阻燃措施。

(4) 排查电缆沟防窜油气、防腐蚀、防水措施的落实；电缆隧道防火、防沉陷措施的落实情况。

(5) 排查临时电源、手持式电动工具、施工电源、插座回路是否是采用

TN-S供电方式，并采用剩余电流动作保护。

（6）排查暂设电源电线，应采用绝缘良好完整无损的橡皮线，室内沿墙敷设，其高度不得低于2.5m，室外跨过道路时，不得低于4.5m，不允许借用暖气、水管及其他气体管道加设导线，沿地面敷设时，必须加可靠的保护装置和明显标志。

（7）排查爆炸性气体环境内钢管配线的电气线路是否做好隔离密封。

第五节 仪表系统隐患排查

一、仪表安全管理隐患排查

1. 排查仪表管理制度和台账

排查企业是否建立、健全仪表管理制度和台账，应包括检查、维护、使用、检定等制度及各类仪表台账。

2. 排查仪表调试及检测记录

（1）仪表定期校验、回路调试记录是否齐全。

（2）检测仪表和控制系统检维护记录是否齐全。

3. 排查控制系统管理

（1）排查控制方案变更是否办理审批手续。

（2）排查控制系统故障处理、检修及组态修改记录是否齐全。

（3）排查控制系统是否建立事故应急预案。

4. 排查气体检测报警器

（1）排查是否有可燃、有毒气体检测器监测点布置图。

（2）排查可燃、有毒气体报警是否按规定周期进行校准和检定，检定人是否有效资质证书。

5. 排查联锁保护系统管理

（1）排查联锁逻辑图、定期维修校验记录、临时停用记录等技术资料是否齐全。

（2）排查工艺和设备联锁回路调试记录。

（3）排查联锁保护系统（设定值、联锁程序、联锁方式、取消）变更是否办理审批手续。

（4）排查联锁摘除是否办理工作票，有部门会签和领导签批手续。

（5）排查摘除联锁保护系统是否有防范措施及整改方案。

二、仪表系统设置隐患排查

1. 安全仪表控制隐患排查原则

排查危险化工工艺的安全仪表控制是否按照《首批重点监管的危险化工工艺目录》和《首批重点监管的危险化工工艺安全控制要求、重点监控参数及推荐的控制方案》（安监总管三【2009】116号）的要求进行设置。

2. 过程控制、安全仪表及联锁系统的重点排查内容

企业是否按照相关规范的要求设置过程控制、安全仪表及联锁系统，并满足《石油化工安全仪表系统设计规范》（SH 3018—2003）的要求，重点排查内容如下。

（1）排查安全仪表配置：安全仪表系统是否独立于过程控制系统，独立完成安全保护功能。

（2）排查过程接口：输入输出卡相连接的传感器和最终执行元件是否设计成故障安全型；不应采取现场总线通信方式；若采用三取二过程信号是否分别接到三个不同的输入卡。

（3）排查逻辑控制器：安全仪表系统是否采用经权威机构认证的可编程逻辑控制器。

（4）排查传感器与执行元件：安全仪表系统的传感器、最终执行元件是否单独设置。

（5）排查检定与测试：传感器与执行元件是否进行定期检定，检定周期随装置检修；回路投用前是否进行测试并做好相关记录。

3. 排查不间断电源的仪表电源

（1）排查大、中型危险化学品生产装置、重要公用工程系统及辅助生产装置。

（2）排查高温高压、有爆炸危险的生产装置。

（3）排查重要的在线分析仪表（如参与控制、安全联锁）。

（4）排查装置较多、较复杂信号联锁系统的生产装置。

（5）排查大型压缩机、泵的监控系统。

（6）排查可燃气体和有毒气体检测系统，应采用UPS供电。

4. 排查仪表气源

（1）排查是否使用清洁、干燥的空气，备用气源也可用干燥的氮气。

（2）排查是否安装DCS、PLC、SIS等设备的控制室、机柜室、过程控制计算机的机房，是否考虑防静电接地。这些室内的导静电地面、活动地板、工作台等应进行防静电接地。

5. 排查可燃气体和有毒气体检测器

排查监测点的设置，是否符合《石油化工可燃气体和有毒气体检测报警设计规范》（GB 50493—2009），重点排查如下内容。

（1）一般原则

① 可燃气体和有毒气体检（探）测器测点，应根据气体的理化性质、释放源特性、生产场地布置、地理条件、环境气候、操作巡线路线等条件，选择气体易于积累和便于采样检测之处布置。

② 可能泄漏可燃气体、有毒气体的主要释放源：液体采样口和气体采样口；液体排液（水）口和放空口；设备和管道的法兰和阀门组。

（2）工艺装置

① 释放源处于露天或敞开式厂房的设备区域的，当检（探）测点位于释放源的全年最小频率风侧时，可燃气体检（探）测点与释放源的距离不宜大于15m，有毒气体检（探）测点与释放源的距离不宜大于2m；当检（探）测点与释放源的全年最小频率风向的下风侧时，可燃气体检（探）测点与释放源的距离不宜大于5m，有毒气体检（探）测点与释放源的距离不宜大于1m。

② 可燃气体释放源处于封闭或局部通风不良的半敞开厂房内，每隔15m可设一台检（探）测器距其所覆盖范围内的任一释放源不宜大于7.5m，有毒气体检（探）测器距释放源不宜大于1m。

③ 比空气轻的可燃气体或有毒气体释放源处于封闭或局部通风不良的半敞开厂房内，除应在释放源上方设置检（探）测器外，还应在厂房内最高点气体易于集聚处设置可燃气体或有毒气体检（探）测器。

（3）储运设施

① 液化烃、甲$_B$、乙$_A$类液体等产生可燃气体的液体储罐的防火堤内，应设检（探）测器。当检（探）测点位于释放源的全年最小频率风向的上风侧时，可燃气体检（探）测点与释放源的距离不宜大于15m，有毒气体检（探）测点与释放源的距离不宜大于2m；当检（探）测点位于释放源的全年最小频率风向的下风侧时，可燃气体检（探）测点与释放远的距离不宜大于5m，有毒气体检（探）测点与释放源的距离不宜大于1m。

② 液化烃、甲$_B$、乙$_A$类液体的装卸设施，检（探）测器的设置应符合下列条件：小鹤管铁路装卸栈台，在地面上每个1个车位宜设1台检（探）测器，且检（探）测器与装卸车口的水平距离不应大于15m；大鹤管铁路装卸栈台，宜设1台检（探）测器，汽车装卸站的装卸车鹤管位与检（探）测器的水平距离，不应大于15m。

③ 液化烃灌装站的检（探）测器位置，应符合下列条件：

a. 封闭或半敞开的灌瓶间，灌装口与检（探）测器的距离宜为5～7.5m；

b. 敞开式储瓶库房沿四周每隔15～30m应设1台检（探）测器，当四周边长总和小于15m时，应设1台检测器；

c. 缓冲罐排水口或阀组与检（探）测器的距离，宜为5～7.5m。

④ 封闭或半敞开氢气灌瓶间，应在灌装口上方的室内最高点易于滞留气体处设检（探）测器。

⑤ 可能散发可燃气体的装卸码头，距输油臂水平平面15m范围内，应设1台检（探）测器。

(4) 其他有可燃气体、有毒气体的扩散和积聚场所

① 明火加热炉与可燃气体释放源之间，距加热炉炉边5m处应设1台检（探）测器。当明火加热炉与可燃气体释放源之间没有不燃烧材料实体墙时，实体墙靠近释放源的一侧应设检（探）测器；

② 设在爆炸危险区域2区范围内的在线分析仪表间，应设可燃气体检（探）测器；

③ 控制室、机柜间、变配电所的空调引风口、电缆沟和电缆桥架进入建筑物房间的开洞处等可燃气体和有毒气体有可能进入建筑物的地方，宜设置检（探）测器；

④ 可能积聚比空气重的可燃气体、液化烃和/或有毒气体的工艺阀井、地坑及排污沟等场所，应设检（探）测器。

(5) 排查检（探）测器的安装

① 检测比空气重的可燃气体检（探）测器，其安装高度应距地坪（或楼地板）0.3～0.6m。检测比空气重的有毒气体的检（探）测器，应靠近漏点，其安装高度应距地坪（或楼地板）0.3～0.6m；

② 检测比空气轻的可燃气体或有毒气体的检（探）测器，其安装高度应高出释放源0.5～2m；

③ 检（探）测器应安装在无冲击、无振动、无强电磁干扰、易于检修的场所，安装探头的地点周边管线或设备之间应留有不小于0.5m的净空和出入通道；

④ 检（探）测器的安装与接线技术要求应符合制造厂的规定，并应符合《爆炸和火灾环境电力装置设计规范》的规定。

(6) 排查检（探）测器的选用

① 可燃气体及有毒气体检（探）测器的选用，应根据检（探）测器的技术性能、被测气体的理化性质和生产环境特点确定。

② 常用气体的检（探）测器选用应符合下列规定：

a. 烃类可燃气体可选用催化燃烧型红外气体检（探）测器。当使用场所的空气中含有能使催化燃烧型检测元件中毒的硫、磷、铅、卤素化合物等介质时，应选用抗毒性催化燃烧型检（探）测器；

b. 在缺氧或高腐蚀性等场所，宜选用红外气体检（探）测器；

c. 氢气检测可选用催化燃烧型、电化学型、热传导型或半导体型检（探）测器；

d. 检测组分单一的可燃气体宜选用热传导型检（探）测器；

e. 硫化氢、氯气、氨气、丙烯腈气体、一氧化碳气体可选用电化学型或半导体型检（探）测器；

f. 氯乙烯气体可选用半导体型或光致电离型检（探）测器；

g. 氰化氢气体宜选用电化学型检（探）测器；

h. 光气可选用电化学型或红外气体检（探）测器。

③ 检（探）测器防爆类型的选用，根据使用场所爆炸危险区域的划分以及被测气体的性质选择检（探）测器的防爆类型和级别。

④ 常用检（探）测器的采样方式应根据使用场所确定。

a. 可燃气体和有毒气体的检测宜采用扩散式检（探）测器；

b. 受安装条件和环境条件的限制，无法使用扩散式检（探）测器的场所，宜采用吸入式检（探）测器。

(7) 排查指示报警设备的选用

① 指示报警设备应具有以下基本功能：

a. 能为可燃气体或有毒气体检（探）测器及所连接的其他部件供电。

b. 能直接或间接地接收可燃气体和或有毒气体检（探）测器及其他报警触发部件的报警信号，发出声光报警信号，并予以保护。声光报警信号应能手动消除，再次有报警信号输入时仍能发出报警。

c. 可燃气体的测量范围：0～100%LEL（爆炸下限）。

d. 有毒气体的测量范围：0～300%MAC（最高允许浓度）或0～300%PC-STEL（短时间接触允许浓度）；当现有检（探）测器的测量范围不能满足上述要求时，有毒气体的测量范围可为0～30%IDLH（立即威胁生命和健康浓度）。

e. 指示报警设备（报警控制器）应具有开关量输出功能。

f. 多点式指示报警设备应具有相对独立、互不影响的报警功能，并能区分和识别报警场所位号。

g. 指示报警设备发出报警后，即使安装场所被测气体浓度发生变化恢复到正常水平，仍应持续报警，只有经确认并采取措施后，才能停止报警。

h. 在下列情况下，指示报警设备应能发出与可燃气体或有毒气体浓度报警信号有明显区别的声、光故障报警信号；如指示报警设备与检（探）测器之间线路断路，检（探）测器内部元件失效，指示报警设备主电源欠压，指示报警设备与电源之间连接线路的短路与断路。

② 指示报警设备应具有以下记录功能：

a. 能记录可燃气体和有毒气体报警时间，且日计时误差不超过30s；

b. 能显示正当报警点整数；

c. 能区分最先报警点。

③ 根据工厂（装置）的规模和特点。指示报警设备可按下列方式设置：

a. 可燃气体和有毒气体检测报警系统与火灾检测报警系统合并设置；

b. 指示报警设备采用独立的工业 PC 机、PLC 等；

c. 指示报警设备采用常规的模拟仪表；

d. 当可燃气体和有毒气体检测报警系统与生产过程控制系统（包括 DCS、SCADA 等）合并设计时，I/O 卡件应独立设置。

(8) 排查报警点的设置，是否符合 GB 50493—2009 的规定，排查内容如下：

① 可燃气体的一级报警（高限）设定值小于或等于 25%LEL（爆炸下限）；

② 可燃气体的二级报警（高高限）设定值小于或等于 50%LEL（爆炸下限）；

③ 有毒气体的报警设定值小于或等于 100%MAC（最高允许浓度）/PC-STEL（短时间接触允许浓度），当试验用标准气调制困难时，报警设定之可为 200%MAC/PC-STEL 以下。当现有检（探）测器的测量范围不能满足测量要求时，有毒气体的测量范围可为 0～30%IDLH（立即威胁生命和健康浓度）；有毒气体的报警（高高限）设定值不得超过 10%IDLH（立即威胁生命和健康浓度）值。

(9) 排查检测报警器的定期检定：检定周期一般不超过 1 年。

6. 排查仪表防爆要求

爆炸场所的仪表、仪表线路的防爆等级是否满足区域的防爆要求。且是否具有国家授权的机构发给的产品防爆合格证。

7. 排查仪表防水要求

排查保护管与检测元件或现场仪表之间是否采取相应的防水措施。防爆场合，是否采取相应防爆级别的密封措施。

三、各类仪表的隐患排查

1. 排查液位计

(1) 排查玻璃管式液位计有无破裂，泄漏介质。

(2) 排查玻璃板式液位计有无出现裂纹、泄漏介质。

(3) 排查浮球式液位计平衡锤是否被移位，转轴不应有卡阻，浮球不能脱落。

(4) 磁浮子翻板液位计阀门是否有泄漏。

(5) 钢带式液位计，排查卡阻情况，要经常比对测量值。

(6) 差压式液位计，查引压管、隔离罐是否泄漏隔离液。

(7) 雷达液位计在烃类储罐、容器在内部有泡沫阻碍器，管内须设置有导液管。

(8) 来自轻烃类、丁二烯罐顶的引压管线，是否有伴热。

(9) 排查液位计设置：

① 查有介质的储罐、容器是否安装液位计；

② 查储罐、容器是否设置有现场显示的液位计，同时又设置有远传中控室显示、报警的液位计；

③ 比较重要的储罐，例如球罐，要设置有两个液位计远传至中控室显示、报警。

(10) 排查液位检测管理要求

① 是否建立日常比对测量值制度，在储罐或容器进、出料过程中，增加比对测量值次数；

② 是否建立排查液位监控、对比制度，保证落实比对人员。

2. 排查压力检测装置

(1) 排查环境条件

① 排查压力测量仪表应避开振动环境，否则应安装避震器；

② 排查压力测量仪表是否避开高温、特别潮湿、易腐蚀环境。

(2) 排查介质适用性

排查测量氧气、液氧的压力测量仪表，是否浸油，是否使用浸油垫片和有机化合物垫片。

(3) 排查量程和精度

① 排查量程稳定压力，最大工作压力是否超过压力表测量表测量上限值的 2/3；

② 排查测量脉动压力，最大工作压力是否超过压力表测量上限值的 1/2；

③ 排查测量高压时，最大工作压力是否超过压力表测量上限值的 3/5。

(4) 排查设计安装

① 排查取压点是否选择在介质直线流动的部位，不能选择在管路分支、拐弯等容易形成漩涡的管段；不能选择在管路焊缝部位；

② 排查管道分支，采用三通件，三通件材质是否与管路相同；

③ 在导压管弯曲处，是否出现管壁裂缝、凹陷和明显椭圆度；

④ 导压管水平安装，是否保证有 (1∶10) ～ (1∶20) 的倾斜度，利于排液，管内介质为气体时，在管内高点设排气装置，在管内低点设排污装置；

⑤ 排查导压管是否用管卡固定在支管上，在导压管与支架之间要加装软垫；

⑥ 排查在取压点与压力表之间，是否有切断阀，用于校验压力表，切断阀要靠近取压点安装；

⑦ 排查泵出口压力表是否安装在出口阀前；

⑧ 排查是否将压力表固定在振动较大的设备、管道上。

（5）排查表面状况

① 排查压力表盘上是否设置有指示最高工作压力的红线，红线不能贴在镜外侧和镜内侧，应设置在刻度盘上；

② 排查压力表安装前是否经校验合格，每次校验要有记录，注明下次校验日期，校验后加装铅封；

③ 排查压力表玻璃镜面是否破裂，表盘刻度模糊不清，表壳严重腐蚀，指示针脱落，指示针不能动作，指示针异常振动，导压管路或表本体泄漏，铅封损坏，超过校验期。这类压力表应停用、更换、检修。

（6）排查压力变压器与差压变送器

① 将压力远传进行控制、显示或记录，如远传至控制室，是否用压力变送器；

② 将差压远传进行控制、显示或记录，如传送至控制室，要用到差压变送器。

3. 排查温度检测装置

（1）排查现场显示温度计

① 玻璃管液体温度计

a. 温度计是否带有金属保护套，防止温度计受到碰撞；

b. 温度计温包与被测对象是否有良好热接触，两者之间不能受到隔热；

c. 温度计刻度标尺是否清晰可见，不能模糊；

d. 温度计是否安装在人员容易观察显示温度值的位置。

② 双金属温度计

a. 温度计表盘内是否贴有警戒红线；

b. 温度计表盘内刻度、数字是否清晰；

c. 温度计指针是否出现脱落；

d. 温度计是否安装在人员容易观察显示温度值的位置。

（2）排查热电偶温度计

① 排查接线盒。接线盒要求有防爆功能，检查设备铭牌，防爆等级一般为EXdⅡT6，防护等级为IP65。接线盒出线口，有密封圈，出线口开口要朝下安装。

② 查保护套管。要采用螺纹连接方式或法兰连接方式。

③ 查接线盒内接线。接线盒内接线是否松动。

④ 查热电偶是否老化。

⑤ 查热电偶短路。热电偶短路出现指示值偏低。

⑥ 查热电偶插入深度。应采用足够长的热电偶，并且将其插入合适深度。

（3）排查温度取源点

① 查测温点选择，是否选在温度变化敏感部位。

② 查开孔连接。在开孔连接部位，是否安装补强圈或凸台，不能在焊缝部位及焊缝边缘开孔，开空口与焊缝的距离不能小于管外径。

③ 查插入方式，在管道上安装温度计，是否迎着介质流向，将温度计斜插入管道内安装，也可垂直插入管道内安装。

④ 查插入深度。在管道上，感温元件的感温点，是否插入管道中心。在设备上，感温件的感温点，是否插入至设备内具有温度代表性的区域。

4. 排查流量检测装置

(1) 排查差压式流量计。重点排查如下内容：

① 节流装置；

② 引压管路；

③ 切断阀和排污阀的设置；

④ 查工艺介质，不能是气、液两相的混合物；

⑤ 查被测流量值是否正常；

⑥ 查差压式变送器是否损坏。

(2) 排查涡街流量计。既可测量气体流量也可测量液体流量：

① 查前后直管段长度。在管道上，涡街流量计前要求有 $15D$，后要有 $5D$ 长的直管段（D 为管道公称直径）。

② 查管道内径。管道内径应与流量计内径相同。

③ 查介质是否充满管道。介质应充满管道内部，不可有空隙。

④ 排查安装管道的振动情况。是否出现有机械振动的情况，更不可出现管道径向振动。

(3) 排查椭圆齿轮流量计。适用于中、小流量的测量：

① 被测流量，是否经常接近；流量计上的上限值，一般平时流量应为流量计上限值的 50%～80%；

② 介质如果含有机械杂质，是否设置前过滤器；

③ 在垂直管道安装椭圆齿轮流量计，是否将椭圆齿轮流量计安装在旁路管道上。

5. 排查报警联锁装置

(1) 排查报警联锁装置

① 排查需要设置报警、联锁的检测点，而没有设置报警、联锁装置的情况，应及时增设报警、联锁装置；

② 排查设置的报警点，没有设置联锁报警点，应及时增设联锁点；

③ 排查设置联锁点，没有设置预报警，应增设预报警；

④ 排查只设置一个联锁，容易出现联锁不动作、误动作，应改为双重设置或三取二设置。

（2）排查信号报警系统

① 参数超过允许值的信号显示、运转状态的信号显示、电源信号显示，要用不同的标准色，以示明显区别；

② 确认按钮、试验按钮要用不同的标准色，以示明显区别；

③ 报警系统的报警方式，是否采用灯光、声音和白色字牌显示报警内容，3种方式齐全。

（3）排查联锁保护系统

① 联锁系统是否配置UPS不间断供电电源；

② 联锁系统是否设置有自动/手动开关；

③ 联锁系统是否设置有手动复位开关；

④ 特别重要联锁系统是否设置有带钥匙型开关。

（4）排查联锁管理

① 排查摘除停用的联锁，是否先评出由此带来的工艺、设备风险点，制定防范和应急措施；

② 摘除停用的联锁，做到已经跟进实施检测、监控工作。要办理有关手续，并有记录；

③ 联锁整定值的大小，要满足工艺、设备运行要求，调整联锁值要手续齐全；

④ 容易发生故障的联锁系统，对此要识别出由此带来的工艺、设备风险点，要有防范和应急措施。

6. 排查仪表减压装置

（1）排查仪表减压阀

① 排查仪表风管线、接头、减压阀阀体是否遗漏仪表风；

② 减压阀前、后是否安装有压力表，检查压力表，判断压力显示值是否在允许范围内；

③ 在减压阀后，是否有防止超压的措施；

④ 因仪表风问题而引发联锁停车的装置，是否有因仪表风停、欠压或者其他故障引起联锁停车的应急措施。

（2）排查仪表减压阀组

① 在减压阀组前、减压阀组后都是否安装有压力表；

② 在减压阀组前是否安装有过滤网；

③ 在减压阀组前是否安装有疏水阀；

④ 在减压阀组后是否安装有安全阀：

a. 减压阀组是否水平安装；

b. 减压阀组是否有旁路。

7. 排查仪表调节阀

（1）排查气动薄膜式调节阀

① 查旁路设置。气动薄膜式调节阀，是否设置管路旁路以及旁路切断阀。

② 查阀门位置是否合理。一是气动薄膜调节阀前、后是否各设置有切断阀；二是气动薄膜调节阀与前切断阀、后切断阀之间，应设置排污阀；三是在排污阀出口，设置有法兰、管帽、丝堵或者双阀。

③ 查是否在物料管线上，在气动薄膜调节阀前，设置了过滤器。

④ 查支撑设置。由调节阀及其前后切断阀、排污阀、旁路组成的管道系统，是否设置有支撑。

⑤ 查环境状况。气动薄膜式调节阀不能处于高温环境；不能处于振动环境；不能处于长期潮湿、有水滴漏的环境；不能处于有强腐蚀性的环境。

⑥ 查运行状况。一是查调节阀气源。调节阀的气源状况，由现场压力表显示。二是查定位器信号。三是查执行机构动作。推杆是否有弯曲、脱落、腐蚀，推杆与阀杆的连接是否已经断开。四是查气源清洁。动作气源要求不含水、不含油、不含杂质。

（2）排查气动活塞式调节阀的活塞环和气缸是否存在严重磨损的情况。

（3）对仪表调节阀的阀体重点从以下内容进行排查：

① 查选型适用性；

② 查是否存在内外泄漏；

③ 查是否振动和异响；

④ 查介质流动方向是否一致；

⑤ 查规格大小选择是否合适；

⑥ 查是否出现闪蒸和空化。

8. 排查仪表防护设置

（1）排查仪表防水

① 查是否将仪表安装在干燥、没有腐蚀性气体的环境；

② 查仪表本体、接线盒的穿线孔，要有防雨密封圈；

③ 查仪表本体、接线盒多余的开孔，要用丝堵封堵严密；

④ 查仪表本体、接线盒的引线入口，应朝向下，密封防止进水和进粉尘；

⑤ 查部分差压计、变送器等设备，必要时要设置仪表保护箱；

⑥ 查仪表设备一般不可以安装在振动、高温的地方。

（2）排查仪表防爆

① 是否采用本安型、防爆型、增安型防爆仪表；

② 在现场控制室，是否装设有安全栅，用于限制控制室内能量窜入装置内；

③ 查仪表设备、金属外壳是否有可靠保护接地；

④ 查仪表设备本身、接线盒、端盒、盒盖、进线孔，以及其他多余开孔，应封堵严密；

⑤ 绝缘导线不能采用明线敷设方式，应敷设在镀锌钢管内；

⑥ 查在仪表设备本体上，是否有防爆、防护等级标识。

(3) 排查仪表保护接地

① 查仪表盘、底座、用电仪表外壳、配电盘等是否可靠保护接地；

② 查接地电阻值不能大于 4Ω。

(4) 排查仪表保温

① 查介质会冷凝的仪表管路和高温介质管道，是否设置保温隔热层；

② 查保温隔热层是否出现有损坏、进水的情况。

(5) 排查仪表蒸汽伴热

① 查蒸汽温度，是否高于被伴热介质所要达到的目的温度；

② 是否根据气温变化来调节蒸汽流量；

③ 在伴热管入口处，是否安装截止阀；

④ 在伴热回水终端，是否设置疏水器。

(6) 排查仪表脱脂，介质为氧气的仪表管道、阀门、设备是否经脱脂处理。

(7) 排查仪表调校记录，是否在安装和开车前检查、试验、调校。

四、仪表现场安全隐患排查

(1) 机房防小动物、防静电、防尘及电缆进出口防水措施完好。

(2) 联锁系统设备、开关、端子排的标识齐全准确清晰。紧急停车按钮是否有可靠防护措施。

(3) 可燃气体检测报警器、有毒气体报警器传感器探头完好，无腐蚀，无灰尘，手动试验声光报警正常，故障报警完好。

(4) 仪表系统维护、防冻、防凝、防水措施落实，仪表完好有效。

(5) SIS 的现场检测元件、执行元件应有联锁标志警示牌，防止误操作引起停车。

(6) 放射性仪表现场有明显的警示标志，安装使用符合国家有关规范的要求。

第六节　工艺系统隐患排查

一、工艺的安全管理隐患排查

1. 排查工艺安全信息管理

排查工艺安全信息是否进行工艺安全管理，且工艺安全信息文件是否纳入企业文件控制系统予以管理并保持最新版本。工艺安全信息包括：危险品危害信息、工艺技术信息、工艺设备信息。

（1）危险品危害信息

① 物理特性；

② 化学特性，包括反应活性、腐蚀性、热和化学稳定性等；

③ 毒性；

④ 职业接触限值。

（2）工艺技术信息

① 流程图；

② 化学反应过程；

③ 最大储存量；

④ 工艺参数，如压力、温度、流量；

⑤ 安全上下限值。

（3）工艺设备信息

① 设备材料；

② 设备和管道图纸；

③ 电气类别；

④ 调节法系统；

⑤ 安全设施，如警报器、联锁等。

2. 排查风险管理

（1）排查是否建立风险管理制度。

（2）是否组织开展危害辨识、风险分析工作，是否定期开展系统的工艺过程风险分析。

（3）是否在工艺装置建设期间进行一次工艺危害分析，识别、评估和控制工艺系统相关的危害，所选择的方法要与工艺系统的复杂性相适应。

（4）是否每3年对以前完成的工艺危害分析重新进行确认和更新，涉及剧毒化学品的工艺需结合国家有关法规对现役装置增加评估频次。

（5）定期开展系统的工艺过程风险分析的部分包括：

① 工艺、设备、控制、应急响应；

② 工艺过程中的危险性、工作场所潜在事故发生因素、控制失效影响、人为因素、无明令禁止使用或者淘汰的技术和工艺。

（6）采用危险化工工艺的装置在初步设计完成后是否进行HAZOP分析。

（7）国内首次采用的化工工艺，是否通过省级有关部门组织的专家组进行安全评价论证。

3. 排查操作规程

（1）排查企业是否编制并实施书面的操作规程，规程是否与工艺安全信息保持一致。

(2) 企业是否鼓励员工参与操作规程的编制，并组织进行相关培训。

(3) 排查开停车的执行情况。操作阶段分为：初始开车、正常操作、临时操作、应急操作、正常停车、紧急停车等。其中：

① 在生产装置开车前是否组织检查，进行安全条件确认，是否满足：现场工艺和设备符合设计规范；系统气密测试、设施空运转调试合格，操作规程和应急预案已制定；编制并落实了开车方案；操作人员培训合格；各种危险已消除或控制。

② 生产装置停车是否满足。已完成编制停车方案；操作人员能够按停车方案和操作规程进行操作。

③ 生产装置紧急情况处理是否满足。应按照不伤害人员为原则妥善处理并向有关方面报告；工艺及机电设备等发生异常情况时，应采取适当的措施，并通知有关岗位协调处理，必要时，按程序紧急停车。

(4) 排查是否了解正常工况控制范围及偏离正常工况的后果；并了解如何纠正或防止偏离正常工况的步骤。

(5) 排查是否让员工了解安全、健康和环境的有关事项。如危险化学品的特性与危害、防止暴露的必要措施、发生身体接触或暴露后的处理措施、安全系统及其功能（联锁、监测和抑制系统）等。

4. 排查操作规程的审查、发布

(1) 排查是否根据需要经常对操作规程进行审核，确保及时反映当前的操作状况。及时记录化学品、工艺技术设备和设施的变更信息，并应每年确认操作规程的适应性和有效性。

(2) 排查是否确保操作人员可以获得书面操作规程。且员工能掌握如何正确使用操作规程，并使他们意识到操作规程的强制性。

(3) 排查是否明确操作规程的编号、审查、批准、分发、修改以及废止的程序和职责，确保使用最新版本的操作规程。

5. 排查工艺的安全培训

(1) 排查是否建立并实施工艺安全培训管理程序。根据岗位特点和应具备的技能，明确制定各个岗位的具体培训要求，编制落实相应的培训计划，并定期对培训计划进行审查和演练。

(2) 排查培训管理程序是否包含反馈评估方法和再培训的规定。对培训内容、培训方式、培训人员、教师的表现以及培训效果进行评估，并作为改进和优化培训方案的依据；培训至少每 3 年举办一次，根据需要可适当增加频次。当工艺技术、工艺设备发生变更时，需要按照变更管理的程序的要求，就变更的内容和要求告知培训操作人员和其他相关人员。

（3）排查是否保存好员工的培训记录，包括员工的姓名、培训时间和培训效果等。

二、工艺技术及工艺装置的安全控制隐患排查

1. 排查工艺、设备要求

（1）排查生产经营单位是否使用国家明令淘汰、禁止使用的危及生产安全的工艺、设备。

（2）危险化工工艺要求是否按照《首批重点监管的危险化工工艺目录》和《首批重点监管的危险化工工艺安全控制要求、重点监控参数及推荐的控制方案》的要求进行设置。

（3）大型高危化工装置是否按照《首批重点监管的危险化工工艺目录》和《首批重点监管的危险化工工艺安全控制要求、重点监控参数及推荐的控制方案》推荐的控制方案装备紧急停车系统。

（4）装置可能引起火灾、爆炸等严重事故的部位是否设置超温、超压等检测仪表、声和/或光报警，泄压设施和安全联锁装置等设施。

2. 排查须有安全泄压措施的设备和管道

（1）排查在非正常条件下，超压的设备或管道是否设置可靠的安全泄压设施。

（2）排查顶部最高操作压力大于等于 0.1MPa 的压力容器是否有安全泄压措施。

（3）顶部最高操作压力大于 0.03MPa 的蒸馏塔、蒸发塔和汽提塔（汽提塔顶蒸汽通入另一蒸馏塔者除外）是否有安全泄压措施。

（4）往复压缩机各段出口或电动往复泵、齿轮泵、螺杆泵等容积式泵的出口是否设置安全阀（设备本身已有安全阀的除外）。

（5）排查凡与鼓风机、离心机、离心泵或蒸汽往复泵出口连接的设备不能承受其最高压力时，鼓风机、离心式压缩机、离心泵或蒸汽往复泵的出口：

① 可燃气体或液体受热膨胀，可能超过设计压力的设备顶部最高操作压力为 0.03～0.1MPa 的设备是否根据工艺要求设置；

② 两端阀门关闭且因外界影响可能造成介质压力升高的液化烃、甲$_B$、乙$_A$类液体管道。

（6）因物料爆聚、分解造成超温、超压，可能引起火灾、爆炸反应的设备是否设置报警信号和泄压排放设施，以及自动或手动遥控的紧急切断进料设施。

3. 排查安全阀、防爆板、防爆门的设置应满足安全生产要求

（1）排查容易突然超压或发生瞬间分解爆炸危险物料反应的设备，当安全阀不能满足要求时，是否装爆破片和导爆管，同时导爆管口必须朝向无火源的安全

方向；必要时应采取防止二次爆炸、火灾的措施。

(2) 排查有可能被物料堵塞或腐蚀的安全阀，在安全阀前是否设置爆破片或其他出入口管道上采取吹扫、加热或保温等措施。

(3) 排查较高浓度环氧乙烷设备的安全阀前是否设爆破片。爆破片入口管道应设置氮封，且安全阀的出口管道应充氮。

4. 排查危险物料的泄压排放或放空的安全性

(1) 排查可燃气体、可燃液体设备的安全阀出口是否连接到适宜的设施或系统。

(2) 排查对液化烃或可燃液体设备紧急排放时，液化烃或可燃液体是否排放至安全地点，剩余的液化烃应排入火炬。

(3) 排查对可燃气体设备，是否能将设备内的可燃气体排入火炬或安全放空系统。

(4) 排查氨的安全阀排放是否经处理后放空。

(5) 排查无法排入火炬或装置处理排放系统的可燃气体，当通过排气筒、放空管直接向大气排放时，排气筒、放空管的高度是否满足 GB 50160、GB 50183 等规范的要求，排查如下方面：

① 连续排放的可燃气体排气筒顶或放空管口，应高出 20m 范围内的平台或建筑物顶 2m 以上。对位于 20m 以外的平台或建筑物顶，并应高出所在地面 5m。

② 间歇排放的可燃气体排放筒顶或放空管口，应高出 10m 范围内的平台或建筑物顶 2m 以上。对位于 10m 以外的平台或建筑屋顶，并应高出所在地面 5m。

5. 排查火炬系统的安全性

(1) 排查火炬系统的能力是否满足装置事故状态下的安全泄放。

(2) 排查火炬系统是否设置足够的长明灯，并有可靠的点火系统及燃料气源。

(3) 排查火炬系统是否设置可靠的防回火设施。

(4) 排查火炬气的分液、排凝是否符合要求。

三、工艺过程管理隐患排查

1. 工艺生产设备装置的隐患排查

(1) 排查是否需要增加设置紧急切断阀的情况；排查电加热装置，是否有超温的检测、报警、自动切断装置。

(2) 排查重要设备运行参数、工艺生产参数的检测设置是否到位，并能事先在控制室 DGS 声音报警。

（3）排查聚酯粉料产品输送，是否有氧含量检测报警装置，能否实现用氮气输送。聚酯粒料产品输送，是否有可燃气含量检测控制，是否有停风后实施补氮保护的设置，要能有效脱气，脱气过程有可燃气检测应急设施。

（4）排查公用工程系统止回阀，没有或欠缺设置止回阀的情况；在止回阀与切断阀之间，是否设置检查阀。排查是否有应增加设置止回阀的情况；是否有止回阀安装位置不科学，造成串料、串压、介质倒流的情况。

（5）排查重要仪表，是否设置有压力检测、压力低限报警和压力低低限报警装置。排查生产流程上是否有需要增加远程监控点、自动控制点之处。

（6）排查常压储罐，不能有依靠止回阀实现常压的储罐。排查液化烃管线，如果可能因关闭阀门等情况而形成封闭性管线，是否设置安全阀。排查储罐液位检测，是否设置有双仪表检测储罐液位。排查可能产生回火的部位，是否设置有阻火器。

（7）排查有紧急停车按钮，是否设置有保护罩。排查在装置界区处，管线是否设置有切断阀门，要设置有“8”字盲板。

（8）排查换热器的管程、壳程，是否欠缺设置放空阀、排净阀、安全阀。排查有可能引起超压的管线，是否设置有安全阀。

（9）排查重要的、易冒罐的储罐，是否设置有控制室高液位报警、高高液位联锁装置。排查介质遇冷容易凝固堵塞的管线，是否设置有伴热设施，要设置有堵塞后的吹通设施。排查管线是否有欠缺设置压力表的情况。

（10）排查可燃气体直排大气的情况，如压缩机油箱排空，是否设置蒸汽灭火装置。灭火蒸汽的控制阀与排出口要有安全间距，便于安全操作。

（11）排查紧急泄压装置，是否有应安装爆破片却安装了安全阀，而造成泄压不及时的情况；是否有应安装安全阀却安装了爆破片，而造成泄压不能复位的情况。

（12）排查是否有应在控制室能开启、关闭的阀门，却不能实现并需要人员到现场操作的情况。

（13）排查联锁装置，是否有需要增加设置联锁点的情况；联锁设定值是否科学安全；是否有需要改变联锁整定值的情况。

（14）排查联锁取值点，联锁点数是否能满足工艺、设备要求。如是否需要改为“三取二”方式，联锁校验间隔期是否过长。

2. 排查工艺生产设备运行的隐患

工艺生产设备运行状况应参照本章“第三节 设备系统隐患排查”的内容开展隐患排查，还应注意如下几个方面：

（1）排查电加热装置运行。当具备条件时，是否做电加热装置自动控制温度装置的可靠性试验。

（2）排查加物料、加抑制剂、阻聚剂、抗静电剂等关键性计量装置运行情况。计量的有效性和准确性在管理规程和设施设置方面是否有利于核查发现。

（3）排查管道膨胀节的运行情况：

① 检查管道是否适于采用膨胀节；

② 检查管道在出现高压、两相流、振动、温度大幅变化的情况下是否拉裂膨胀节；

③ 是否按期、按需调整校核膨胀节。

（4）排查现场手动、远程控制的紧急切断阀，停车时要做紧急切断试验。

（5）排查机泵出口止回阀，是否出现有内漏的情况。

（6）定期检查工艺流程管线及公用工程管线上的止回阀，防止内漏的情况发生。

（7）排查装置注胶带压堵漏部位的运行，是否落实人员经常检查。

（8）排查临时管线的运行情况：

① 临时接用的橡胶管线，不能作为正式运行的管线长时间投用；

② 管线的焊接质量、壁厚，以及管件的等级，要满足耐压要求；

③ 对于可能发生倒串料的管线需要设置止回阀；可能出现阀门内漏跑料的情况，需设置双阀，或者管口加盲盖。

（9）排查电机的运行是否出现如下情况，温度高、振动大、电流值大、轴承磨损、异味、杂音的情况。

（10）排查紧急停车按钮是否好用，有没有松动误动。

（11）排查自动脱水器，是否有失效、自动脱水，或者脱水不自动复位的情况。

（12）排查不能出现有因硫化亚铁积聚，出现自燃的管线、设备的情况。

（13）排查电源三相不平衡情况，是否出现不平衡超出规程许可范围的情况。

（14）排查工业电视的完好性、有效性。

3. 工艺生产流程参数的隐患排查

（1）排查运行参数的检测、显示、报警、联锁、控制，是否能满足工艺要求。

（2）排查新安装、检修或者停运后新投入运行的自动仪表，内操人员、外操人员必须人工相核对其运行状态和参数，对此项工作要求有具体规定，并执行落实。

（3）排查控制室内DCS显示参数出现异常，或者出现报警，外操人员是否到现场确认。

（4）排查重要参数运行，要引入控制室DCS显示、报警、控制；因改造、变更而新出现的重要运行参数，也要引入控制室DCS显示、报警、控制。

（5）排查仪表是否全部投用；仪表检测值是否正确；仪表不能出现有误报警，或者不报警、或者不联锁的情况。

（6）排查储罐进料物操作，是否按规程检测、监控液位；是否能有效防止因出现假液位而导致误操作；储罐所允许液位高度值，在规程上要明确。

（7）排查流程上的压力、温度、液位、流量值，需要明确工艺指标值。

排查容器、储罐液位检测，是否做到定期定时现场2个液位检测仪表之间相核对，是否做到现场检测值与控制室值核对。

（8）排查装置超温、超压、超液位，或者出现温度、压力、液位、流量不足的情况。

（9）排查是否存在原料带水过多的情况。

4. 工艺生产操作的隐患排查

（1）排查容器、储罐、管线脱水作业，是否明确人员定时脱水，并落实到位。

（2）排查液体装卸槽车、储罐进出料的防静电静置时间，要有规程明确静置时间，落实执行；液体装卸罐车装、拆静电连线顺序，是否有明确规程。

（3）排查加料的操作过程温度、压力、流量检测设置是否齐全、正确。

（4）排查特殊的、重要的及危险的操作，是否能实现由手动改自动，或者由自动改手动；检查一般的操作，在特殊情况下，也应能实现由手动改自动，或者由自动改手动。

（5）排查总管来蒸汽的压力、流量、含水量是否能满足伴热的要求。

（6）排查是否存在不允许对空直排、不允许就地排净的介质，却对空直排、就地排净的情况发生。

（7）排查开关阀门操作，特别是高温、高压、有毒介质阀门，人员是否用开阀扳手侧面开阀，不可用手正面开阀，防止出现外漏喷射。

（8）排查出现操作改动流程、切出检修流程、新建流程的情况，在流程开通前和开通后，人员要沿流程检查；交接班要交接改动过的流程和重要操作、非常规操作；接班人员对上一班人员所改动的流程，要沿流程检查。这些要求是否列入管理规定或操作规程。

（9）排查高温介质是否可能进入低温系统，及对此是否有应急措施和操作规程。

（10）排查事故终止剂能否满足紧急操作投用要求，有没有欠量欠压。

（11）排查在事故状态下，人员是否能安全进入现场操作点实施人工操作，例如在事故状态下，需要紧急开关的阀门，要安装在相对安全位置，利于人员安全进入现场操作阀门。在事故状态下，自动控制装置受到损坏，要有实现人工安全操作的措施和设置。

5. 工艺生产管理的隐患排查

(1) 排查氮气、氢气、水蒸气、工业水，在进入公用系统前，是否有检测分析，进入公用系统后也有检查和检测。

(2) 排查氮封保护用氮气，对于易聚合物料，用氮气保护是否合适。但其中含氧，会导致聚合，其中氧含量是否实行控制和分析。

(3) 排查采样点选取和采样设施，是否能采到有代表性试样，不会导致分析数据失真；检查采样分析的采样点设置、采样时间间隔、采样分析项目，是否能满足生产、质量、安全要求。

(4) 排查巡检点设置是否科学；是否有需要长期增加，或者短期临时增加的巡检点。

(5) 排查换热器出现内漏，在巡检管理、监测管理、日常检查、设施设置方面，是否有利于及时发现。

(6) 排查发生故障的设备，是否现场挂牌标识故障内容、检查监控内容和注意的问题。

(7) 排查不能关严、有内漏阀门，是否现场挂牌标识；重要的，容易错误开关为另一阀门的阀门，是否现场挂牌标识；禁动阀门要现场挂禁动牌。

(8) 排查重要操作、重要流程改动、重要运行状态，在交接班时，除口头交接外，是否有交接班记录。

(9) 排查停机泵，是否进行定时盘车和有盘车记录。

(10) 排查设备、管线，在现场有流程标识、设备位号标识、管线名称编号标识和指示介质的标准色标，清晰正确。

(11) 排查操作规程、操作法、管理规定和应急措施。

① 安全阀起跳，容易出现不能自动复位，或者曾经出现不能自动复位，是否有安全性高的应急措施。要有止回阀出现介质倒流的应急处置方法。

② 装置界区阀门操作，开与关阀门，或者改变盲板状态，是否先联系生产调度相关联装置，要具有管理规定。氮封系统是否有操作规程。

③ 机泵的运行切换，是否有操作法。要排查操作法是否含有隐患，及时修正。针对泵抽空的情况，是否有利于及时发现泵抽空的管理措施和设施设置。脱水、脱液操作是否有操作规程。

④ 加入催化剂、助剂、添加剂、阻聚剂、抗静电剂、抑制剂、事故终止剂操作，是否有操作法。

⑤ 处理调节阀、减压阀、电磁阀故障，要先改为副线运行，以防止误动作，造成流量全开、全关，要有管理规定。

⑥ 常压容器、常压系统吹扫、置换或蒸煮，是否有保护、检查措施，防止超压，在操作规程和工艺作业方案上要明确。涉及气相介质操作，操作是否有能防止出现气相介质带液的设施设置和操作法。

⑦ 出现自动脱水器失效，在巡检制度、操作规程和设施设置方面，是否利于及时发现和采取补救措施。

⑧ 是否有因硫化亚铁积聚，可能出现自燃的管线、设备，针对这种情况，除有应急预防设施设置外，还要有操作规程明确处理方法。含有硫化氢的场所、设备，是否现场挂牌和明确现场安全措施，要有应急预防设施和操作规程。

⑨ 针对容易产生设备、系统憋压的操作，是否有操作规程。

⑩ 容易发生堵塞的管线、倒淋阀、采样阀、低点放净阀和针对带压疏通的危险性，是否有操作规程、现场设施和个人防护器具。

（12）排查工艺生产纪律执行隐患

① 排查岗位操作法、安全操作规程、工艺技术规程的执行情况，查应急预案的有效性、可实施性、安全性的演练情况。

② 排查巡检路线、巡检点设置、巡检内容、巡检时间的科学性和执行情况。

③ 排查交接班所交接事项，交接班制度的执行情况。

④ 脱水、脱液人员不能离开现场制度的执行情况。

⑤ 排查现场显示仪表与远程显示仪表核对制度的执行情况。

⑥ 排查现场出现报警，人员现场检查确认制度的执行情况。

⑦ 排查在切换操作，流程变更情况下，流程事前、事后检查确认制度的执行情况。

⑧ 排查重要操作，双人、重复确认制度的执行情况。

⑨ 排查危险化学品装卸作业人员不能离开现场制度的执行情况。

⑩ 排查原材料、中间产品、三剂产品，先检验确认，合格后再投用制度的执行情况。

⑪ 排查工作票制度的执行情况，生产工艺作业监护、生产工艺作业条件确认制度的执行情况。

⑫ 排查固体运输、装卸、保管操作规程的执行情况。

⑬ 排查固体产品包装操作规程的执行情况。

四、现场工艺安全隐患排查

（1）企业是否严格执行工艺卡片管理。查操作室是否有工艺卡片，并定期修订。同时，现场装置的工艺指标应按工艺卡片严格控制。工艺卡片变更必须按照规定履行变更审批手续。

（2）是否建立联锁管理制度，并严格执行。现场联锁装置必须投用，完好。摘除联锁是否有审批手续和安全措施。恢复联锁也需按规定程序进行。

（3）是否建立操作记录和交接班管理制度：

① 排查岗位员工严格遵守操作规程；岗位员工严格遵守操作规程，按照工

艺卡片参数平稳操作，巡回检查是否有检查标志；

② 排查是否定时进行巡回检查，要有操作记录；操作记录真实、及时、齐全，字迹工整、清晰、无涂改；

③ 严格执行交接班制度，日志内容完整、并确保真实。

(4) 排查剧毒品的监护。排查是否有剧毒品部位的监护制度，及巡检、取样、操作、检维修的执行和记录。

第五章 危险化学品企业专项隐患排查治理

第一节 检修作业隐患排查

危险化学品生产的特点决定了其设备检修作业具有操作复杂、技术性强、风险大的特点，只有在检修作业前对危险化学品生产装置进行一系列的安全技术处理，消除可能存在的各种危险和隐患，才能确保检修作业的顺利进行，保证检修的质量，为安全生产创造良好条件。

实现危险化学品企业安全检修不仅能够确保检修作业的安全，防止重大事故的发生，保护职工的安全和健康，而且还可以促进检修作业按时、按质、按量完成，确保设备检修作业质量和效益，使设备投入运行后操作稳定、运转率高，杜绝事故和污染环境，为安全生产创造良好条件。为此，在检修前务必做好检修前停车的安全技术处理及隐患排查治理，务必做好检修前停车后的安全技术处理及安全隐患排查治理。

一、检修前准备工作的隐患排查

主要工作包括：设置检修指挥部；制定检修方案；检修前进行安全教育；检修前的安全检查。

1. 检修前停车的安全技术处理

停车方案一经确定，应严格按照停车方案确定的停车时间、步骤、工艺变化幅度，以及确认的停车操作顺序表，有组织、有秩序地进行。装置停车阶段进行得顺利与否，一方面影响安全生产，另一方面将影响装置检修作业能否如期安全进行以及安全检修的质量。

2. 严格按照预定的停车方案停车

按照检修计划、并与上下工序及有关工段（如锅炉房、配电间等）保持密切联系，严格按照停车方案规定的程序停止设备的运转。

3. 泄压要缓慢适中

泄压操作应缓慢进行，在压力泄尽之前，不得拆动设备。

4. 装置内物料务必排空、处理

在排放残留物料前，必须查看排放口情况，不能使易燃、易爆、有毒、有腐蚀性的物料任意排入下水道或排到地面上，而应向指定的安全地点或储罐中排放设备或管道中的残留物料，以免发生事故或造成污染。同时，设备、管道内的物料应尽可能倒空、抽净，排出的可燃、有毒气体如无法收集利用应排至火炬烧掉或进行其他处理。

5. 控制适宜的降温、降量速度

降温、降量速度应按工艺的要求进行，以防高温设备发生变形、损坏等事故。如高温设备的降温，不能立即用冷水等直接降温，而应在切断热源之后，以适量通风或自然降温为宜。降温、降量的速度不宜过快，尤其在高温条件下，温度、物料量急剧变化会造成设备和管道变形、破裂，引起易燃易爆、有毒介质泄漏或导致发生火灾爆炸或中毒事故。

6. 开启阀门的速度不宜过快

开启阀门时，打开阀门头两扣后要停片刻，使物料少量通过，观察物料畅通情况，然后再逐渐开大阀门，直至达到要求为止。开启蒸汽阀门时要注意管线的预热、排凝和防水击等。

7. 高温真空设备停车步骤

高温真空设备的停车，必须先消除真空状态，待设备内介质的温度降到自燃点以下时，才可与大气相通，以防空气进入引发燃烧、燃爆事故。

8. 停炉作业严格依照工艺规程规定

停炉操作应严格依照工艺规程规定的降温曲线进行，注意各部位火嘴熄火对炉膛降温均匀性的影响。火嘴未全部熄灭或炉膛温度较高时，不得进行排空和低点排凝，以免可燃气体进入炉膛引发事故。

同时，装置停车时，操作人员要在较短的时间内开关很多阀门和仪表，为了避免出现差错，必须密切注意各部位温度、压力、流量、液位等参数的变化。

二、装置停车及停车后安全处理的隐患排查

停车后的安全处理主要步骤有：隔绝、置换、吹扫与清洗、拆卸人孔、正确劳保着装，以及检修前生产部门与检修部门应严格办理检修交接手续等。

1. 隔绝（完全切断该设备内的介质来源）

进入化工设备内部作业，必须对该设备停产，在对单体设备停产时要保障所有介质不能发生内漏。由于设备长时间使用，许多与该设备连接的管道阀门开关不到位，会出现内漏现象，尤其是气体阀门。检修人员进入设备作业后，如对管道检查不仔细，一旦发生漏气、漏液现象，特别是煤气、氨气、酸气、高压气、

粗苯等易燃、易爆、高温、高压物质发生内漏，将造成着火、爆炸、烧伤、中毒等严重事故，后果不堪设想。

由于隔绝不可靠致使有毒、易燃易爆、有腐蚀、令人窒息和高温介质进入检修设备而造成重大事故时有发生。因此，检修设备必须进行可靠隔绝，最安全可靠的隔绝方法是拆除管线或抽堵盲板。工艺人员一定要认真确认与设备连接的所有管道，对一些易燃、易爆、易中毒、高温、高压介质的管道要在阀后（近塔端）加盲板。抽堵盲板属于危险作业，应办理“抽堵盲板作业许可证”，并落实各项安全措施。

① 应绘制抽插盲板作业图，按图进行抽插作业。

② 盲板必须符合安全要求并进行编号。

③ 抽插盲板现场安全措施及隐患排查：确认系统物料排尽，压力、温度降至规定要求；凡在禁火区抽插易燃易爆介质设备或管道盲板时，应使用防爆工具，应有专人检查和监护；在室内抽插盲板时，必须打开窗户或用通风设备强制通风；抽插有毒介质管道盲板时，作业人员应按规定佩戴合适的个体防护用品，防止中毒；在高处抽插盲板时，应同时满足高处作业安全要求，并佩戴安全帽、安全带；危险性特别大的作业，应有抢救后备措施及气防站、医务人员、救护车在场。操作人员在抽堵盲板连续作业中，时间不宜过长，应轮换休息。

2. 置换、吹扫与清洗

（1）置换。为保证检修动火和进入设备内作业安全，在检修范围内的所有设备和管线中的易燃易爆、有毒有害气体应进行置换。一般用于置换的气体有氮气、蒸汽，要优先考虑用氮气置换，因为蒸汽温度较高，置换完毕后，还要凉塔，使设备内温度降至常温。对易燃、有毒气体的置换，大多采用蒸汽、氮气等惰性气体作为置换介质，也可采用注水排气法，将易燃、有毒气体排出。对于一些高温液体的设备，首先应考虑放空，再采用打冷料或加冷水的方式将设备降至常温。对有压力的设备要采用泄压的方法，使设备内气体压力降至常压。设备经置换后，若需要进入其内部工作还必须再用新鲜空气置换惰性气体，以防发生缺氧窒息。

（2）吹扫。对设备和管道内没有排净的易燃、有毒液体，一般采用以蒸汽或惰性气体进行吹扫的方法清除。

（3）清洗和铲除。对置换和吹扫都无法清除的黏结在设备内壁的易燃、有毒物质的沉积物及结垢等，还必须采用清洗和铲除的办法进行处理。

清洗一般有蒸煮和化学清洗两种：

① 蒸煮。

② 化学清洗。常用碱洗法、酸洗法、碱洗与酸洗交替使用等方法。

3. 正确拆卸人孔

在对检修设备进行介质隔断、置换、降温、降压等工序后，要进行严格的确认、检测，在确保安全的情况再拆卸人孔，对于有液体的设备，拆人孔时，要拆对角螺栓，拆到最后四条对角螺栓时，要缓慢拆卸，并尽量避开人孔侧面，防止液体喷出伤人。对于易燃、易爆物质的设备，绝对禁止用气焊割螺栓。对于锈蚀严重的螺栓要用手锯切割。对于粗苯油罐等装置上设新人孔或开新手孔的情况下，绝对禁止用气焊或砂轮片切割，要采用一定配比浓度的硫酸，周围用蜡封的手段开设新的人孔、手孔。

4. 正确劳保着装

劳动保护并不是简单地穿上工作服即可；在进入设备内部作业时，劳保用品必须起防护作用，有一定的防护要求。

在易燃、易爆的设备内，应穿防静电工作服，要穿着整齐，扣子要扣紧，防止起静电火花或有腐蚀性物质接触皮肤，工作服的兜内不能携带尖角或金属工具，一些小的工具，如角度尺等应装入专用的工具袋。

安全帽必须保证帽带扣索紧，帽子与头佩戴合适，由于在设备内部作业施工空间不足，很可能出现碰头现象，还要保证帽芯与帽壳间留有一定缝隙，防止坠物打击帽子后帽芯不能将帽壳与头隔开，帽壳直接压在头上造成伤害。因此，帽芯内部要留有够的缓冲距离。

正确穿戴劳保手套，在一些酸、碱等腐蚀性较强的设备内作业要穿戴防酸、碱等防腐手套，手套坏了要及时更换，尤其是夏季作业手出汗多，会降低手套的绝缘性能和出现打滑现象，所以应最好多备几副手套。

劳保鞋要采用抗静电和防砸专用鞋。所穿的大头皮鞋，鞋底应采用缝制，不要用钉制，同时要考虑防滑性能，鞋带要系紧，保证行走方便。在有条件的塔内工作时，尽量在作业范围的塔底铺设一些石棉板或胶皮，这样既防滑又隔断了人与设备的直接接触。

5. 其他

（1）清理检修现场和通道。

（2）切断待检设备的电源，挂上“禁止启动”警告牌并加锁。

（3）及时与公用工程系统（水、电、气、汽）联系并妥善处置。

（4）安全交接。检修前生产部门与检修部门严格办理安全检修交接手续，双方检查和确认后在“安全交接书”上签字认可。

三、检修阶段的安全要求执行情况的隐患排查

检修阶段常常涉及电工作业、拆除作业、动火作业、动土作业、高处作业、焊接作业、吊装作业、进入设备内作业等，应严格执行各有关规定，以保证检修工作顺利进行。对于这些作业是否能满足下列安全要求，是隐患排查的重点。

1. 排查动火作业是否满足要求

（1）固定动火区与禁火区。应根据工作需要，经使用单位提出申请，厂安全、防火部门登记审批，划定“固定动火区”，固定动火区以外一律为禁火区。

（2）动火作业及分类。在禁火区进行焊接与切割作业及在易燃易爆场所使用喷灯、电钻、砂轮等可能产生火焰、火花或赤热表面的临时性作业均属动火作业。

动火作业分特殊动火、一级动火和二级动火3类。

（3）动火安全作业证制度

① 在禁火区进行动火作业应办理“动火安全作业证”，严格履行申请、审核和批准手续。“动火安全作业证”应清楚标明动火等级、动火有效日期、动火详细位置、工作内容、安全防火、动火监护人措施以及动火分析结果，审批签发动火证负责人必须确认无误方可签字。

② 动火作业人员要详细核对各项内容，如发现不符合安全规定，有权拒绝动火，并向单位防火部门报告。

③ 动火前，动火作业人员应将动火证交现场负责人检查，确认安全措施已落实无误后，方可按规定时间、地点、内容进行动火作业。

④ 动火地点或内容变更时，应重新办理审证手续；否则不得动火。

⑤ 高处进行动火作业和设备内动火作业时，同时还必须办理“高处安全作业证”和“设备内安全作业证”。

（4）动火分析及标准的隐患排查

① 取样要有代表性。

② 取样时间与动火作业的时间不得超过30min。

③ 动火分析标准：若使用测爆仪时被测气体或蒸气的浓度应小于或等于爆炸下限（体积分数）的20%，若使用其他化学分析法，当被测气体或蒸气的爆炸下限大于或等于10%时，其浓度应小于1%；当爆炸下限小于10%而大于或等于4%时，其浓度应小于0.5%；当爆炸下限小于4%时，其浓度应小于0.2%。

④ 进入设备内动火，同时还须分析测定空气中有毒有害气体和氧含量，有毒有害气体含量不得超过最高容许浓度，氧含量应为18%～22%。

2. 设备内作业的隐患排查

（1）设备内作业及其危险性的排查。凡进入石油及化工生产区域的罐、塔、釜、槽、球、炉膛、锅筒、管道、容器等以及地下室、阴井、地坑、下水道或其他封闭场所内进行的作业称为设备内作业。

（2）设备内作业安全要点

① 设备内作业必须办理“设备内安全作业证”，并要严格履行审批手续。

② 进设备内作业前，必须将该设备与其他设备进行安全隔离（加盲板或拆除一段管线），并清洗、置换干净。

③ 在进入设备前30min必须取样分析，严格控制可燃气体、有毒气体浓度及氧含量在安全指标范围内，分析合格后才允许进入设备内作业。如在设备内作业时间长，至少每隔2h各分析一次。

④ 采取适当的通风措施，确保设备内空气良好流通。

⑤ 应有足够的照明，设备内照明电压应不大于36V，在潮湿、狭小金属容器内作业应小于等于12V，灯具及电动工具应符合防潮、防爆等安全要求。

⑥ 进入有腐蚀、窒息、易燃易爆、有毒物料的设备内作业时，必须按规定佩戴合适的个体防护用品、器具。

⑦ 在设备内动火，必须按规定办理动火证和履行规定的手续。

⑧ 设备内作业必须有专人监护，并与设备内作业人员保持有效的联系。

⑨ 在检修作业条件发生变化，并有可能危及作业人员安全时，必须立即撤出人员；若需要继续作业，必须重新办理进入设备内作业审批手续。

⑩ 作业完工后，经检修人、监护人与使用部门负责人共同检查设备内部，确认设备内无人员和工具、杂物后，方可封闭设备孔。

3. 检修完工后处理的隐患排查

（1）检修完工后应认真进行检查，确认无误后对设备等进行试压、试漏、调校安全阀、调校仪表和联锁装置等，对检修的设备进行单体和联动试车，验收交接。

（2）危险化学品生产设备在检修前进行以上安全技术处理，既可为危险化学品设备检修作业的顺利进行提供良好的作业环境，又为确保检修作业的安全以及检修后设备的正常运转提供可靠保证。

第二节　储运系统和仓库隐患排查治理

一、储运系统的安全管理制度及执行情况隐患排查

1. 储运系统的管理制度和执行情况

（1）排查企业是否制定储罐、可燃液体、液化烃的装卸设施、危险化学品仓库储存管理制度。

（2）排查储运系统基础资料和技术档案是否齐全。

（3）当储运介质或运行条件发生变化，是否履行了审批手续，并及时修订操作规程。

（4）危险化学品是否存储在专用仓库、专用场地或者专用存储室内，并按照规定的存储方法、存储数量和安全距离，施行隔开、隔离、分离存储，禁止将危

险化学品与禁忌物混合存储。

（5）排查危险化学品仓库是否符合相关技术标准对安全、消防的要求，设置明显标志，并由专人管理。

（6）剧毒化学品及存储数量构成重大危险源的其他危险化学品是否在专用仓库单独存放，是否实施双人收发、双人保管制度，并且是否由管理人员向当地公安部门和安全生产监督管理部门备案。

2. 排查储罐的外部

（1）排查是否定期进行外部检查。

（2）排查罐顶和罐壁变形、腐蚀情况，是否有记录、有测厚数据。

（3）排查罐底边缘板及外角焊缝腐蚀情况，是否有记录、有测厚数据。

（4）排查阀门、人孔、清扫孔等处的紧固件，是否有记录。

（5）排查罐体外部防腐涂层保温层及防水檐。

（6）排查储罐基础及防火堤，是否有记录。

3. 储罐的全面检查和压力储罐的法定检测

在隐患排查中排查是否按要求定期进行了储罐全面检查；腐蚀严重的储罐是否已经确定了合理的全面检查周期。特殊情况无法按期检查的储罐是否有延期手续并有监控措施。

4. 排查储罐的日常和检维修管理

（1）排查是否有储罐年度检测、修理、防腐计划。

（2）排查是否按规定的时间、路线和内容进行巡回检查，记录是否齐全。

（3）排查是否对储罐呼吸阀、阻火器、量油孔、泡沫发生器、转动扶梯、自动脱水器、高低液位报警器、人孔、透光孔、排污阀、液压安全阀、通气管、浮顶罐密封装置、罐壁通气孔、液面计等附件定期检查或检测，是否有储罐附件检查维护记录。

（4）排查是否定期进行储罐防雷防静电接地电阻测试，并有测试记录。

二、储罐区安全设计的隐患排查

1. 排查易燃、可燃液体及可燃气体罐区

排查可按照《石油和天然气工程设计防火规范》（GB 50183）、《石油化工企业设计防火规范》（GB 50160）及《石油库设计规范》（GB 50074）等标准规范的要求，看是否符合这些标准规范。

（1）防火间距。

（2）罐组总容、罐组布置。

（3）防火堤及隔堤。

（4）放空或转移。

(5) 液位报警、快速切断。

(6) 安全附件（如呼吸阀、阻火器、安全阀等）。

(7) 水封井、排水闸阀。

其中快速切断可按如下方式进行排查：

① 地上立式油罐应设液位计和高液位报警器；

② 频繁操作的油罐宜设自动联锁切断进油装置；

③ 等于和大于 50000m^3 的油罐还应设联锁切断冲洗装置；

④ 有脱水操作要求的油罐宜设置自动脱水器。

2. 排查安全监控装备

排查下列安全监控装备是否满足《危险化学品重大危险源罐区现场安全监控装备设置规范》(AQ 3036) 的规定，并排查如下主要内容：

(1) 储罐运行参数的监控与重要运行参数的联锁。

(2) 储罐区可燃气体或有毒气体监测报警和泄漏控制设备的设置。

(3) 罐区气象监测、防雷和防静电装备的设置。

(4) 罐区火灾监控装置的设置。

(5) 音频视频监控装备的设置。

3. 排查防火堤

在危险化学品储藏管理中，对罐区的防火堤要排查是否符合《防火堤设计规范》(GB 50351—2005) 规范的相关要求。

(1) 防火堤的材质、耐火性能以及伸缩缝配置应满足规范要求。

(2) 防火堤容积应满足规范要求，并能承受所容纳油品的静压力且不渗漏。

(3) 防火堤内不得种植树木，不得有超过 0.15m 高的草坪。

(4) 液化烃罐区防火堤内严禁绿化。

(5) 排查防火堤容积，是否能够满足“清净下水”的收容要求，当无法满足要求时是否设置事故存液池。

4. 排查检测报警装置

(1) 排查储存甲、乙$_A$类易燃、可燃液体的储罐区、泵房、装卸作业等场所可燃气体报警器的设置应满足《石油化工企业可燃气体和有毒气体检测报警设计规范》(GB 50493) 的要求，并从以下几个方面进行排查。

① 烃类可燃气体可选用催化燃化型或红外气体检（探）测器，当使用场所的空气含有能使催化燃烧型检测元件中毒的硫、磷、硅、铅、卤素化合物等介质时，应选用抗毒性催化燃烧型检（探）测器；

② 在缺氧或高腐蚀性等场所，宜选用红外气体检（探）测器；

③ 氢气检测可选用催化燃烧型、电化学型、热传导型或半导体型检（探）测器；

④ 检测组分单一的可燃气体，宜选用热传导型检（探）测器；

⑤ 硫化氢、氯气、氨气、丙烯腈气体、一氧化碳气体可选用电化学型或半导体型检（探）测器；

⑥ 氯乙烯气体可选用半导体型或光致电离型检（探）测器；

⑦ 氟化氢气体宜选用电化学型检（探）测器；

⑧ 苯气体可选用半导体型或光致电离型检（探）测器；

⑨ 碳酰氯气体（光气）可选用电化学型或红外气体检（探）测器。

（2）排查检（探）测器的安装

① 检测相对密度大于空气的可燃气体检（探）测器，其安装高度应距地坪（或楼地板）0.3～0.6m；检测相对密度大于空气的有毒气体的检（探）测器，应靠近泄漏点，其安装高度应距地坪（或楼地板）0.3～0.6m；

② 检测相对密度小于空气的可燃气体或有毒气体的检（探）测器，其安装高度应高出释放源0.5～2m；

③ 检（探）测器应安装在无冲击、无振动、无强电磁场干扰、易于检修的场所，安装探头的地点与周边管线或设备之间应留有不小于0.5m的净空和出入通道。

（3）排查指示报警设备和现场报警器的安装

① 指示报警器设备应安装在有人值守的控制室、现场操作室等内部；

② 现场报警器应就近安装在检（探）测器所在的区域。

（4）排查液化烃、甲$_B$、乙$_A$类液体等产生可燃气体的液体储罐的防火堤内，是否设检（探）测器，并是否符合下列要求：

① 当检（探）测点位于释放源的全年最小频率风向的上风侧时，可燃气体检（探）测点与释放源的距离不宜大于15m，有毒气体检（探）测点与释放源的距离不宜大于2m；

② 当检（探）测点位于释放源的全年最小频率风向的下风侧时可燃气体检（探）测点与释放源的距离不宜大于5m，有毒气体检（探）测点与释放源的距离不宜大于1m。

5. 排查易燃、可燃液体及可燃气体罐区的消防系统

（1）消防设施配置。火灾报警装置、灭火器材、消防车等。

（2）消防水源、水质、补水情况。

（3）消防冷却系统配置情况。

（4）泡沫灭火系统。包括泡沫消防水系统和泡沫系统的配置情况。

（5）消防道路。

（6）其他消防设施。

（7）靠山修建的石油库、覆土隐蔽库应修筑防止山火侵袭的防火沟、防火墙或防火带等设施。

6. 排查储罐区的安全警示

储罐区、装卸作业区、泵房、消防泵房、锅炉房、配电室等重点部位安全标志和警示标志是否齐全。安全标志的使用应符合《安全标志使用导则》（GB 2894）的规定。

7. 排查密封要求

（1）排查外浮顶罐与罐壁之间的环向间隙应安装有效的密封装置。

（2）30000m^3及以上的大型浮顶储罐浮盘的密封圈处是否设置火灾自动检测报警设施，检测报警设施宜为无电检测系统。

8. 排查天然气和液化石油气储罐

（1）排查石油天然气工程的天然气凝液及液化石油气罐区内可燃气体检测报警装置设置是否满足《石油天然气工程可燃气体检测报警系统安全技术规范》（SY 6053）的要求，其他天然气凝液及液化石油气罐区的可燃气体检测报警装置应满足《石油化工企业可燃气体和有毒气体检测报警设计规范》（GB 50493）的要求。

（2）排查天然气凝液储罐及液化石油气储罐是否设置适应存储介质的液位计、温度计、压力表、安全阀，以及高液位报警装置或高液位自动联锁切断进料措施。对于全冷冻式液化烃储罐还应设真空泄放设施和高、低温度检测，并与自动控制系统相连。

（3）天然气凝液储罐及液化石油气储罐的安全阀出口管应接至火炬系统，确有困难而采取就地放空时，其排气管口应高出8m范围内储罐罐顶平台3m以上。

9. 排查全压力式液化烃储罐

（1）排查全压力式液化烃储罐是否采取防止液化烃泄漏的注水措施。

（2）排查全压力式液化烃储罐是否采用有放松措施的二次脱水系统。储罐根部宜设紧急切断阀。

（3）排查全压式天然气凝液储罐及液化石油气储罐进、出口阀门及管件的压力等级，是否低于2.5MPa（不应低于），其垫片应采用缠绕式垫片。阀门压盖的密封材料应采用难燃材料。

三、储运系统隐患排查

1. 排查可燃液体汽车装卸站

（1）排查装卸站台的进口、出口是否分开设置。当受到条件限制，不能分开设置时，是否设置回转车场。

(2) 当站内无缓冲罐时，排查是否在距离装卸车鹤管位10m以外的可燃液体输入管道上设置紧急切断阀。

(3) 排查是否就地排放可燃液体（这是绝对禁止的）。

(4) 排查装车平台是否设置栏杆、梯子。

(5) 排查站内是否设置消防和应急洗眼淋浴设施。

(6) 排查装卸车场是否采用现浇混凝土地面。

(7) 排查装卸车鹤位之间是否达到4m的间距。双侧装卸车栈台相邻鹤位之间或同一鹤位相邻鹤管之间的距离是否满足鹤管正常操作和检修的要求。

(8) 排查甲$_B$、乙、丙$_A$类液体与其他类液体的两个装卸车站台相邻鹤位之间的距离是否达到8m。

(9) 排查甲$_B$、乙$_A$类液体装卸车鹤位与集中布置的泵的距离是否达到8m。

(10) 排查甲$_B$、乙$_A$类液体的装卸车，是否采用液下装车鹤管。

(11) 排查装卸站台两端和沿线缓冲罐之间的距离是否达到5m，高架罐之间的距离是否达到0.6m。

2. 排查可燃液体火车装卸栈

(1) 排查装卸栈台两端和沿线是否每隔60m左右设梯子，是否在安全梯入口处设置消除人体静电的设施。

(2) 排查甲$_B$、乙、丙$_A$类液体严禁采用沟槽卸车系统；是否采用液下装车鹤管。

(3) 排查顶部敞口装车的甲$_B$、乙、丙$_A$类液体是否采用液下装车鹤管。

(4) 在距装车栈台边缘10m以外的可燃液体（润滑油除外）输入管道上是否设置便于操作的紧急切断阀。

(5) 排查B类液体装卸栈台是否单独设置。

(6) 排查零位罐至罐车装卸是否达到6m。

(7) 排查甲$_B$、乙$_A$类液体装卸鹤管与集中布置的泵的距离不应小于8m。

(8) 排查同一铁路装卸线一侧两个装卸栈台相邻鹤位之间的距离是否达到24m。

(9) 排查是否严禁就地排放液体燃料。要看有无制度和排查记录。

(10) 排查装卸站进车端，是否设置有装卸作业信号灯，未完成装卸作业，机车不能进入装卸区。

(11) 排查站内是否设置消防、应急洗眼淋浴设施。

(12) 排查装卸台末端的铁路线上，往前20m，是否在铁路线上设置车挡。

(13) 排查铁道路轨边缘，是否有电缆线、管线等妨碍车辆通行。

3. 排查液化烃火车和汽车装卸台

(1) 排查装卸平台设置栏杆和梯子。梯子是否在装卸栈台两端设置，并且沿栈台间隔为60m/个。

(2) 排查铁路装卸栈台是否单独设置。当不同时作业时，可与可燃液体铁路装卸共台设置。

(3) 排查低温液化烃装卸鹤管是否单独设置。

(4) 排查汽车装卸车鹤位之间的距离是否达到4m；双侧装卸车栈台相邻鹤位之间或同一鹤位相邻鹤管之间的距离应满足鹤管正常操作和检修的要求，液化烃汽车装卸栈台与可燃液体汽车装卸栈台相邻鹤位之间的距离是否达到8m。

(5) 排查甲$_B$、乙$_A$类液体装卸鹤管与集中布置的泵的距离是否达到10m。

(6) 排查同一铁路装卸线一侧两个装卸栈台相邻鹤位之间的距离是否达到24m。

(7) 排查汽车装卸车场是否采用现浇混凝土地面。

(8) 排查是否在距离装卸栈台边缘10m以外的装卸管道上设置紧急切断阀。

(9) 排查是否严禁就地排放液化烃。

(10) 排查站内是否设置消防和应急洗眼淋浴设施。

(11) 排查液化烃铁路装卸栈台与可燃液体铁路装卸栈台有条件要分开设置，如果设置在同一栈台，液化烃装置作业与可燃液体装卸作业不能同时进行。

(12) 排查在装卸站进车端，是否设置有装卸作业信号灯，未完成装卸作业时，机车不能进入装卸区。

4. 排查汽车、铁路装卸设施

(1) 排查可燃液体、液化烃装卸设施：

① 流速应符合防静电规范要求；

② 甲类、乙$_A$类液体为密闭装车；

③ 汽车、火车和船装卸应有静电接地安全装置；

④ 装车时应采用液下装车。

(2) 排查铁路装卸栈台是否满足如下条件：

① 装卸栈台的金属管架接地装置必须良好、牢固，装卸车线路及整个调车作业区采用轨道绝缘线路；

② 栈桥照明灯具、导线、信号联络装置等完好，无断落、破损和短路现象，同时配电要符合防爆要求；

③ 装油鹤管、管道、槽罐必须跨接或接地；

④ 消防设施齐全，消防器材的配置符合规定；

⑤ 安全护栏和防滑设施良好；

⑥ 轻油罐车进出栈桥加隔离车；

⑦ 劳保着装、工具等符合安全规定。

(3) 排查汽车装卸栈台是否满足如下条件：

① 汽车装卸栈台场地分设出、入口，并设置停车场；

② 液化气装车栈台与罐瓶站分开；

③ 装卸栈台与汽车槽罐静电接地良好；

④ 装运危险品的汽车必须“三证”（驾驶证、危险品准运证、危险品押运证）齐全；

⑤ 汽车安装阻火器；

⑥ 液化气槽车定位后必须熄火，充装完毕，确认管线与接头断开后，方能开车；

⑦ 消防设施齐全；

⑧ 劳保着装、工具等符合安全规定。

5. 排查液化石油气的灌装站

（1）排查液化石油气的灌瓶间和储瓶库是否为敞开式建筑物，半敞开式建筑物下部应采取防止油气积聚的措施。

（2）排查液化石油气的残液是否密闭回收，是否严禁就地排放。

（3）排查灌装站是否设不燃烧材料隔离墙。如采用实体围墙，是否在其下部设通风口。

（4）排查灌瓶间和储瓶库的室内是否采用不发生火花的地面，室内地面是否高于室外地坪，其高差是否达到0.6m。

（5）排查液化石油气缓冲罐与灌瓶间的距离是否达到10m。

（6）排查灌装站内是否有宽度不小于4m的环形消防车道，车道内缘转弯半径是否达到6m。

（7）排查液化石油气、液氨或液氯等的实瓶是否存在露天堆放。

6. 排查堆垛

（1）不允许货物直接落地存放。要根据库房地势高低，一般要垫高15cm以上。遇湿易燃物品、易吸潮危险化学品应储存在一级建筑物内。其包装应采取避光措施。

（2）一般剁高不允许超过3m。

（3）堆垛间距安全要求如下：

① 主通道≥180cm；

② 支通道≥80cm；

③ 墙距≥30cm；

④ 柱距≥10cm；

⑤ 剁距≥10cm；

⑥ 顶距≥50cm。

四、危险化学品仓库隐患排查

（1）排查危险化学品仓库的防火间距是否满足国家相关标准规范要求，如

《危险化学品企业经营开业条件和技术要求》(GB 8265)，并重点作如下排查：

① 大中型危险化学品仓库应与周围公共建筑物、交通干线（公路、铁路、水路)、工矿企业等距离至少保持1000m。

② 大中型危险化学品仓库内应设库区和生活区，两区之间应有2m以上的实体围墙，围墙与库区内建筑的距离不应小于5m，并应满足围墙建筑物之间的防火距离要求。

③ 库存危险化学品应保持相应的垛距、墙距、柱距。剁与剁间距不小于0.8m，剁与墙、柱间的间距不小于0.3m。主要通道的宽度不小于1.8m。

(2) 排查仓库的安全出口设置是否满足《建筑设计防火规范》(GB 50016)的有关规定，并作如下排查：

① 仓库的安全出口应分散布置。每个防火分区、一个防火分区的每个楼层，其相邻2个安全出口最近边缘之间的水平距离不应小于5m。

② 每座仓库的安全出口不应少于2个，当一座仓库的占地面积小于等于300m²时，可设置1个安全出口。仓库内每个防火分区通向疏散走道、楼梯或室外的出口不宜少于2个，当防火分区的建筑面积小于等于100m²时，可设置1个。通向疏散走道或楼梯的门应为乙级防火门。

③ 地下、半地下仓库或仓库的地下室的安全出口不应少于2个；当建筑面积≤100m²时，可设置1个安全出口。地下、半地下室仓库或仓库的地下室有多个防火分区相邻布置，并采用防火墙分隔时，每个防火分区可利用防火墙上通向相邻防火分区的甲级防火门作为第二安全出口，但每个防火分区必须至少有1个直通室外的安全出口。

(3) 排查有爆炸危险的甲、乙类库房泄压设施是否满足GB 50016的规定，并排查如下内容：

① 泄压设施宜采用轻质屋面板、轻质墙体和易于泄压的门、窗等，不应采用普通玻璃。泄压设施的设置应避开人员密集场所和主要交通道路，并宜靠近有爆炸危险的部位。作为泄压设施的轻质屋面板和轻质墙体的单位质量不宜超过60kg/m²。屋顶上的泄压设施应采取防冰雪积聚措施。

② 散发较空气轻的可燃气体、可燃蒸气的甲类厂房，宜采用轻质屋面板的全部或局部作为泄压面积。顶棚应尽量平整、避免死角，厂房上部空间应通风良好。

③ 散发较空气重的可燃气体、可燃蒸气的甲类厂房以及有粉尘、纤维爆炸危险的乙类厂房，应采用不发火花的地面。采用绝缘材料作整体面层时，应采取防静电措施。散发可燃粉尘、纤维的厂房内表面应平整、光滑，并易于清扫。厂房内不宜设置地沟，必须设置时，其盖板应严密，地沟应采取防止可燃气体、纤维在地沟积聚的有效措施，且与相邻厂房连同处应采用防火材料密封。

④ 有爆炸危险的甲、乙类生产部位，宜设置在单层厂房靠近泄压设施或多

层厂房顶部靠外墙的泄压设施附近。有爆炸危险的设备宜避开厂房的梁、柱等主要承重构件布置。

⑤ 有爆炸危险的甲、乙类厂房的总控制室应独立设置。

⑥ 有爆炸危险的甲、乙类厂房的分控制室宜独立设置，当贴邻外墙设置时，应采用耐火极限不低于 3.00h 的不燃烧体墙体与其他部分隔开。

⑦ 使用和生产甲、乙、丙类液体厂房的管、沟不应和相邻厂房的管、沟相通，该厂房的下水道应设置隔油设施。

⑧ 甲、乙、丙类液体仓库应设置防止液体流散的设施。遇湿会发生燃烧爆炸的物品的仓库应设置防止水浸渍的措施。

⑨ 有粉尘爆炸危险的筒仓，其顶部盖板应设置必要的泄压设施。

(4) 排查仓库内严禁设置员工宿舍。甲、乙类仓库内严禁设置办公室、休息室等，并不应贴邻建造。在丙、丁类仓库内设置的办公室、休息室，应采用耐火极限不低于 2.5h 的不燃烧隔墙和不低于 1.00h 的楼板与库房隔开，并应设置独立的安全出口。如隔墙需开设相互连通的门时，应采用乙级防火门。

(5) 排查危险化学品应按化学物理特性分类储存，当物料性质不允许相互接触时，应用实体墙隔开，并各设出入口。各种危险化学品储存应满足《常用危险化学品贮存通则》(GB 15603) 的规定。

(6) 排查压缩气体和液化气体是否与爆炸物品、氧化剂、易燃物品、自燃物品、腐蚀性物品隔离储存。易燃气体不得与助燃气体、剧毒气体同储；氧气不得与油脂混合储存。

(7) 排查易燃液体、遇湿易燃物品、易燃固体不得与氧化剂混合储存，具有还原性氧化剂应单独存放。

(8) 排查有毒物品是否储存在阴凉、通风、干燥的场所，不要露天存放，不要接近酸类物质。

(9) 排查低、中闪点液体以及易燃固体、自燃物品、压缩气体和液化气体类宜储藏于一级耐火建筑的库房内。遇湿易燃物品、氧化剂和有机过氧化物可储藏于一、二级耐火建筑的库房内。二级易燃固体、高闪点液体可储藏于耐火等级不低于三级的库房内。

(10) 排查易燃气体、不燃气体和有毒气体分别专库储藏。易燃液体均可同库储藏；但甲醇、乙醇、丙酮等应专库储存。遇湿易燃物品专库储藏。

(11) 排查剧毒物品是否专库储存或存放在彼此间隔的单间内，是否安装防盗报警器，库门是否装双锁。

(12) 排查氯气生产、使用、储存等厂房结构，是否充分利用自然通风条件换气，在环境、气候条件允许下，可采用半敞开式结构；不能采用自然通风的场所，是否采用机械通风，但不宜使用循环风。

(13) 排查生产、使用和储存氯气的作业场所：

① 是否设有醒目的警示标志和警示说明；

② 场所内按 GB 11984 的要求配备足够的防毒面具、正压式空气呼吸器和防化服等专用防护用品，同时配置自救、急救药品等；配置洗眼、冲淋等个体防护设备；

③ 装置高处显眼位置是否设置风向标；

④ 液氯钢瓶存放处，是否设中和吸收装置、真空吸收等事故处理的设施和工具。

(14) 排查甲、乙、丙类液体仓库是否设置防止液体流散的设施，遇湿会发生燃烧爆炸的物品仓库应设置防止水浸渍的措施。

(15) 排查化工企业合成纤维、合成树脂及塑料等产品的高架仓库是否满足下列规定：

① 仓库的耐火等级不应低于三级；

② 货架应采用不燃材料。

(16) 排查袋装硝酸铵仓库是否满足下列规定：

① 仓库的耐火等级不应低于二级；

② 仓库内严禁存放其他物品。

(17) 排查生产储存危险化学品企业转产、停产、停业或解散时，是否采取措施及时、有效、妥善地处置危险化学品装置、存储设施及库存的危险化学品，并不得丢弃。处置方案是否报县级政府有关部门备案。

五、储运系统运行状况的隐患排查

1. 排查储罐附件

储罐附件如呼吸阀、安全阀、阻火器等齐全完好。通风管、加热盘管不堵不漏；升降管灵活；排污阀畅通；扶梯牢固；静电消除、接地装置有效；储罐进出口阀门和人孔无渗漏；浮盘、扶梯运行正常，无卡阻；浮盘、浮仓无渗漏；浮盘无积油、排水管畅通。

2. 排查储罐的防腐和外形

储罐是否按规范要求设置防腐措施。罐体是否存在严重变形，是否存在渗漏，是否存在严重腐蚀。

3. 排查罐区环境

(1) 罐区无脏、乱、差、锈、漏，无杂草等易燃物。

(2) 消防道路畅通无阻，消防设施齐全完好。

(3) 水封井及排水闸完好可靠。

(4) 照明设施齐全，符合安全防爆规定。

(5) 喷淋冷却设施齐全完好，切水系统可靠好用。

（6）有氮封系统的，氮封系统正常投用、完好。

（7）防雷、防静电设施外观良好。

第三节　危险化学品企业开车前隐患排查

一、设备、管道系统压力试验的隐患排查

1. 管道系统压力试验条件

（1）安全阀已加盲板、爆破板已拆除并加盲板。

（2）膨胀节已加约束装置。

（3）弹簧支、吊架已锁定。

（4）当以水为介质进行试验时，已确认或核算了有关结构的承受能力。

（5）压力表已校验合格。

2. 应遵守的安全规定

（1）以空气和工艺介质进行压力试验，必须经生产、安全部门认可。

（2）试验前确认试验系统已与无关系统进行了有效隔绝。

（3）进行水压实验时，以洁净淡水作为试验介质，当系统中连接有奥氏不锈钢设备或管道时，水中氯离子含量不得超过0.0025%。

（4）试验温度必须高于材料的脆性转化温度。

（5）当在寒冷季节进行试验时，要有防冻措施。

（6）钢质管道液压试验压力为设计压力的1.5倍；当设计温度高于试验温度时，试验压力应按两种温度下许用应力的比例折算，但不得超过材料的屈服强度。当以气体进行试验时，试验压力为设计压力的1.15倍。

（7）当试验系统中设备的试验压力低于管道的试验压力且设备的试验压力不低于管道设计压力的115%时，管道系统可以按设备的试验压力进行试验。

（8）当试验系统连有仅能承受压差的设备时，在升、降压过程中必须确保压差不超过规定值。

（9）试验时，应缓慢升压。当以液体进行试验时，应在试验压力下稳压10min，然后降至设计压力查漏。当以气体进行试验时，应首先以低于0.17MPa（表压）的压力进行预试验，然后升压至设计压力的50%，其后逐步升至试验压力并稳压10min，然后降至设计压力查漏。

（10）试验结束后，应排尽水、气并做好复位工作。

3. 管道和管件的隐患排查

（1）管道安装完毕，内部的焊渣、其他异物是否清理干净。

(2) 视镜玻璃是否清洁或损坏。

(3) 防静电接地线是否完好。

(4) 高温管道是否保温完好。

(5) 管道物料及流向标识是否清晰。

(6) 调试时不同物料串接阀门是否盲死。

(7) 是否有阀门安装位置低，易碰头或操作困难等现象。

(8) 腐蚀性物料的管线、法兰等易泄漏处是否采取防护措施。

(9) 在可能爆炸的视镜玻璃处是否安装金属防护网。

(10) 生产工艺介质改变后仍使用现有管线阀门是否考虑材料的适应性。

二、设备、管道系统泄漏性试验的隐患排查

(1) 输送有毒介质、可燃介质以及按设计规定必须进行泄漏性试验的其他介质时，必须进行泄漏性试验。

(2) 泄漏性试验宜在管道清洗或吹扫合格后进行。

(3) 当以空气进行压力试验时，可以结合泄漏性试验一并进行，但在管道清洗或吹扫合格后，需进行最终泄漏性试验，其检查重点为管道复位处。

(4) 应遵守下列安全规定：

① 试验压力不高于设计压力。

② 试验介质一般为空气。

③ 真空系统泄漏性试验压力为0.01MPa（绝压）。

④ 以设计文件指定的方法进行检查。

三、水冲洗的隐患排查

(1) 压力试验合格，系统中的机械、仪表、阀门等已采取了保护措施，临时管道安装完毕，冲洗泵可正常运行，冲洗泵的入口安装了滤网后，才能进行水冲洗。

(2) 冲洗工作如在严寒季节进行，必须进行有防冻、防滑措施。

(3) 充水及排水时，管道系统应和大气相通。

(4) 在上道工序的管道和机械冲洗合格前，冲洗水不得进入下道工序的机械。

(5) 冲洗水应排入指定地点。

(6) 在冲洗后应确保全部排水、排气管道畅通。

四、蒸汽吹扫的隐患排查

1. 排查蒸汽吹扫条件

(1) 管道系统压力试验合格。

(2) 按设计要求，预留管道接口和短节的位置，安装临时管道；管道安全标

准应符合有关规范的要求。

（3）阀门、仪表、机械已采取有效的保护措施。

（4）确认管道系统上及其附近无可燃物，对邻近输送可燃物的管道已作了有效的隔离，确保当可燃物泄漏时不致引起火灾。

（5）供汽系统已能正常运行，汽量可以保证吹扫使用的需要。

（6）禁区周围已安设了围栏，并具有醒目的标志。

（7）试车人员已按规定防护着装，并已佩戴了防振耳罩。

2. 应遵守的安全规定

（1）未考虑膨胀的管道系统严禁用蒸汽吹扫。

（2）蒸汽吹扫前先进行暖管，打开全部导淋管，排净冷凝水，防止水锤。

（3）吹扫时逐根吹遍导淋管。

（4）对复位工作严格检查，确认管道系统已全部复原，管道和机械连接处必须按规定的标准自由对中。

（5）吹扫要有降噪声防护措施。

五、化学清洗的隐患排查

（1）管道系统内部无杂物和油渍。

（2）化学清洗药液经质检部门分析符合标准要求，确认可用于待洗系统。

（3）具有化学清洗流程图和盲板位置图。

（4）化学清洗所需设施、热源、药品、分析仪器、工具等已备齐。

（5）化学清洗人员已按防护规定着装，佩戴防护用品。

（6）化学清洗后的管道系统如暂时不能投用，应以惰性气进行保护。

（7）污水必须经过处理，达到环保要求才能排放。

六、空气吹扫的隐患排查

（1）直径大于600mm的管道宜以人工进行清扫。

（2）系统压力试验合格，对系统中的机械、仪表、阀门等已采取了有效的保护措施。

（3）盲板位置已确认，气源有保证；吹扫忌油管道时，空气中不得含油。

（4）吹扫后的复位工作应进行严格的检查。

（5）吹扫要有遮挡、警示、防止停留、防噪等措施。

七、循环水系统预膜的隐患排查

1. 循环水系统预膜条件

（1）系统经水冲洗合格。

（2）循环水系统联动试车合格。

(3) 药液经试验证实适用于现场水质，成膜效果良好，腐蚀性低于设计规定。

(4) 在系统中已按规定设置了观察预膜状况的试片。

(5) 已采取了处理废液的有效措施。

2. 应遵守的安全规定

(1) 预膜工作应避开寒冷季节，如不能必须有防冻措施。

(2) 系统的预膜工作应一次完成，不得在系统中留有未预膜的管道和设备。

(3) 预膜后应按时按量投药，使系统处于保膜状态。

八、系统置换的隐患排查

(1) 在试车系统通入可燃性气体前，必须以惰性气体置换空气，再以可燃性气体置换惰性气体。在停车检修前必须以惰性气体置换系统中的可燃性气体，再以空气置换惰性气体，注意有毒有害固、液体置换处理。

(2) 系统置换条件

① 已标明放空点、分析点和盲板位置的置换流程图。

② 取样分析人员已就位，分析仪器、药品已备齐。

③ 惰性气体可以满足置换工作的需要。

(3) 应遵守下列具体安全规定：

① 惰性气体中氧含量不得高于安全标准。

② 确认盲板的数量、质量、安装部位合格。

③ 置换时应注意系统中死角，需要时可采取反复升压、卸压的方法以稀释置换气体。

④ 当管道系统连有气柜时，应将气柜反复起落三次以置换尽环形水封中的气体。

⑤ 置换工作应按先主管、后支管的顺序依次连续进行。

⑥ 分析人员取样时应注意风向及放空管道的高度和方向，严防中毒。

⑦ 分析数据以连续三次合格为准，并经生产、技术、安全负责人员签字确认。

⑧ 置换完毕，惰性气体管线与系统采取有效措施隔离。

(4) 安全合格标准指标如下：

① 以惰性气置换可燃性气体时，置换后气体中可燃性气体成分不得高于0.5%。

② 以可燃性气体置换惰性气体时，置换后的气体中氧含量不得超过0.5%。

③ 以惰性气体置换空气时，置换后的气体中氧含量不得高于1%，如置换后直接输入可燃、易爆的介质，则要求置换后的气体中氧含量不得高于0.5%。

④ 以空气置换惰性气时，置换后的气体中氧含量不得低于20%。

九、一般电动机器试车的隐患排查

1. 一般电动机器试车条件

(1) 与机器试车有关的管道及设备已吹扫或清洗合格。

(2) 机器入口处按规定设置了滤网(器)。

(3) 压力润滑密封油管道及设备经油洗合格,并经过试运转。

(4) 电机及机器的保护性联锁、预警、指示、自控装置已调试合格。

(5) 安全阀调试合格。

(6) 电机转动方向已核查、电机接地合格。

(7) 设备保护罩已安装。

2. 静电隐患排查

(1) 在易燃易爆场所,反应釜、管道、储槽、冷凝器、输送泵、法兰、阀门未接地或接地不良。

(2) 在易燃易爆场所,投粉体料斗未接地、充氮气。

(3) 超过安全流速($v_2<0.64/d$)输送汽油、甲苯、环已烷等液体。

(4) 氢气流速总管超过 12m/s,支管超过 8m/s。

(5) 不能将汽油等从高位喷入储罐罐底或地面。

(6) 在未充氮气时,异丙醇铝、镁粉等由敞口漏斗投入含汽油、甲苯等反应釜中。

(7) 在易燃易爆场所,禁穿脱衣服、鞋帽及剧烈活动。

(8) 在易燃易爆场所,禁用化纤材料的拖布或抹布擦洗设备或地面。

(9) 禁向塑料桶中灌装汽油。

(10) 禁用汽油等溶剂洗工作服或拖地或钢平台、地面。

(11) 不锈钢、碳钢储罐罐壁未用焊接钢筋或扁钢接地,超过 $50m^2$ 未有两处接地。

(12) 存在散发易燃易爆气体的场所,未采用增湿等消除静电危害的措施。

(13) 用塑料管吸料或装甲苯或回收甲苯。

(14) 用压缩空气输送或搅拌汽油。

(15) 防爆洁净区未使用防静电拖鞋。

(16) 接地扁钢、屋顶防雷带生锈、腐蚀严重。

(17) 高出屋面的金属设备未焊接钢筋并入避雷带。

3. 应遵守的安全规定

(1) 试车介质应执行设计文件的规定,若无特殊规定,泵、搅拌器宜以水为介质,压缩机、风机宜以空气或氮气为介质。

(2) 低温泵不宜以水作为试车介质,否则必须在试车后将水排净,彻底吹干、干燥并经检查确认合格。

（3）当试车介质的相对密度大于设计介质的相对密度时，试车时应注意电机的电流，勿使其超过规定。

（4）试车前必须盘车。

（5）电机试车合格后，机器方可试车。

（6）机器一般应先进行无负荷试车，然后带负荷试车。

（7）试车时应注意检查轴承（瓦）和填料的温度、机器振动情况、电流大小、出口压力及滤网。

（8）仪表指示、报警、自控、联锁应准确、可靠。

十、塔、器内件充填的隐患排查

1. 排查充填条件的确认

（1）塔、器系统压力试验合格。

（2）塔、器等内部洁净，无杂物，防腐处理后的设备内部有毒可燃物质浓度符合相关标准。

（3）具有衬里的塔、器，其衬里检查合格。

（4）人孔、放空管均已打开，塔、器内通风良好。

（5）填料已清洗干净。

（6）充填用具已齐备。

（7）办理进入受限空间作业证。

2. 必须排查的安全要求

（1）在容器内进行清扫和检修时，遇到危险情况，应有紧急逃出设施或措施。

（2）动火作业无监护人或监护人由新进员工担任或违章动火。

（3）工具或吊物未合理固定。

（4）未配备或未穿戴防护用品（安全帽、安全带等）。

（5）无警示标志或标志已模糊不清（如防止触电、防止坠物等）。

（6）检修时踏在悬空管路或小管径塑料管道和搪玻璃管道上或使用不安全登高设施。

（7）电焊机、手动电动工具等电缆破损引起漏电，零线破损或跨接。

（8）盲目进入污水池、深沟、深池作业。

（9）高处作业时，未采取防范措施进行交叉作业。

（10）高处作业时，电焊机的零线未接到所焊位置。

（11）有异味或可能产生有毒气体的区域作业未佩戴防毒面具。

（12）高处补、挖墙洞时，未设安全围栏或安全网等。

（13）清理出的危险物料由高层向下层散落。

（14）用吊装机械载人。

（15）夜间作业无足够照明。

（16）遇有6级以上强风或其他恶劣天气时，仍在露天高空作业。

（17）釜内作业时，釜外无2人以上监护。

（18）釜内检修时，没有切断电源并挂“有人检修、禁止合闸”的牌子。

（19）进罐作业前，未对釜进行有效清洗。

（20）进罐作业前，未分析可燃气体浓度、氧含量、有毒气体（CO、H_2S）浓度。

（21）进罐作业前，未对物料管线如原料、溶剂、蒸汽、水、氮气等管线可靠隔离

（22）检修过程中，未对釜内定期取样分析。

（23）釜外明显位置未挂上“罐内有人”的牌子。

（24）进罐作业时，没有执行“双检制”。

（25）釜内照明不符合安全电压标准，干燥情况下电压大于24V，潮湿情况下电压大于12V。

（26）检修完毕，未检查、清理杂物就开机使用。

（27）长时间在釜内作业未轮换。

（28）检修时，釜内缺必要的通风设施。

（29）进入塔、器的人员不得携带与填充工作无关的物件。

（30）进入塔、器的人员应按规定着装并佩戴防护用具，指派专人监护。

（31）不合格的内件和混有杂物的填料不得安装。

（32）填装塔板时，安装人员应站在梁上。

（33）分布器、塔板及其附件等安装和填料的排列皆应按设计文件的规定严格执行，由专业技术人员复核并记录存档。

（34）塔、器封闭前，应将随身携带的工具、多余物件全部清理干净，封闭后应进行泄漏性试验。

十一、催化剂、分子筛等充填的隐患排查

1. 催化剂、分子筛等充填条件

（1）催化剂的品种、规格、数量符合设计要求，且保管状态良好。

（2）反应器及有关系统压力试验合格。

（3）装有耐热衬里的反应器经烘炉合格。

（4）反应器内部清洁、干燥。

（5）充填用具及各项设施皆已齐备。

（6）已办理进入受限空间作业证。

2. 应遵守的安全规定

（1）进入反应器的人员不得携带与充填工作无关的物件。

(2) 充填催化剂时，必须指定专人监护。

(3) 充填人员必须按规定着装、佩戴防护面具。

(4) 不合格的催化剂（粉碎、破碎等）不得装入器内。

(5) 充填时，催化剂的自由落度不得超过0.5m。

(6) 充填人员不得直接站在催化剂上。

(7) 充填工作应严格按照充填方案的规定进行。

(8) 对并联的反应器检查压力降，确保气流分布均匀。

(9) 对于预还原催化剂在充填后以惰性气体进行保护，并指派专人监测催化剂的温度变化。

(10) 反应器复位后应进行泄漏性试验。

十二、热交换器的再检查和再排查

(1) 热交换器运抵现场后必须重新进行泄漏性试验，当有规定时还应进行抽芯检查。

(2) 试验用水或化学药品应满足试验需要。

(3) 试验时应在管间注水、充压、重点检查涨口或焊口处，控制在正常范围内。

(4) 如管内发现泄漏，应进行抽芯检查。

(5) 如按规定需以氨或其他介质进行检查时，应按特殊规定执行。

(6) 检查后，应排净积水并以空气吹干。

十三、仪表系统调试的隐患排查

1. 仪表系统调试前的条件确认

(1) 仪表空气站，具备正常运行条件，仪表空气管道系统已吹扫合格。

(2) 控制室的空调、不间断电源能正常使用。

(3) 变送器、指示记录仪表、联锁及报警的发讯开关、调节阀以及盘装、架装仪表等的单体调校已完成。

(4) 自动控制系统调节器的有关参数已预置，前馈控制参数、比率值及各种校正的比率偏置系统已按有关数据进行计算和预置。

(5) 各类模拟信号发生装置、测试仪器、标准样气、通信工具等已齐备。

(6) 全部现场仪表及调节阀均处于投用状态。

(7) 对涉及（一重大、两重点）关键装置、重点岗位，要先对自动联锁、报警系统进行分别调试，确保完好。

2. 应遵守的安全规定

(1) 检测和自动控制系统在与机械联试前，应先进行模拟调试，即在变送器处输入模拟信号，在操作台或二次仪表上检查调整其输入处理控制手动及自动切换和输出处理的全部功能。

(2) 联锁和报警系统在与机械联试前应先进行模拟调试，即在发讯开关处输入模拟信号，检查其逻辑正确和动作情况，并调整至合格为止。

(3) 在与机械联试调校仪表时，仪表、电气、工艺操作人员必须密切配合互相协作。

(4) 对首次试车或在负荷下暂时不能投用的联锁装置，经建设（生产）单位同意，可暂时切除，但应保留报警装置。

(5) 化工投料试车前，应对前馈控制、比率控制以及含有校正器的控制系统，根据负荷量及实际物料成分，重新整定各项参数。

十四、电气系统调试的隐患排查

1. 电气系统调试前条件确认

(1) 隔离开关、负荷开关、高压断路器、绝缘材料、变压器、互感器、硅整流器等已调试合格。

(2) 继电保护系统及二次回路的绝缘电阻已经耐压试验和调整。

(3) 具备高压电气绝缘油的试验报告。

(4) 具备蓄电池充、放电记录曲线及电解液化验报告。

(5) 具备防雷、保护接地电阻的测试记录。

(6) 具备电机、电缆的试验合格记录。

(7) 具备联锁保护试验合格记录。

2. 应遵守的安全规定

(1) 变、配电人员必须按制度上岗，严格执行操作制度。

(2) 变、配电所在受电前必须按系统对继电保护装置、自动重合闸装置、报警及预相系统进行模拟试验。

(3) 对可编程逻辑控制器的保护装置应逐项模拟联锁及报警参数，应验证其逻辑的正报警值的正确性。

(4) 应进行事故电源系统的试车和确认。

(5) 应按照规定的停送电程序操作。

(6) 送电前应进行电气系统验收。

3. 移动电具和低压电器

(1) 绝缘电阻不小于2MΩ，引线和插头应完整无损。

(2) 引线必须用三芯（单相电具）、四芯（三相电具）坚韧橡皮线或塑料护套软线，截面积至少0.5mm²，引线不得有接头，不宜过长，一般不超过5m。

(3) 所有移动电具宜安漏电动作电流小于或等于30mA、动作时间不大于0.1s的漏电保安器。

（4）36V 以下低压电线路装置应整齐清楚，所有的插座必须为专用插座。

（5）所有灯具、开关、插销应适应环境的要求，如在特别潮湿、有腐蚀性蒸气和气体、有易燃易爆的场所和户外等处，应分别采用合适的防潮、防爆、防雨的灯具和开关。

（6）局部照明及移动式手提灯工作电压应按其工作环境选择适当的安全电压。

（7）低压灯的导线和电具绝缘强度不低于交流 250V；插座和开关应完整无损，安装牢固，外壳或罩盖应完好，操作灵活，接头可靠；露天的灯具、开关应采用防雨式，安装必须牢固可靠。

十五、关键设备试车应具备条件的隐患排查

（1）系统管道耐压试验和热交换设备气密试验合格。

（2）工艺和蒸汽管道吹扫或清洗合格。

（3）动设备润滑油、密封油、控制油系统清洗合格。

（4）安全阀调试合格并已铅封。

（5）同试车相关的电气、仪表、自动联锁控制、报警系统、计算机等调试联校合格。

（6）试车所需动力、仪表空气、循环水、脱盐水及其他介质已到位。

（7）试车方案已批准，指挥、操作、保运人员到位。测试仪表、工具、防护用品、记录表格准备齐全。

（8）试车设备和与其相连系统已完全隔离。

（9）试车区域已划定，有关人员凭证进入。

（10）试车技术指标已确认。

第四节　消防系统隐患排查治理

一、固定灭火系统隐患排查

1. 排查泡沫灭火系统

（1）排查泡沫储罐上有流程图、操作说明、泡沫标识牌和储罐设备铭牌；管线上有泡沫流向标识。现场标识内容是否齐全、正确清洗。

（2）排查阀门无腐蚀、有润滑、能启动；现场是否放置有开阀扳手；做到安全阀一年一检；薄膜发生器密封玻璃、网罩完好；系统附件完好；按规定期限送检压力表。

（3）排查是否每天巡检 1 次，泡沫发生系统每年试验 1 次，排渣口每年至少

排渣 1 次。并有记录。

(4) 排查排渣口不能处于开口状态，必须封闭。

(5) 排查泡沫系统后的混合泡沫液排出管线内不能有积水，要定期检查排空。

(6) 排查泡沫半固定接口要位于防火堤外，在接口部位要挂泡沫发生器型号标识牌。

(7) 排查在泡沫系统控制阀处是否挂有防区标识牌。

(8) 排查着火介质为水溶性液体，是否采用抗溶性泡沫。

(9) 排查是否按产品说明书要求如期更换泡沫液，不能超期使用。

2. 排查消防水喷淋系统

(1) 排查是否每月试验 1 次，其中工艺装置的消防水喷淋每年择机试验 1 次；排渣口每年至少排渣 1 次。并有记录。

(2) 排查试验过程中是否发现被堵塞不能喷水的喷头，要清堵使其通畅。

(3) 排查雨淋阀的压力等级，是否达到 1.6MPa，符合在消防高压状态下不漏水的要求。

(4) 排查根据水质状况和以往经验，不定期清理过滤器。控制阀门能顺利启闭，喷头出水量、水压正常。

(5) 排查在控制阀门处，有说明保护防区名称或者受保护储罐位号的标识牌。

(6) 排查自动系统的电、气系统正常，由专业保运单位至少每季度做 1 次雨淋阀自动开启试验，并出具试验报告。

(7) 排查雨淋阀的工作状况，在控制室内显示正常。

(8) 排查受保护储罐的压力表、温度计、液位计和阀门等附件，要受到水喷头的喷水保护。

3. 排查泡沫喷淋灭火系统

(1) 喷头是否对准保护对象，泡沫能直接喷射到被保护对象，没有障碍物。

(2) 喷出泡沫是否能覆盖整个被保护对象。

(3) 喷头是否有脱落，是否完好，并使出水没有堵塞。

(4) 管线固定是否良好。

(5) 控制阀是否能灵活启闭。

(6) 在控制阀处是否有防区标识牌。

(7) 是否进行日常巡回检查。

4. 排查二氧化碳灭火系统

(1) 排查专业保运人员每季度是否检测 1 次，并出具报告；专业保运人员每周至少检查 2 次，并有记录。

（2）排查二氧化碳钢瓶是否每年要检验 1 次，每半年称重 1 次，发现有异常减少质量的情况，要重新充装二氧化碳，或者更换气瓶。

（3）排查在控制阀处，是否设置有防区标识牌。

（4）排查在防区外附近，是否配备有空气呼吸器。

（5）排查在防区内是否有火灾声音报警器。

（6）排查防区的门，是否向疏散方向开启，不允许出现不能打开门的情况。

（7）排查在防区出入口，是否设置有二氧化碳安全警示标识牌和二氧化碳喷放指示灯。

（8）排查是否在防区内人员全部撤出后，才能启动喷放二氧化碳。

（9）排查系统阀门、护罩、铅封、插销等附件完好齐全，软管没有老化开裂现象。

（10）排查在防区外设置是否有安全操作方法。

5. 排查干粉灭火系统

（1）排查专业保运人员是否每季度检测 1 次，并出具报告；专业保运人员是否每周至少检查 2 次，并有记录在案。

（2）排查日常是否巡查启动瓶、动力瓶的氮气压力。

（3）排查干粉罐，是否按压力容器要求检验，气瓶是否按气瓶管理规程检验；安全阀是否每年送检 1 次；压力表是否按规定期限检验。

（4）排查按产品说明书要求，如期检测、松动和更换干粉。

（5）排查金属类火灾，采用 D 类干粉。其他类火灾，采用 A、B、C 干粉。

（6）排查现场设置是否有干粉系统操作规程。

6. 排查蒸汽灭火系统

（1）排查人员是否清楚控制阀的位置。

（2）排查是否在现场阀门较多的情况下，要挂牌标识属于消防灭火蒸汽阀，或者将消防灭火蒸汽阀门采用红色面漆。

（3）排查是否在控制阀处设置有开阀扳手。

（4）排查控制阀是否有严重腐蚀。

（5）排查蒸汽管线是否固定良好。

（6）排查控制阀是否设置在明显、人员能实现安全操作的位置。

（7）排查是否进行日常巡查检查。

7. 排查火灾自动报警系统

（1）排查报警盘的设置点，是否每 24h 有人员上班监控报警情况。

（2）排查专业保运人员是否每季度要检测 1 次，并出具报告；专业保运人员每周至少检查 2 次，并有检查记录。

(3) 排查报警盘处，是否放置有报警系统操作说明书。

(4) 排查报警盘出现报警，人员是否到现场确认火灾情况，不能只消除报警，不到现场确认。

(5) 排查当出现报警时，报警盘上是否能正确显示着火区域。

(6) 排查指示灯及其他显示是否正常。

8. 排查半固定泡沫灭火系统

(1) 排查是否每月至少检查 1 次，并在检查卡上签名记录，发现问题向安全人员报告整改。

(2) 排查在接口处是否挂牌标识防区名称（储罐号），标识泡沫发生器型号规格。

(3) 排查半固定接口是否完好。

(4) 排查泡沫发生器密封镜片、网罩是否齐全完好。

二、移动灭火器的隐患排查

1. 排查手提式干粉灭火器

(1) 排查压力表指示针是否指在绿色区域范围。指示针指在红色区域范围为压力不足，指示针指在黄色区域范围为压力过高。

(2) 排查开关插销、铅封是否齐全、有效。

(3) 排查喷管与灭火器瓶连接是否牢固，喷管不能有严重老化和损坏。

(4) 排查是否每月至少 2 次检查，检查人员在现场检查卡上签字，有问题报告安全管理人员，安全管理人员做好记录和整改工作。

(5) 排查是否放置在可产生曝晒、高温、腐蚀的场所，是否放置在发生火灾时人员进入取用有危险的场所。

(6) 排查干粉类型与燃烧物是否匹配，在灭火器瓶本体上有具体说明。

(7) 排查装置内一般是否采用 6kg 装规格的灭火器。

(8) 排查是否随意挪用灭火器，动火现场用完灭火器后是否及时复位。

(9) 排查灭火器箱是否有严重腐蚀，箱门是否完好。

(10) 排查合格证等标签是否齐全清晰。

(11) 排查是否明确由管理责任人并在现场放置有检查卡。

(12) 排查喷射过的灭火器是否及时更换。

2. 排查推车式干粉灭火器

(1) 排查是否按前述手提式干粉灭火器的管理要求执行。

(2) 排查车轮是否能顺利运转，车架是否完好。

(3) 排查存放点是否有干粉推车的运行通道。

（4）排查在可能的着火点，干粉推车是否能顺利进入。

（5）排查推车式干粉灭火器的阀门是否能顺利启闭。

3. 排查手提式二氧化碳灭火器

（1）排查是否按照前述手提式干粉灭火器的管理要求进行。

（2）排查新二氧化碳灭火器投用前是否称重，称重值是否与标明的质量值一致。

（3）排查投用后半年是否是否称重1次，减少量不能低于5%。

（4）排查称重的日期和质量值是否清楚地在现场作出记录。

（5）排查在封闭性空间喷射二氧化碳，是否有防止发生人员窒息和中毒的措施。

4. 排查推车式二氧化碳灭火器

（1）排查是否参照前述手提式、推车式干粉灭火器和手提式二氧化碳灭火器的管理要求执行。

（2）排查在封闭环境存放二氧化碳瓶，是否注意防止因泄漏造成人员窒息和中毒。

5. 排查移动灭火车

（1）排查是否每月至少检查1次，检查人员在现场检查卡上签字，有问题报告安全管理人员，安全管理人员做好记录和整改。

（2）排查是否有开阀扳手，阀门能否启闭。

（3）排查炮口是否可以上下、水平转动。

（4）排查车轮是否完好，车辆可运行。

（5）排查快速接口是否完好可接管，并且装配好压盖。

（6）排查各转动部位是否润滑良好。

（7）排查是否停放于有运行通道的位置。

（8）排查附件是否齐全完好无损。

三、消防栓隐患排查

1. 排查水消防栓

（1）排查护盖以及水出口扣盖、接口和密封圈是否齐全完好。

（2）排查是否定期启动启闭杆出水。

（3）排查是否不漏水。

（4）排查是否明确由管理责任人，设置有编号和检查卡。

（5）排查周围是否有影响使用的障碍物。

（6）排查是否大出水口朝向道路，以便消防车取水。

（7）排查3个出水口是否能灵活开启，有良好润滑。

(8) 排查出水口是否贴近地面，应与地面保持一定高度，便于接用分水器。

(9) 排查是否每月至少检查1次，检查人员在现场检查卡上签字，有问题报告安全管理人员，安全管理人员做好记录和整改工作。

(10) 排查消防栓是否处于易受碰撞损失的位置，要设置防护栏杆。

(11) 排查低压消防水用消防栓，压力等级是否达到1.0MPa；稳高压消防水用消防栓，压力等级是否达到1.6MPa。

2. 排查泡沫消防栓

(1) 排查是否每月至少检查1次，检查人员在现场检查卡上签字，有问题报告安全管理人员，安全管理人员做好记录和整改工作。

(2) 排查现场配备是否有泡沫灭火器器材箱，箱内有泡沫枪、泡沫带，泡沫带与快速接头连接好，各连接件之间在口径、接口方式方面相匹配。

(3) 排查消防栓出口是否有压盖。

(4) 排查现场设置是否有开阀扳手，阀门能启闭。

(5) 排查处于容易受到碰撞损坏的位置的泡沫消防栓，是否设置防护栏。

3. 排查室内消防栓

(1) 排查是否参照前述水消防栓和泡沫消防栓的要求进行管理。

(2) 排查箱体、箱门，关闭箱门是否完好。

(3) 排查水带两端接头连接是否牢固，水带不老化，有喷枪。

(4) 排查试动阀门，是否可动，阀门是否有严重腐蚀。

(5) 排查是否有漏水。

(6) 排查是否每月检查1次，并在现场检查卡上签字。

四、消防炮隐患排查

1. 排查消防水炮

(1) 排查炮筒是否能够水平、上下灵活转动，出水口能够旋转作开花、直流切换（指具有开花-直流切换的水泡）。

(2) 排查阀杆以及炮筒水平、上下转动部位，是否有良好润滑。

(3) 排查是否在现场配置开阀扳手。

(4) 排查是否明确有管理责任人，设置有编号牌和检查卡。

(5) 排查是否有漏水、各部位是否完好。

(6) 排查上水阀、开关阀是否可顺利操作。

(7) 排查出水口方向是否有障碍物。

(8) 排查是否每月至少检查1次，检查人员在现场检查卡上签字，有问题报告安全管理人员，安全管理人员做好记录和整改。

(9) 排查调节流量大小的插销是否为可动，一般应定位在最大流量的位置。

(10) 排查压力表等级是否达到1.4MPa或者1.6MPa。

(11) 排查是否炮口朝下，以便排水，防止水炮内积水。

2. 排查遥控电动高架消防水炮

(1) 排查专业保运人员是否每季度检查测试1次，并出具报告；专业保运人员每周检查2次，并有记录。

(2) 排查是否每月至少检查1次，检查人员在现场检查卡上签字，有问题报告安全管理人员，安全管理人员做好记录和整改工作。

(3) 排查是否经常检查遥控器，保持电池、电量充足，能随时找到遥控器并投入使用。

(4) 排查控制箱上每个按钮，都要有说明按钮用途的标识牌，并要文字清晰可见，便于指导操作。

(5) 排查试动按钮、炮口能够上下、左右正常转动。

(6) 排查控制箱按钮的密封垫、箱盖的压紧螺栓是否完好，箱体没有变形，以防止箱内进水。

(7) 排查控制箱是否设置在长期干燥的环境，控制箱应有防爆功能。

(8) 排查用电是否符合安全要求，并能使供电正常。

3. 排查泡沫消防炮

(1) 排查是否每月至少检查1次，检查人员在现场检查卡上签字，有问题报告安全管理人员，安全管理人员做好记录和整改工作。

(2) 排查在泡沫炮出口是否牢固安装有泡沫喷筒。

(3) 排查其他方面是否参照消防水炮要求管理。

五、其他消防设施的隐患排查

1. 排查消防水带

(1) 排查水带表面是否有较明显的老化、硬化、脆化、开裂、粘连和穿孔现象。

(2) 排查水带的压力等级是否大于1.3MPa。

(3) 排查水带的公称直径，是否与水带接头、喷枪接头和消防栓接头的公称直径相匹配。

(4) 排查水带接头的连接，是否采用钢丝和扎箍两道连接，以确保连接牢固。

(5) 排查水带器材箱内是否配备有喷枪和开阀扳手。

(6) 排查水带器材箱是否完好，不能出现严重腐蚀。

(7) 排查用后的水带，是否清除内部余水，盘卷整齐，收入箱内。

(8) 排查是否明确有管理责任人，箱内放置有检查卡。

(9) 排查是否每月至少检查1次，检查人员在现场检查卡上签字，有问题报告安全管理人员，安全管理人员做好记录和整改。

2. 排查水蒸气灭火橡胶软管

(1) 排查橡胶软管与蒸汽管道是否长期处于牢固连接状态，不允许脱开。若采用钢丝连接，钢丝是否出现严重腐蚀。

(2) 排查橡胶软管是否连接在低压蒸汽管道，不能在高、中压蒸汽管道中长时间连接。

(3) 排查在橡胶管端末端，是否牢固连接有支撑杆，至少有两道连接点；支撑杆有足够长度，以便安全操作。

(4) 排查橡胶管是否出现老化、硬化和开裂穿孔的现象；橡胶软管长度一般应在 20m 左右。

(5) 排查橡胶管软管要盘卷整齐。

(6) 排查蒸汽阀门是否能够开关灵活，没有泄漏。

(7) 排查开启蒸汽阀门后是否能正常、及时喷出蒸汽。

(8) 排查是否每班巡检时检查，对发现的问题是否向安全管理人员报告，安全管理人员记录并实施整改。

3. 排查手动火灾报警按钮

(1) 排查是否要求定期按下镜片试验、演练报警。

(2) 排查是否按下镜片报警后要及时用吸盘复位。

(3) 排查如果水喷淋控制按钮与手动火灾报警按钮外形十分相似，是否有现场挂牌标识，以便区分水喷淋与手动火灾报警按钮。水喷淋控制按钮还要挂牌标识防区名称。

(4) 排查试动报警按钮，是否能实现远程（一般至控制室）报警，接收报警点要全天候有人员上班。

(5) 排查螺栓、把手和门各附件是否良好。

(6) 排查每班巡检时检查，对发现的问题是否向安全管理人员报告，安全管理人员记录并实施整改。

4. 排查消防竖管

(1) 排查在现场是否配备开阀扳手。

(2) 排查竖管接口是否完好，这个接口属于快速接口，要用快速接头。

(3) 排查在各框架层是否配备有灭火器材箱，箱内配备有水枪、水带，水带与快速接头连接是否牢固，各连接件之间在口径、接口方式方面是否相匹配。

(4) 排查各阀门试动，是否能够灵活启闭。

(5) 排查是否每月检查 1 次，检查人员在现场检查卡上签字，有问题报告安全管理人员，安全管理人员做好记录和整改。

5. 排查空气呼吸器

(1) 排查是否每季度至少组织员工进行一次气防演练，并有记录。

(2) 排查是否每年组织员工进行1次气防培训，培训率要100%有记录。

(3) 排查是否每天交接班，交接班时要交接气体防护器材。

(4) 排查是否车间每月至少检查1次气防柜，并有记录。

(5) 排查是否每3年送检1次空气呼吸器。

(6) 排查训练用空气呼吸器，气瓶压力是否在8.0MPa以上。

(7) 排查气防柜中是否至少配备两套空气呼吸器，气瓶压力在24MPa以上。

(8) 排查气防柜内是否配备浓度75%的消毒酒精。

(9) 排查气防柜内、柜顶是否存放杂物，柜门是否有铅封。

(10) 排查气瓶压力不足，是否立即充装，保证空气呼吸器处于备用状态。

(11) 排查气防柜内放置是否有防毒应急处理预案及气体防护器材检查、使用和维护保养记录。

六、消防供水系统隐患排查

1. 排查全厂用水取水点

(1) 排查全厂消防用水，是否有两个处于不同地点的取水点，即分别从两个不同的水源取水，各自流通不同的管线。

(2) 排查取水点是否具备充足的水源。

(3) 排查取水管线的管径大小、耐压与供水能力，是否能够满足厂内灭火和生产用水需要。

(4) 排查对取水水泵的安全要求：

① 设备是否有备用泵；

② 取水泵是否采用自灌方式引水；

③ 泵的取水能力，要求能实现给厂内原水池补水时间不超过48h。

2. 排查全厂消防用水制水系统

(1) 排查水流经泵、管线、阀门、过滤器、出入口各环节是否有阻碍水流通的瓶颈。

(2) 排查水流从原水池进入沉淀池当采用重力引流的方式，是否设置有事故提升泵及其备用设备。

(3) 排查清水池的液面和水泵：

① 在控制室是否有显示，在控制设置中是否有高、低液位报警；

② 清水池的水泵，是否设置有备用泵，水泵采用自灌方式引水。

3. 排查全厂消防用水供水系统

(1) 排查清水池出来的水：

① 是否为经处理制作的干净水；

② 是否有两条水管进入消防水池；

③ 消防水池进水能力与消防水池稳高压泵出水能力是否匹配。

(2) 排查消防水池的两条进入水管：

① 是否设置有独立的水池自动补水阀；

② 自动补水阀是否能实现自动全开启至最大开度；

③ 自动补水阀出口是否便于观察。

(3) 排查自动补水阀前，是否设置带手动或电动阀的旁路且列为应急设备。

(4) 排查消防水池的液位，在控制室是否有显示，有高、低液位报警。

(5) 排查消防水池是否满足高压泵的要求：

① 是否能实现欠压自动启动；

② 泵出口管线是否有防止超压的装置；

③ 是否有备用泵；

④ 泵是否能实现自灌方式引水。

(6) 排查消防水管网在闭环处应设置界区阀。

七、消防供电系统隐患排查

(1) 排查全厂消防用水取水点的取水泵，是否采用双电源且双电源点的供电方式。

(2) 排查清水池的出水泵，是否采用双电源且双电源点的供电方式。

(3) 排查消防水池的稳高压消防泵：

① 两个独立水池，两个池的电源，不能取自同一电源点；

② 一个水池，要采用双电源且双电源点的供电方式。

(4) 排查采用双电源，是否出现有只用一母线的现象，要每路电源各有不同母线。

八、消防管理的隐患排查

(1) 排查所有消防设施是否有明确的管理责任人员。

(2) 排查交接班是否交接消防设施。

(3) 排查针对损坏不能投用的消防设施，是否有应急措施。

(4) 排查是否建立消防备件储备。

(5) 排查消防自动系统是否委托有专业保运单位。专业保运单位和人员要具备相应资质。

(6) 排查消防设施的检查要管理责任人员是否采取日常检查和定期检查相结合的方式，做到检查问题有记录，有跟踪整改责任人员。

(7) 排查基层单位是否建立月度消防检查台账。

第五节 在建工程安全隐患排查治理

一、现场作业风险识别的隐患排查

（1）拆除或者安装高处及深处临边防护栏。排查是否设置临时点悬挂安全带，并尽量减少作业人员。

（2）拆除或者安装高处平台格栅板。排查是否在防护栏悬挂安全带，边拆除边安装，减少作业人员，并设置防护层硬隔离。

（3）搭设悬空脚手架。排查加长安全带、安全带的悬挂点，是否选择在现场固定设施上，不能选择在未搭设牢固的脚手架钢管上。人员上或者下脚手架过程，必须轮钩使用安全带，并安排好搭设顺序。

（4）搭设高层脚手架。排查随着脚手架的升高，是否及时设置与固定框架连接的连杆件、剪刀撑，必要时增设副立杆。搭设过程中，设置人员监护脚手架整梯结构的稳定性。

（5）拆除高层脚手架。排查安排好拆除顺序，脚手架与固定框架连接的连杆件、剪刀撑及支撑件，不能先行拆除。拆除过程设置人员监护脚手架整体结构的稳定性。根据脚手架稳定性，限制上架人数。

（6）悬空或者平台外管线和框架防腐与保温保冷。排查搭设脚手架，设置临时点悬挂安全带，加长杆是否做防腐作业。

（7）焊接储罐、容器、设备、管线外部的附件、平台、支撑，其内部有含空气的可燃气相空间。排查杜绝此类作业，以防误操作导致储罐、容器、设备、管线穿孔或受到高热，发生爆炸。

（8）因设备、阀门拆除或者其他需要，临时拆除，或者铺设脚手架上脚手板。排查立即复位并绑扎固定，人员上架前要检查脚手板是否已经绑扎固定好，并使工作人员养成此习惯。一般不允许临时增加脚手板。

（9）在长、高、大、深的封闭设备和池、井内焊接作业。排查设置空气对流孔、防爆风机或者风管通风。减少作业焊枪数量和作业人员数量。

（10）进入没有空位对流开口的设备、池内作业。排查设置风管通风，以防造成人员缺氧或中毒。

（11）进入设备内清理可燃性、毒性油渣。排查是否佩戴供风式防毒面具，使用防爆工具。必要时连续监测可燃气体含量。设置防爆风机抽换风，设备外周围禁止用火。

（12）在有填料、沉积物、积液的设备、池内动火。排查取出有代表性、一定量的填料、沉积物、积液试点火，确认不可燃烧才能作业。

（13）在储罐内刷漆作业。排查必要时检测可燃气含量，设置防爆风机抽换风，用防爆灯具照明，控制进入罐内漆料数量和作业人员数量，作业中不碰撞、摩擦油漆桶容器等。

（14）进入含硫化亚铁，带填料、沉积物的设备内作业。排查是否进行化学处理后，干燥自然通风数小时，确认没有出现温升，再进入作业，以防硫化亚铁受自加热作用，迅速燃烧造成事故的发生。

（15）拆除储罐密封胶囊作业。排查是否设置防爆风机抽换风，是否使用防爆工具，必要时穿防静电衣服，不能以穿上工作服代替佩戴供风式防毒面具。

（16）装填催化剂在无氧、氮封状态下的设备内作业。排查是否选择专业队伍作业，特别注意防止人员窒息。

（17）在设备上、下交叉作业。排查检修前是否做好施工统筹，尽可能避免出现此类作业。一定要进行此类作业，在设备内搭设中间防护隔层。

（18）在吊机作业范围内，出现吊机与其他人员交叉作业。排查检修前是否做好施工统筹，不能出现这类作业。只能是一方作业完毕，另一方再进行作业。

（19）吊装管线进入管沟。排查吊装时人员尽可能不进入管沟内。

（20）用吊机将设备调入狭小环境就位。排查其中人员不进入没有进退空间的环境。指挥员、司机平稳操作，控制设备摆动，处于摆动状态的吊物不进入狭小空间。

（21）用吊机副杆吊装作业。排查正确估计吊物重量，一般副杆只能起吊数百公斤的重量。确认副杆超负荷报警装置完好，若发现副杆有问题要到原生产厂更换副杆。

（22）用吊板、吊笼作业。排查选定多点悬挂。除采用吊绳和安全带外，还要增设人身保险绳，并计算好人身保险绳的长度。

（23）在特别潮湿、带水、带泥浆环境进行电焊作业。排查电焊机是否设置空载保护器。更换焊条时，电焊人员佩戴绝缘手套，或者是干燥皮手套。

（24）塔内件易滑，严重腐蚀，不牢固，人员进入塔内作业。排查是否穿防滑鞋，必要时系安全带。

（25）装置停汽检修，局部区域的储罐、污水池、装置设备管线系统保存有可燃物。排查是否用盲板彻底隔离，或增设防火墙，或设置内有易燃物料的警示标识。

（26）放射源拆除、安装、转移，或者解除封闭，以及靠近放射源作业。排查是否由专门施工单位完成，检测射线泄漏剂量率并制定作业方案。

（27）球罐射线探伤。排查计算、检测防护距离，是否采取现场监护，并制定方案，协调好生产。

（28）检修即将结束，装置引入可燃介质后，进行用火或者拆卸作业。排查是否做好施工统筹，尽可能避免出现这类作业；采用一点一确认安全条件，一点一作业许可票证；拆卸作业的一般作业票证一点一开。

(29) 密封污水井盖后，在检修过程中需要打开井盖排水。排查打开井盖排水全过程，是否设置现场排水监护人；排水完成立即密封污水井盖；在排水过程中，不能在污水井高处及周围用火。

(30) 在阀门内漏的情况下加装、拆除盲板。排查用氮气保护拆装；穿戴防烫面罩、手套、衣服，使用防爆工具；周围禁止由任何火源；大泄漏不允许作业，另外制定方案采取措施。

(31) 带油气拆卸、安装作业。排查是否使用防爆工具；周围禁止由任何火源；大泄漏不允许作业，另外制定方案采取措施

(32) 密闭地下排放污水管线隔离，采用断开法兰错位隔离方式，不采用加装盲板隔离方式。排查需要采用加装盲板隔离方式，以防高处用火点的火花落入法兰口内，引起污水系统爆燃。

(33) 进入有毒物含量超标的设备内作业。排查是否采取呼吸防护措施。计算好防护因数，以及采用供风式防毒面具。

(34) 可燃物料管线，切开第一道切割口作业。排查一点一开用火许可证，如同正常生产的管线用火一样，实施盲板隔离、断口、吹扫、管内可燃气检测等措施。

(35) 装置氮封系统与公用工程氮气系统不分离，检修时停公用工程氮气系统，氮封系统同时失去氮封。排查将装置氮封系统与公用工程系统分离；进行危险识别；巡检监控；周围不动火；进行质量检查；禁止出现此类情况。

二、现场作业安全管理的隐患排查

1. 防爆工具隐患排查

(1) 排查防爆工具生产企业资质。应具有生产许可证、防爆认证；每2年，生产企业是否将制造防爆工具用的材料，送国家认可资质的检测单位，进行防爆性能测试，生产企业能出示其中试验合格报告。

(2) 排查防爆工具产品资质，是否有产品合格证、产品使用说明书、产品符合标准，产品试验名称；在工具上标有“EX”防爆标志。

(3) 排查防爆工具使用管理

① 是否熟悉防爆工具使用说明书内容，了解其适用范围和使用方法，而后使用；

② 将使用现场的可燃气体与产品说明书上注明的防爆测试所用气体相比较，如果防爆测试所用的气体是较高危险级别，现场的可燃气体是较低危险级别，则可用；

③ 如果经过采用Ⅱ级C级气体防爆测试合格，同时又经过甲烷气体防爆测试合格的防爆工具，可以在厂内通用；

④ 如果经过采用Ⅱ类B级气体防爆测试合格的防爆工具，则要慎用；

⑤ 如果经过采用Ⅱ类A级气体防爆测试合格的防爆工具，不可用于Ⅱ类B级气体和Ⅱ类C级气体；

⑥ 非敲击用防爆工具，不可用于敲击作业；

⑦ 不能在手柄上采用加长套筒方式使用防爆扳手。

2. 排查钢管脚手架材料的安全要求

(1) 排查脚手架钢管采用与扣件相配套的专用脚手架钢管。是否用镀锌管、木条代替；是否有裂纹、穿孔、补焊、凹陷、变形和严重腐蚀。是否采用对接焊接方式加长；是否有油污、尖锐棱角和毛刺。

(2) 脚手板是否采用专用脚手板，不能采用木板、木条、钢板充当脚手板；是否出现腐烂、强度不足的情况；不能带有扎脚钉、扎脚钢丝头；不能带有绊脚物，不能使人易打滑。绑扎材料是否采用脚手板固定专用绑扎材料，有足够强度。

(3) 排查连接扣件采用脚手架钢管专用扣件，扣件螺栓、螺母是否配套齐全，不能缺失垫片、螺栓、螺母不能打滑。排查连接扣件本体是否有裂纹、变形和严重腐蚀。连接扣件厂商重新购买，投用前，要抽样作破坏试验。

3. 排查钢管脚手架整梯稳定性的安全要求

(1) 排查脚手架整梯是否稳定性好、刚性强，不能产生晃动，不能产生挠性，确保没有存在整梯倾翻的危险性。

(2) 排查脚手架所处位置，如果具备空间条件，是否采用双排架；空间位置不足，在大量增加连墙（柱、框架）杆，并采取加固措施的基础上，可采用单排架。

(3) 排查脚手架钢管垂直相交，是否用直角扣件；脚手架钢管斜交，是否用旋转扣件；脚手架钢管并排搭接加长，是否用旋转扣件。脚手架钢管口对口对接加长，要用对接扣件，不能采用焊接方式，不能出现断口。同时，垂直相交、斜交，并排搭接和口对口对接，都不能采用绑扎方式。脚手架钢管，有外径48mm、51mm两种，两种规格钢管不能在同一脚手架混合使用。

4. 排查脚手架垫板的安全要求

排查脚手架支撑于软土层地面，在地面支撑点处，是否加装垫板。垫板出现下沉，要停用脚手架。

5. 排查脚手架扫地杆

排查脚手架底部位置，是否设置纵向扫地杆和横向扫地杆。

6. 排查脚手架立杆

排查立杆地段是否悬空，不能压在临边位置，不能用搭接方式连接，要用对接扣件连接。立杆在脚手架顶层的防护栏段，可用搭接方式连接，搭接段长度不能小于 1m，在搭接段要有 3 个旋转扣件连接。

7. 排查脚手架纵向水平杆

排查纵向水平杆是否设置在立杆内侧，不可位于立杆外侧，用对接扣件口对口连接。纵向水平杆又可用搭接方式连接，搭接段长度要不小于 1m，在搭接段要有 3 个旋转扣件连接。

8. 排查脚手架横向水平杆

排查横向水平杆是否设置在纵向水平杆之上，受到纵向水平杆支撑，不能将横向水平杆置于纵向水平杆之下；不能有对接、搭接的现象，要用整条脚手架钢管；每一个主接点，必须设置 1 道横向水平杆。

9. 排查脚手架横向斜撑的安全要求

一字型、开口型的双排脚手架，两端是否设置横向斜撑。除两端是否设置横向斜撑外，脚手架中间、每隔 6 跨，还要设置 1 道横向斜撑。

10. 排查脚手架抛撑的安全要求

脚手架两端，各设置 1 道抛撑，且脚手架中间，每隔 6 跨，又要设置 1 道抛撑。

11. 排查脚手架剪刀撑的安全要求

剪刀撑，要求沿立面，从底部设置到顶部。24m 高以下的脚手架，在脚手架两端，各要设置 1 道剪刀撑；如果两端剪刀撑净距大于 15m，每 15m 要增加 1 道中间剪刀撑。24m 高以上的脚手架，整个立面，从左到右，从上到下，要整个立面满设置剪刀撑。

12. 排查脚手架直爬梯

排查脚手架是否有专门的直爬梯，不允许人员从水平杆上落脚手架；直爬梯高度大于 8m，每 6m 高度要设置休息平台。直爬梯梯级间距不能过大，应为 400mm 左右。

13. 排查脚手架与柱（端框架）连接杆

双排脚手架，高度小于 50m，每 3 步、3 跨范围，即每 $40m^2$ 面积，是否有 1 个连接杆；高度大于 50m，每 2 步、3 跨范围，即每 $30m^2$ 面积，是否有 1 个连接杆。从底层第 1 步纵向水平杆开始，设置连接杆。

14. 排查脚手架脚手板的安全要求

脚手板两端，都要支撑在横杆上，不能出现有一端不支撑在横杆上的“飞跳板”。脚手板中间，还要支撑在横杆上。共 3 道支撑。脚手板是否铺满作业面，不留空档。同时，脚手板必须绑扎固定好。因设备就位，或其他施工需要，临时拆除脚手板，事后要立即恢复并固定。

15. 排查脚手架防护栏杆

排查作业面外侧，是否设置封闭性防护栏杆。防护栏杆高度为1.2m；沿高度均匀分布两道水平栏杆。

16. 排查脚手架挡脚板

排查防护栏杆下端，是否设置不低于120mm的挡脚板。

17. 排查脚手架搭设拆除使用安全要求

(1) 脚手架搭设拆除人员是否具有架子工特殊工种资格证；脚手架搭设完成，要经过验收合格，挂合格牌才允许使用。拆除脚手架，与拆除脚手架连接杆要同步，发现结构不稳，临时增加连接杆或者抛撑，再拆除。拆除脚手架，应由上而下，不能上下同时进行，左右分段拆除，不能出现两段高差大于2步。

(2) 排查拆除、搭设脚手架人员是否穿防滑鞋；拆除、搭设、使用脚手架，不能从高空向下抛物；拆除、搭设脚手架，地面是否设置有警戒线，警戒线内不能有作业人员和其他人员；在工程建设现场，人员密集，拆除、搭设脚手架是否有专人监护。

(3) 排查脚手架是否用于绑系缆风绳，是否用于起重牵拉，是否用于悬挂电缆线、照明灯和配电箱；脚手架不能挤压仪表和仪表管，不能挤压损坏其他设备。

(4) 大风天气，不能拆除、搭设和使用脚手架作业，大风过后，是否检查脚手架；每次作业前，是否检查脚手架；使用中的脚手架，不允许擅自拆除。

18. 排查用火监护

(1) 排查用火监护安全要求（非进入设备内用火）

① 需要检查人员入厂证、特殊工种证、用火许可证的配套作业票证。

② 排查督促施工单位做安全监护的教育记录，施工人员是否签名；检查施工机具及个人防护用品用具。

③ 排查对照用火许可证，检查现场用火条件并放置现场灭火器；检查现场灭火设备，是否懂得操作。预想紧急疏散路线，并检查紧急疏散路线是否畅通。检查用火标记，标记位置正确。监护人是否佩戴用火监护人袖标，携带对讲设备并监督施工人员在允许时间和允许空间用火，是否做到专心监护，并且其所处位置，是否利于监督安全用火，不能随意离开监护现场。

④ 排查现场状况改变，应立即停止用火，并重新检查用火条件。

⑤ 监护人员更换，是否在现场进行工作交接，完工后检查现场安全，并终止票证效用。

(2) 排查用火监护安全要求（进入设备内用火）

① 监督施工单位检查长管面具面罩用气管，是否有打折、受压，气源清洁；供风面罩用压缩机运转正常，压力正常；供风用风机运转正常。检查脚手架已悬挂验收合格的标志牌。

② 排查监督作业人员先在罐外试点火确认罐内安全，后进入罐内点火；先取出残渣液试火不燃，后进入罐内用火。同时确认用于表示内部出现紧急情况的联络信号，传达至作业人员。

③ 排查监督实施进入设备人员登记，从设备内出来人员销号；进入设备物件登记，从设备内取出物件销号。不相关人员不能进入设备内实施作业监护。监督检查防止氧气瓶、乙炔瓶、配电箱及大量易燃物被转入设备内。设备内气焊和气割用气枪，人出气枪出，人进气枪进。作业过程，每隔 2h，至少复测 1 次设备内气体含量，并防止出现设备内人员交叉作业。

④ 排查监督施工单位实施设备内恶劣环境下的人员是否轮换作业。

⑤ 在停止作业期间设置用于防止人员误入设备的警示牌。

19. 排查施工作业监护（非用火施工作业）

(1) 排查施工人员入厂证和特殊工种证；排查施工机具和个人防护器具；排查作业票证齐全，将各联票证发至相关方并对照作业票证，排查现场施工安全措施已经落实。

(2) 排查监督施工单位做安全讲话和讲话记录，施工人员签名。预想紧急疏散路线，排查紧急疏散路线是否畅通。

(3) 监督检查脚手架是否已经悬挂验收合格标志牌。设备管线温度、压力是否适于作业，内部已经隔离并处理干净。

(4) 排查监督施工人员是否按照要求使用防爆工具，并在允许的时间和空间作业，作业内容和票证描述相符。

(5) 排查监督现场是否设置警戒线，防止人员上下交叉作业，严防高空落物。确保施工人员处在安全位置，监护人员到位。

(6) 排查监督施工人员行为是否安全及施工人员违章作业。确保文明施工，保护管线设备。

(7) 排查监督人员是否佩戴作业监护人袖标，携带对讲设备。监督检查现场的清洗水源及必要的灭火器和灭火设备。

(8) 排查监督人员是否专心监护，不做无关工作；是否离开监护现场；更换监护人员，必须在现场交接。

(9) 排查作业环境条件是否变化，危及人员设备安全，应要求施工人员终止作业。监督完工现场，清理完成并处于安全状态后，与设备人员交接。

20. 排查对用火人员的安全要求

不能用火的情况：

（1）在事故状态，发生可燃物泄漏的现场。
（2）在用实物料，或者可燃物料单机试车、联动试车的现场。
（3）在装置开车、停车，设备进料、退料的现场。
（4）在吹扫、蒸煮、带可燃物清洗的现场，没有密闭排放。
（5）在就地排放可燃物，对空直接排放可燃物的现场。
（6）在拆卸带可燃物设备管线的现场。
（7）在抽堵盲板作业的现场。
（8）在刷漆或者喷涂作业的现场。
（9）在清理储罐、设备、沟、池、井内预料残渣的现场。
（10）在液相、气相物料装卸罐车的现场，在储罐输送进出料的现场，可能造成可燃气泄漏。
（11）在储罐、设备非密闭脱水的现场。
（12）在存放有可燃物的现场，没有隔离和转移可燃物。
（13）在没有灭火器材的现场。
（14）在粉尘浓度大，相对密闭的现场。
（15）用火切割、焊接部位不确切，或者有疑问；埋地管线介质状况不明。
（16）在深处，或者在设备内的危险用火，没有装设救生绳。
（17）未清楚，或者未预想发生事故的紧急撤离路线。

可以用火的情况：

（1）用火许可证及其他配套作业许可证齐全。
（2）接受作业现场交底和安全讲话，清楚票证所述内容。
（3）用火监护人在现场，经过用火监护人同意。
（4）检查并佩戴完成个人防护器具并合格。
（5）电工检查配电设备及路线，并在检查表签字。
（6）按照在许可证上注明的允许作业的时间和区域范围。
（7）按照在许可证上注明的用火作业安排。
（8）服从监护人员正确的用火作业安排。
（9）用火过程，发现危险情况，向监护人员报告；可以拒绝不安全的用火工作安排。
（10）危险用火，搭好安全平台及通道，可不系安全带作业，这样利于撤离。
（11）安全通道，或者作业平台，不足以保证安全，要提出整改要求。
（12）在车间做出用火焊接切割标记后，按照标记位置用火焊接切割。
（13）上下交叉作业，如果危及安全，必须避免。
（14）在高处用火，必须注意用火点下方的安全。
（15）在设备内用火，必须清除零碎易燃物和油污，慎用易燃性竹脚手架。
（16）可拆卸件、可预制件，不应在现场用火，应在安全预制点用火。

(17) 不能损坏防火墙、防火兜和污水井覆盖层之类的用火隔离设施。

(18) 用火完成，熄灭余火，关闭气瓶，电工人员切断电源，清理现场。

21. 排查气割作业

排查乙炔气瓶安全：

(1) 排查乙炔气瓶是否有减压阀，带有安全阀。严禁使用没有减压阀的乙炔气瓶。

(2) 排查乙炔气瓶是否有双压力表。

(3) 排查乙炔气瓶是否有防回火装置，要检查防回火装置筛网完好。没有防回火装置的乙炔气瓶，不能使用。

(4) 排查乙炔气瓶是否有两个防撞保护圈。

(5) 排查乙炔气瓶是否有瓶阀保护罩。在运输、搬运、存放过程中，乙炔气瓶要套上瓶阀保护罩。

(6) 排查乙炔气瓶是否有易熔塞。在现场易熔塞不能对着人员。

(7) 排查乙炔气瓶的充装压力，在15℃时充装，压力不能超过1.5MPa。

(8) 排查乙炔气瓶是否有3年1检标识。

排查氧气瓶安全：

(1) 排查氧气瓶是否有减压阀，带安全阀，严禁使用没有减压阀的氧气瓶。

(2) 排查氧气瓶是否有双压力表。

(3) 排查氧气瓶是否有两个防撞保护圈。

(4) 排查氧气瓶是否有瓶阀保护罩。在运输、搬运、存放过程中，氧气瓶要套上瓶阀保护罩。

(5) 排查氧气瓶的充装压力，在20℃时充装，压力不能超过15MPa。

(6) 排查氧气瓶是否有3年1检标识。

排查橡胶软管安全：

(1) 排查胶管颜色。乙炔气橡胶软管是否用红色，氧气橡胶软管要用黑色或蓝色。不能两条软管用同色。

(2) 橡胶软管是否出现漏气、打鼓包、裂纹、损伤、连接不牢固等现象。

排查割炬安全：

(1) 排查割炬与乙炔气橡胶软管、氧气橡胶软管的连接是否紧固。

(2) 排查预热氧气阀、切割氧气阀、乙炔阀是否存在漏气。

(3) 排查割嘴是否有熔渣堵塞。

排查气割作业现场安全：

(1) 排查氧气瓶在夏季不应放在太阳下暴晒，或靠近热源、高温位置。

(2) 排查乙炔瓶不能放到太阳下暴晒，或靠近热源、高温位置，表面温度不能超过40℃。

（3）排查沾有油脂的工具、工作服、手套、棉纱，是否接触氧气瓶附件；氧气瓶附件是否沾有油脂，防止发生燃烧。

（4）排查乙炔气瓶是否直立放置，严禁倒置或卧放；氧气瓶严禁倒置；乙炔气瓶、氧气瓶立放，当现场风大时，要有辅助加固，防止气瓶倒下。

（5）乙炔气瓶与氧气瓶内气体都不能用尽，要保留有0.2～0.3MPa的余压。其中乙炔气瓶在25～40℃使用，要保留有0.3MPa余压。

（6）排查切割作业，割嘴不能过于靠近被切割工件，防止熔渣堵塞割嘴，引起乙炔气管燃烧。

（7）排查乙炔气瓶、氧气瓶是否小心搬运，不能产生气瓶碰撞；每一个减压器，只允许接1把焊炬；切割作业完成，要及时关闭气源，拆下减压阀。

（8）排查作业人员是否有气割作业特殊工种资格证。

22. 排查采样作业

排查个人防护：

（1）涉及含硫化氢介质的采样，采样人员是否佩戴硫化氢检测仪。

（2）涉及有毒介质的采样，采样人员是否根据介质毒性程度和浓度大小，选择佩戴防毒口罩和隔离式呼吸器。

（3）涉及所有介质的采样，采样人员是否佩戴防护眼镜。

（4）涉及高温介质的采样，采样人员是否佩戴防护面具、防烫手套。

（5）涉及酸、碱介质采样，采样人员是否佩戴防护面具、防酸碱手套。

（6）涉及高处采样、深处临边采样，有坠落危险的，采样人员是否佩戴安全带。

排查现场设施：

（1）采样点是否有人行通道，危险部位具备位于不同方向的双通道。采样点及其通道、格栅板要固定，不能出现有孔洞、易滑、绊脚的情况，临边部位周向设置防护栏。

（2）采样点是否具备采样平台。

（3）采样口、采样阀不能安装过高，避免人员采取站立、升高双手、仰视姿势采样。

（4）采样点的设备、管线、阀门是否有泄漏、严重腐蚀单位情况。

（5）试样出口是否设置接液收集漏斗。

（6）管线、阀门保温隔热、伴热保持完好，不能缺失。

（7）排查阀门必须是采用双阀设置，易燃介质，两阀是否有安全距离，是否定期现场检查、试验双阀的性能。

（8）采样点附近处是否设置人员应急冲洗设施。

（9）采样介质具有有毒、易燃特性，是否采取密闭采样方式。

(10) 易燃性介质罐区、装卸站台，要设置消除静电触摸球，采样口设置防静电的接线端子。

(11) 夜晚采样的采样点，是否具备照明条件。

排查采样工具：

(1) 采样是否使用防爆工具，用防爆扳手、防爆电筒。

(2) 介质在采样容器内可能升压的，采样容器是否有泄压装置。

(3) 需要保冷的试样，是否采用保冷采样容器。

(4) 在采样容器上，除贴试样名称标签外，还要有试样性质、危险性标签。

(5) 在罐内采样，采样器不能易产生静电。

排查采样过程管理：

(1) 是否做到一人采样一人监护。特别危险的采样，工艺车间人员要携带对讲机陪同采样。

(2) 在储罐、槽罐车上采样，是否遵守储罐介质静置时间，防止出现罐内外闪爆、闪燃。人员上罐、上平台采样，要先摸静电消除器。

(3) 特殊的、特别危险的采样，是否有针对性地制定专门操作要点，制作出警示牌，设置在采样点。对含硫化氢介质采样的人员是否接受过防硫化氢中毒的教育。

(4) 采样人员在采样前，要向工艺车间了解清楚现场是否出现硫化氢报警，以及其他相关报警情况，先确认安全或者采样安全措施，后采样。

(5) 对易燃介质的采样，现场不能有用火作业、进车作业。特别易燃的情况，是否在采样现场准备灭火器。

(6) 采样时，人员要站在上风向，不能站在出样口正对的方向。

(7) 采样开阀，不能过急，阀门开度不能过大，开阀应缓慢、小开度。

(8) 采样出现管线堵塞，采样人员是否随意处理，要通知工艺车间人员清通。

(9) 在采样过程中，出现异常情况，是否立即向工艺车间报告。

(10) 介质温度超过自燃点，这类介质不允许人工采样。

(11) 采样完成，必须反复确认已关闭阀门，并检查确认现场安全后，才能离开采样点。

三、依法进行安全管理的隐患排查

(1) 安全机构设置及安全人员配置。排查依据安全生产法，危险物品的生产、经营、储存单位，应当设置安全生产管理机构或者配备专职安全生产管理人员。

(2) 采用新工艺、新技术、新材料或者使用新设备。排查必须了解、掌握其安全技术特性，采取有效的安全防护措施，并对从业人员进行专门的安全生产教育和培训。

(3) 特种作业人员操作资格。排查生产经营单位的特种作业人员必须按照国家有关规定经专门的安全作业培训，取得特种作业操作资格证书，方可上岗作业。

(4) 建设项目“三同时”。排查安全设施必须与主体工程同时设计、同时施工、同时投入生产和使用。安全设施投资应当纳入建设项目概算。

(5) 建设项目安全设施投资。排查安全设施应当纳入建设项目概算，这是我国安全生产法的要求。

(6) 建设项目安全条件论证和安全评价。排查生产、储存危险物品的建设项目，应当分别按照国家有关规定进行安全条件论证和安全评价。

(7) 安全设备维护、保养、检测。排查生产经营单位对安全设备进行经常性维护、保养，并定期检测，保证正常运转。维护、保养、检测应当做好记录，并由有关人员签字。

(8) 危险物品的容器、运输工具的投用。排查生产经营单位使用的涉及生命安全、危险性较大的特种设备，以及危险物品的容器、运输工具，必须按照国家有关规定，由专业生产单位生产，并经取得专业资质的检测、检验机构检测、检验合格，取得安全使用证或者安全标志，方可投入使用。检测、检验机构对检测、检验结果负责。涉及生命安全、危险性较大的特种设备的目录由国务院特种设备安全监督管理的部门制定，报国务院批准后执行。

(9) 使用落后的工艺、设备。排查不得使用国家明令淘汰、禁止使用的危及生产安全的工艺、设备。

(10) 重大危险源。排查生产经营单位对重大危险源应当登记建档，进行定期检测、评估、监控，并制定应急预案，告知从业人员和相关人员在紧急情况下应当采取的应急措施。生产经营单位应当按照国家有关规定将本单位重大危险源及有关安全措施、应急措施报有关地方人民政府负责安全生产监督管理的部门和有关部门备案。

(11) 劳动防护用品、安全生产培训投入。排查生产经营单位应当安排用于配备劳动防护用品、进行安全生产培训的经费。

(12) 两个单位在同一区域进行生产、施工作业。排查两个以上生产经营单位在同一作业区域进行生产经营活动，可能危及对方生产安全的，应当签订安全生产管理协议，明确各自的安全生产管理职责和应当采取的安全措施，并制定专职安全生产管理人员进行安全检查与协调。

(13) 安全生产许可证。排查国家对矿山企业、建筑施工企业和危险化学品、烟花爆竹、民用爆破器材生产企业实行安全生产许可制度。

(14) 安全生产许可证有效期。排查安全生产许可证的有效期为3年。安全生产许可证有效期满需要延期的，企业应当于期满前3个月向原安全生产许可证颁发管理机关办理延期手续。

（15）工伤保险。排查用人单位应当依照《工伤保险条例》规定参加工伤保险，为本单位全部职工缴纳工伤保险费。职工均有依照《工伤保险条例》的规定享受工伤保险待遇的权利。

用人单位应当将参加工伤保险的有关情况在本单位内公示。用人单位和职工应当遵守有关安全生产和职业病防治的法律法规，执行安全卫生规程和标准，预防工伤事故发生，避免和减少职业病危害。职工发生工伤时，用人单位应当采取措施使工伤职工得到及时救治。

（16）发生生产安全事故、涉险事故，报告时间排查。生产经营单位发生生产安全事故或者较大涉险事故，其单位负责人接到事故信息报告后应当于1h内报告事故发生地县级安全生产监督管理部门、煤矿安全监察分局。

发生较大以上生产安全事故的，事故发生单位依据“安全生产事故信息报告和处置办法”第一款规定报告的同时，应当在1h内报告省级安全生产监督管理部门，省级煤矿安全监察机构。

发生重大、特别重大生产安全事故的，事故发生单位在依照“安全生产事故信息报告和处置办法”第一款、第二款规定报告的同时，可以立即报告国家安全生产监督管理总局、国家煤矿安全监察局。

（17）发生生产安全事故、涉险事故，续报要求。排查较大涉险事故、一般事故、较大事故每日至少续报1次；重大事故、特别重大事故每日至少续报2次。

自事故发生之日起30日内（道路交通、火灾事故自发生之日起7日内），事故造成的伤亡人数发生变化的，适于当日续报。

（18）发生安全事故、涉险事故的信息发布要求。排查安全生产监督管理部门、煤矿安全监察机构应当依据有关规定定期向社会公布事故信息。任何单位和个人不得擅自发布事故信息。

（19）举办大型群众性活动申请。排查承办人应当依法向公安机关申请安全许可，制定灭火和应急疏散预案并组织演练，明确消防安全责任分工，确定消防安全管理人员，保持消防设施和消防器材配置齐全、完好有效，保证疏散通道、安全出口、疏散指示标志、应急照明和消防通道符合消防技术标准和管理规定。

（20）采用消防新产品。排查新研制的尚未制定国家标准、行业标准的消防产品，应当按照国务院产品质量监督部门会同国务院公安部门规定的办法，经技术鉴定符合消防安全要求的，方可生产、销售、使用。

（21）地震安全性评价。排查重大建设工程发生严重次生灾害的建设工程，应当按照国务院有关规定进行地震安全性评价，并按照经审定的地震安全性评价报告所确定的抗震设防要求进行抗震设防。建设工程的地震安全性评价单位应当按照国家有关标准进行地震安全性评价，并对地震安全性评价报告的质量负责。

(22) 地震应急预案备案。排查可能发生次生灾害的危险化学品生产经营单位，应当制定地震应急预案，并报所在地的县级人民政府负责地震工作的部门或者机构备案。

(23) 地震应急预案的内容。排查地震应急预案的内容应当包括：组织指挥体系及其职责，预案和预警机制，处置程序，应急响应和应急保障措施等。地震应急预案应当根据实际情况适时修订。

(24) 招用劳动者告知事项。排查用人单位招用劳动者时，应当如实告知劳动者工作内容、工作条件、工作地点、职业危害、安全生产状况、劳动报酬，以及劳动者要求了解的其他情况；用人单位有权了解劳动者与劳动合同直接相关的基本情况，劳动者应当如实说明。

(25) 施工单位安全管理。排查依据《建筑工程安全生产管理条例》的规定：施工单位主要负责人依法对本单位的安全生产工作全面负责。施工单位应当建立安全生产责任制度和安全生产教育培训制度，制定安全生产规章制度和操作规程。保证本单位安全生产条件所需资金的投入，对所承担的建设工程进行定期和专项安全检查，并做好安全检查记录。

施工单位的项目负责人应当由取得相应执业资质的人员担任，对建设工程项目的安全施工负责，落实安全生产责任制度、安全生产规章制度和操作规程，确保安全生产费用的有效使用并根据工程的特点组织制定安全施工措施，消除安全事故隐患，及时、如实报告生产安全事故。

(26) 施工现场防火管理。排查施工单位在施工现场建立消防安全责任制度，确定消防安全责任人，制定用火、用电、使用易燃易爆材料等各项消防安全管理制度和操作规程，设置消防通道、消防水源，配备消防设施和灭火器材，并在施工现场入口处设置明显标志。

(27) 施工机具管理。排查施工单位采购、租赁的安全防护用具、机械设备、施工机具及配件，应当具有生产许可证、产品合格证，并在进入施工现场前进行查验。

施工现场的安全防护用具、机械设备、施工机具及配件必须由专人管理，定期进行检查、维护和保养，建立相应的资料档案，并按照国家有关规定及时报废。

(28) 施工人员培训。排查作业人员进入新的岗位或者新的施工现场前，应当接受安全生产教育培训。未经教育培训或者教育培训考核不合格人员，不得上岗作业。

施工单位在采用新技术、新工艺、新设备、新材料时，应当对作业人员进行相应的安全生产教育培训。

(29) 施工应急救援预案。排查施工单位应当根据建设工程施工的特点、范围，对施工现场易发生重大事故的部位、环节进行监控，制定施工现场生产安全事故应急救援预案。实行施工总承包的，由总承包单位统一组织编制建设工程生产安全事故应急救援预案，工程总承包单位和分包单位按照应急救援预案，各自建立应急救援组织或者配备应急救援人员，配备救援器材、设备，并定期组织演练。

（30）识别特种设备。排查按照《特种设备安全法》的界定，特种设备是指对人身和财产安全有较大危险性的锅炉、压力容器（含气瓶）、压力管道、起重机械、客源索道、大型游乐设施、场（厂）内专用机动车辆，以及法律、行政法规规定适用本法的其他特种设备。

（31）特种设备登记。排查《特种设备安全法》规定，特种设备使用单位应当在特种设备投入使用前或者投入使用后30日内，向负责特种设备安全监督管理的部门办理使用登记，取得使用登记证书。登记标志应当置于特种设备的显著位置。

（32）特种设备技术档案。排查特种设备技术档案包括以下内容：

① 特种设备的设计文件、产品质量合格证明、安装及使用维护保养说明、监督检验证明等相关技术资料和文件。

② 特种设备的定期检验和定期自行检查记录。

③ 特种设备的日常使用状况记录。

④ 特种设备及其附属仪器仪表的维护保养记录。

⑤ 特种设备的运行故障和事故记录。

（33）特种设备的定期检查和维护。排查特种设备使用单位应当对其使用的特种设备进行经常性维护保养和定期自行检查，并作出记录。

特种设备使用单位应当对其使用的特种设备的安全附件、安全保护装置进行定期校验、检修，并做出记录。

特种设备安全管理人员应当对特种设备使用状况进行经常性检查，发现问题应当立即处理；情况紧急时，可以决定停止使用特种设备并及时报告本单位有关负责人。

特种设备作业人员在作业过程中发现事故隐患或者其他不安全因素，应当立即向特种设备安全管理人员和单位有关负责人报告；特种设备运行不正常时特种设备作业人员应当按照操作规程采取有效措施保证安全。

（34）特种设备定期检验。排查特种设备使用单位应当对其使用的特种设备的安全附件，在检验合格有效期届满前1个月向特种设备检验机构提出定期检验要求。特种设备检验机构接到定期检验要求以后，应当按照安全技术规范的要求及时进行安全性能检验。特种设备使用单位应当将定期检验标志置于该特种设备的显著位置。

未经定期检验或者检验不合格的特种设备，不得继续使用。

（35）排查特种设备报废。特种设备存在严重事故隐患，无改造、修理价值或者达到安全技术规范规定的其他报废条件的，特种设备使用单位应当依法履行报废义务，采取必要措施消除该特种设备的使用功能，并向原登记的负责特种设备安全监督管理部门办理使用登记证书注销手续。

前款规定报废条件以外的特种设备，达到使用年限可以继续使用的。应当按照安全技术规范的要求通过检验或者安全评估，并办理使用登记证书变更，方可继续使用。允许继续使用的，应当采取加强检验、检测和维护保养等措施，确保使用安全。

（36）排查电梯维护。电梯的维护保养应当由电梯制造单位或者依照《特种设备安全法》取得许可的安装、改造、修理单位进行。

电梯的维护保养单位应当在维护保养中严格执行安全技术规范的要求，保证其维护保养的电梯的安全性能，并负责落实现场安全防护措施，保证施工安全。

电梯的维护保养单位应当对其维护保养得电梯的安全性能负责，接到故障通知后，应当立即赶赴现场，并采取必要的应急救援措施。

（37）危险化学品安全评价。排查生产、储存危险化学品的企业，应当委托具备国家规定的资质条件的机构，对本企业的安全生产条件每3年进行1次安全评价，提出安全评价报告。安全评价报告的内容应当包括对安全生产条件存在的问题进行整改的方案。

生产、储存危险化学品的企业，应当将安全评价报告以及整改方案的落实情况报所在地县级人民政府安全生产监督管理部门备案。在港区内储存危险化学品的企业，应当将安全评价报告以及整改方案的落实情况报港口行政管理部门备案。

（38）可能产生职业病危险物的说明书。排查向用人单位提供可能产生职业病危害的化学品、放射性同位素和含有放射性物质的材料的，应当提供中文说明书。说明书应当载明产品特性、主要成分、存在的有害因素、可能产生的危害后果、安全使用注意事项、职业病防护以及应急救治措施等内容。产品包装应当有醒目的警示标识和中文警示说明。储存上述材料的场所应当在规定的部位设置危险物品标识或放射性警示标识。

（39）排查职业危害申报。职业危害申报工作实行属地分级管理。生产经营单位应当按照规定对本单位作业场所职业危害因素进行监测、评价，并按照职责分工向其所在地县级以上安全生产监督管理部门申报。

中央企业及其所属单位的职业危害申报，按照职责分工向其所在地市级以上安全生产监督管理部门申报。

（40）排查放射性物品应急预案。根据《中华人民共和国突发事件应对法》的规定：矿山、建筑施工单位和易燃易爆物品、危险化学品、放射性物品等危险物品的生产、经营、储运、使用单位，应当制定具体应急预案，并对生产经营场所、有危险物品的建筑物、构筑物及周边环境开展隐患排查，及时采取措施消除隐患，防止发生突发事件。

(41) 排查应急预案内容互相衔接。根据国家安全生产监督管理总局第17号令《生产安全事故应急预案管理办法》的要求，应急预案的编制应当符合下列基本要求：

① 符合有关法律、法规、规章和标准的规定。

② 结合本地区、本部门、本单位的安全生产实际情况。

③ 结合本地区、本部门、本单位的危险性分析情况。

④ 应急组织和人员的职责分工明确，并有具体的落实措施。

⑤ 有明确、具体的事故预防措施和应急程序，并与其应急能力相适应。

⑥ 有明确的应急保障措施，并能满足本地区、本部门、本单位的应急工作要求。

⑦ 预案基本要素齐全、完整，预案附件提供的信息准确。

⑧ 预案内容与相关应急预案相互衔接。

(42) 排查应急预案修订。根据国家安全生产监督管理总局第17号令《生产安全事故应急预案管理办法》的要求，有下列情形之一的，应急预案应当及时修订：

① 生产经营单位因兼并、重组、转制等导致隶属关系、经营方式、法定代表人发生变化的。

② 生产经营单位生产工艺和技术发生变化的。

③ 周围环境发生变化，形成新的重大危险源的。

④ 应急组织指挥体系或者职责已经调整的。

⑤ 依据的法律、法规、规章和标准发生变化的。

⑥ 应急预案演练评估报告要求修订的。

⑦ 应急预案管理部门要求修订的。

第六节 职业健康工作隐患排查

一、排查基础管理和基本布局

1. 排查企业职业健康管理基础工作

(1) 企业是否按职业危害因素类别分别建立作业员工花名册。

(2) 员工的职业健康检查是否由省级卫生行政部门批准的从事职业健康检查的医疗卫生机构来实施。

(3) 企业是否组织对接触职业病危害因素的员工进行上岗前的健康检查。

（4）排查企业是否安排未经上岗前职业健康检查的员工从事接触职业病危害因素的作业。

（5）排查企业是否安排未成年工从事接触职业病危害因素的作业。

（6）排查企业是否安排孕妇、哺乳期的女工从事对胎儿、婴儿有危害的作业。

（7）排查企业是否安排有职业禁忌的员工从事其所禁忌的作业。

（8）排查当企业发生分立、合并、破产等情形时，是否对从事接触职业病危害作业的员工进行健康检查，并按国家有关规定妥善安置职业病病人。

（9）排查企业进行的职业健康检查是否根据所接触的职业危害因素类别，按照《职业健康检查项目及周期》的规定，确定检查项目和检查周期。

（10）排查企业是否在职业健康检查中填写《职业健康检查表》。

（11）排查企业是否对从事放射性作业的人员的健康检查填写《放射工作人员健康检查表》。

（12）排查企业是否发现职业禁忌者有与所从事职业相关的健康损害的员工，是否及时调离原工作岗位，并进行了妥善安置。

（13）排查企业是否建立了职业危害作业员工健康档案。

（14）排查企业是否对职业危害作业员工健康档案进行分析，且分析内容包含职业危害作业员工的分布情况、重点部位、发展趋势等。

2. 排查企业职业健康基本设施布局

（1）排查企业的总平面布置，是否在满足主体工程需要的前提下，将污染危险严重的设施远离非污染环境。

（2）排查企业是否将产生高分贝噪声的车间与产生低分贝噪声的车间分开。

（3）排查企业是否将产生高热的车间与冷加工车间分开。

（4）排查企业是否将产生粉尘的车间与产生毒物的车间分开。

（5）排查企业是否将产生职业危害的生产装置与厂前区及生活区的距离设成符合卫生防护距离，并设置绿化带。

（6）排查企业是否对放散不同有毒物质的生产过程布置在同一建、构筑物时，毒性大的与毒性小的是否分开。

（7）排查企业是否对粉尘、毒物的发生源头布置在工作地点自然通风的下风侧。

（8）排查企业对产生酸碱等强腐蚀性物质的工作场所，地面是否平整防滑，易于清扫，且有冲洗地面、墙壁的设施。

（9）排查企业对产生剧毒物质的工作场所，其墙壁、顶棚和地面等内部结构和表面，是否采用不吸收、不吸附毒物的材料，必要时加设保护层，以便清洗消毒。

（10）排查企业是否根据车间的卫生特征设置浴室、盥洗室。

（11）排查企业是否对职业危害作业人员配备和使用必要的、符合要求的防护用品，如空气呼吸器、过滤式防毒面具以及长管式防毒面具等。

（12）排查企业是否告知从业人员在工作过程中可能产生的职业危害及其危害后果，并在作业场所设置职业危害警示标识。

（13）排查企业是否及时、如实申报存在的职业危害。

二、排查个体劳动安全防护用品的配置

劳动保护用品品种繁多，涉及面广。因此，正确配置劳保用品是保证从业人员安全与健康的前提。危险化学品企业应当为从业人员配备适宜的劳动防护用品，按照我国国家标准《个人防护装备选用规范》（GB/T 11651—2008）进行配置。

（1）排查易燃易爆场所作业人员是否配置棉布工作服、防静电工作服、防静电鞋。

（2）排查可燃性粉尘作业场所，如铝镁粉、可燃性化学物粉尘，是否配备棉布工作服、防毒口罩。

（3）排查高温作业场所是否配备白帆布类隔热工作服、耐高温鞋、防强光、紫外线、红外线护目镜或面罩、安全帽等。

（4）排查低温作业是否配备防寒服、防寒手套、防寒鞋、防寒帽。

（5）排查低压带电作业是否配置绝缘手套、绝缘鞋。

（6）排查高压带电作业是否配备绝缘手套、绝缘鞋、防异物伤害护目镜。

（7）排查吸入性气相毒物作业是否配置防毒口罩、有相应滤毒罐的防毒口罩、空气呼吸器。

（8）排查吸入性气溶胶毒物作业是否配备防毒口罩、防尘口罩、护发帽、防化学液眼镜、有相应滤毒罐的防毒面罩、防毒工作服、防毒手套。

（9）排查沾染性毒物作业是否配置防化学液眼镜、防毒口罩、防毒手套、防护帽、防异物伤害护目镜，有相应滤毒罐的防毒面具、护肤剂等。

（10）排查生物性毒物作业是否配置防毒口罩、防毒工作服、防毒手套、防护帽、防异物伤害护目镜，有相应滤毒罐的防毒面具、护肤剂等。

（11）排查腐蚀性作业是否配置防化学眼镜、防毒口罩、防毒手套、防异物伤害护目镜、空气呼吸器等。

（12）排查易污染作业是否配备防尘口罩、护发帽、一般工作服、披肩、头罩、鞋罩、围裙、套袖、护肤剂等。

（13）排查恶臭作业是否配置一般工作服、空气呼吸器、护肤剂、护发帽等。

（14）排查密闭场所作业是否配置空气呼吸器。

（15）排查噪声场所是否配置耳塞、耳罩。

（16）排查强光场所作业是否配置焊接护目镜和面罩、炉窑护目镜和面罩。

（17）排查激光场所作业是否配置防激光护目镜。

（18）排查荧光场所作业是否配置护目镜、防低能辐射服等。

（19）排查微波场所作业是否配置安全帽、防滑工作鞋。

（20）排查放射场所作业是否配置防射线护目镜、放射线服等。

（21）排查高处作业是否配置安全帽、安全带、防滑工作鞋。

（22）排查存在物体坠落、撞击的场所作业，是否配置安全帽、防滑工作鞋。

（23）排查有屑飞溅的场所作业，是否配置防异物伤害护目镜、一般工作服。

（24）排查操纵转动设备的场所作业，是否配置护发帽、防异物伤害护目镜。

（25）排查人工搬送场所的作业，是否配置防滑手套、安全帽、防滑工作鞋、防砸安全鞋。

（26）排查接触使用锋利器具场所作业，是否配置一般工作服、防割手套、防砸安全鞋、防刺穿鞋。

（27）排查地面存在尖利器物的场所作业，是否配置防刺穿鞋。

（28）排查手持振动机械场所作业，是否配置减振手套。

（29）排查全身振动场所作业，是否配置减振鞋。

（30）排查下挖掘场所作业，是否配置安全帽、防尘口罩、耳塞、减振手套、防砸安全鞋、防水服、防水鞋等。

三、化学灼伤救治的隐患排查

1. 排查化学灼伤防治技术

（1）排查企业是否在生产中对个体劳动防护重视不够。

（2）排查企业员工是否违反操作过程或操作技术不熟练。

（3）排查企业在生产中是否存在劳动组织不合理。

（4）排查生产设备是否存在化工物料的跑、冒、滴、漏现象。

（5）排查化学物质在使用或运输过程中是否出现意外。

（6）排查员工是否误用、误服化学品或缺乏化学知识。

（7）排查是否存在医源性灼伤。如某些用药配比浓度不当。

2. 排查化学灼伤的急救

（1）排查终止灼伤过程

① 排查是否配用适当的防护用品方可进入未经处理的污染现场；

② 排查化学灼伤现场往往是“火”与“毒”同时存在，是否需要特殊的中和剂或“消除剂”方可达到完全隔离；

③ 排查在接收病人之前，是否抓紧了解化学致伤的种类、性质、事故原因和过程等；

④ 排查是否将急救药品和材料带入污染严重的现场，这是不可取的。

（2）排查伤员的处置

① 排查是否及时除去污染衣着。

② 排查是否尽快将伤员移至空气新鲜、无毒的环境。

③ 排查灼伤创面处理，是否及时和充分地冲洗创面，以及尚未出现创伤的污染部位：

a. 科学用水，用蒸馏水、生理盐水、去离子水或过滤水最为理想；

b. 掌控水温，主张对热力烧伤使用冷水、甚至冰水冲洗；

c. 冲洗时间，一般把冲洗时间定在15～30min；

d. 冲洗次序，将眼、鼻、耳等器官放在冲洗的优先位置。

（3）排查冲洗剂及其应用

① 排查冲洗剂的种类

a. 中和性冲洗剂用弱酸性液中和强碱性致伤物；或用强碱性溶液中和强酸性致伤物；

b. 氧化-还原剂类冲洗剂，用1%高锰酸钾溶液冲洗含氰化合物，使之氧化破坏，丧失毒性；

c. 综合性解毒类，冲洗剂与毒性物结合成难溶性物质以减少吸收；

d. 减毒性冲洗剂，冲洗剂将高毒性物质变成低毒性物质。

② 排查冲洗剂的用法

a. 冲洗法，适用于大多数的灼伤创面；

b. 湿敷法，采用此法应注意及时更换敷料及清除致伤物；

c. 离子导入法，通过离子投入器在局部导入解毒性离子；

d. 注射法，即将适宜的解毒剂注射于创面周围和深部。

③ 排查使用冲洗剂的注意事项

a. 冲洗剂所用药物浓度，是否按有关要求配制；

b. 冲洗剂不能代替清创术，创面的化学致伤物颗粒以及各种异物尽可能清除，对坏死组织可根据情况一次或分期清除；

c. 大面积灼伤时，冲洗剂的使用用量不可过大，外敷时间不可过长，谨防吸收中毒；

d. 不可乱用清洗剂，特别是对化学致伤物的性质不了解、不清楚时，不可乱用清洗剂；

e. 清洗剂清创完成后，小灼伤即可开始常规治疗。

（4）排查全身急救处理

① 维持呼吸功能。因为化学灼伤中有毒性气体或化学性烟雾吸入，引起刺激性咳嗽、呼吸节律异常、呼吸道分泌物增多、痉挛、梗阻或反射性窒息等。

② 维持循环系统功能。对血压降低、心率增快者应抬高两下肢以增加回心血流。

③ 解毒处置。除了一般急救处置外。化学灼伤时可能有化学物质中毒，应迅速给予解毒处置：

a. 一般性解毒措施，误服腐蚀性物质者给予蛋清-乳类混合物口服；

b. 特殊解毒措施，目的在于清除或减低各种致伤物的特异毒性作用，包括防止毒物的伤害作用；中和毒物及其分解产物；特殊解毒剂的应用。

④ 止痛。对于无颅脑损伤，亦无呼吸抑制者可给予止痛剂，如杜鲁丁50mg或吗啡10mg，肌内注射。化学灼伤合并中毒征象时，一般不急于应用此类止痛剂。

⑤ 饮料。急救期可给伤员口服适当的烧伤饮料，但不能单纯喝凉开水，以免发生水中毒。

⑥ 记录。急救阶段即应开始记录生命指征，以及出入液量，各项处置及用药量。详细记录病的表现及各项阳性体征。

3. 排查转移情况

(1) 转送前的隐患排查

① 全面计划，统筹安排。须对转送工具、伤员转送顺序、运行路线、转送时间、途中伤员可能发生的情况、所需药品器材、护送人员等充分估计，仔细安排。对送往单位应该先联系，特别是在有大批伤员或重伤员长途转送时，更应做好筹划。

② 伤员情况。必须对伤员进行全面检查，准确估计必要的准备是转送前最重要的工作。

a. 镇痛镇静；

b. 创面处理；

c. 解毒处置；

d. 补液；

e. 维持呼吸功能。

(2) 排查转送过程

① 尽可能保持伤员处于舒适体位，避免创面磨损，对重伤员应注意下肢抬高，保持一定回心血量。

② 尽可能保持各项急救措施的连续性。如输液、吸氧、止痛镇静及定时性的解毒和抗感染处置等。

③ 密切观察伤员情况。及时处理意外事件。如除检查各项生命体征并适当记录以外，还应随时检查伤员有无呕吐、有无尿潴留、创伤有无出血以及磨损等，呼吸道是否畅通及体温情况，随时给予处置。

(3) 排查转送后的情况

① 继续观察接触过现场的伤员，注意有无遗漏或救护人员发生灼伤中毒。

后期发现的伤员往往伤情较重。

② 邀请企业安全和质检部门鉴定化学致伤物的种类、性质、浓度等。这些情况对于伤员的治疗有很大的参考价值。

③ 协商有关部门处理现场，做好隔离和消毒工作，防止致伤物残留或毒害面扩大。

④ 伤员转送至上级医院之后，护送人员最好能留院 2h，注意做好以下工作。

a. 向接诊医生如实报告伤员致伤经过、症状体征及所实施的各项急救措施，切记扩大、隐瞒或遗漏伤情及用药情况；

b. 尽可能详尽地介绍化学致伤物的种类、性质、毒性作用以及有关工艺的温度、压力及物料浓度，伤员有无慢性职业中毒或多发病等情况。

四、化学中毒救治的隐患排查

1. 排查工业毒物的分类

（1）金属、类金属及其化合物。这是工业毒物中最多的一类。迄今人们已知的有 109 种元素，在地球上稳定存在的有 95 种，而其中 80 种是金属或类金属。

（2）卤族及其无机化合物。

（3）强酸和强碱性物质。

（4）窒息性惰性气体。

（5）有机毒物。这类毒物按化学结构分为脂肪烃类、芳香烃类、脂肪环烃类、卤代烃类、氨基及硝基化合物、醇类、酚类、酰类、酮类、醚类、酸类、腈类、杂环类、羰基化合物类等。

（6）农药类。如有机磷、有机氯、有机汞、有机锡、有机氟、有机硫等。

（7）氢、氮、碳的无机化合物。

（8）染料及中间体、合成树脂、橡胶、纤维等。

2. 排查毒物在体内的作用过程

（1）排查毒物的分布。毒物被吸收后，随着血液循环（部分随淋巴液）分布到全身，当在作用点达到一定浓度时，就可发生中毒。

（2）排查毒物的生物转化。毒物被吸收后，受到体内生物过程的作用，其化学结构发生一定改变，这个现象称为毒物的生物转化。其结果可使毒物降低（解毒作用）或增加（增毒作用）毒性。毒物的生物转化可归结为氧化、还原、水解及结合。

（3）排查毒物的排出。毒物在体内可经过转化后或不经过转化而排出，毒物可经胃、呼吸道、消化道排出，其中经肾随尿排出是最主要途径。尿液中毒物浓度与血液中的浓度密切相关。隐患排查就是常测定尿中毒物及其代谢物，以检测和诊断毒物吸收和中毒的情况。

（4）排查毒物的蓄积。毒物进入人体内的总量超过转化和排出的总量时，体内的毒物就会逐渐增加，这种现象称为毒物的蓄积。此时毒物大多相对集中于某些部位，毒物对这些蓄积部位可产生毒害作用。

3. 排查毒物对人体的危害及作用因素

（1）排查毒物的危害表现：

① 局部刺激和腐蚀；

② 中毒。

（2）排查毒物的危害性。毒物的危害性不仅取决于毒物的毒性，还受生产条件、作业人员个体因素等的影响。因此，毒性大的物质不一定危害性大，毒性与危害性是不能等同作比的。

（3）排查毒物本身的特性

① 化学结构。毒物的化学结构决定毒物在体内可能参与和干扰生理生化过程，因而对决定毒性大小及毒性作用特点有很大影响。

② 物理特性。毒物的溶解度、分解度、挥发性等物理特性与毒物的毒性有密切的关系。

（4）排查毒物的剂量。毒物对人体的毒性作用与其剂量密切相关，空气中毒物浓度愈高，接触时间愈长，则进入人体的剂量愈大，发生中毒的概率也愈高。

（5）排查毒物的联合作用。生产环境中有多种毒物同时存在，尤其是危险化学品企业更是如此。毒物对机体的作用成为联合作用。对生产环境进行卫生学评价时，必须考虑毒物的相加及相乘作用。

（6）排查生产环境和劳动强度。生产环境中的物理因素与毒物的联合作用日益受到重视。在高温或低温环境中毒物的毒性作用比在常温条件下大。如高温环境可增强氯酚的毒害作用，亦可增加皮肤对硫磷的吸收。体力劳动强度大时，机体的呼吸、循环加快，可加速对毒物的吸收；重体力劳动时，机体耗氧量增加，使机体对导致缺铁的毒物更为敏感。

（7）排查气体的状态。在生产过程中接触同一剂量的毒物，不同的个体可出现迥然不同的反应。造成这种差别的自然因素很多，如健康状况、年龄、性别、生理变化、营养和免疫状况等。

4. 排查化学中毒的医疗急救

（1）排查应急救援。就医疗卫生方面而言，“救援”系指现场急救，使患者迅速而安全脱离事故发生地，并及时送达就近医院救治，同时对受污染的空气等快速检测，迅速查明中毒原因，处理被污染的水源、空气及食品等，尽可能控制危害的范围，减轻危害的级别。

（2）排查应急处置。危险化学品企业发生的中毒事故具有突发性、群体性、快速性的特点，在瞬间即可出现大批化学中毒伤员。对此，快速的应急处置与正确的医学救援是十分重要的。

① 应急处置的主要内容

a. 切断（控制）中毒事故源。组织抢险人员切断突发中毒事故源，如关闭阀门、堵封漏洞等。

b. 控制污染区。通过检测确定污染区边界，做出明显的标志，制止人员和车辆进入，对周围交通实行临时管制。

c. 抢救中毒及受伤人员。对中毒人员撤离至安全区进行抢救，并送至医院紧急治疗。

d. 组织受污染区域居民防护和撤离，指导受污染区人员进行自我防护，必要时组织人员撤离。

e. 对受污染区实行洗消，根据有毒有害化学物质理化性质和受污染情况实施洗消。

f. 寻找并处理各处的动物尸体，防止腐烂污染环境。

g. 做好通信、物资、气象、交通、保卫等的防护保障。

h. 抢救小组所有人员应根据毒情穿戴相应的防护用品和使用相应的防护器材，并严格遵守防护距离的安全要求。

i. 进行危害评估。

j. 对中毒危害进行法律咨询。

k. 与医疗卫生问题相关的公共信息的发布。

l. 中毒公共事件快速反应队伍的调用。

m. 流行病学调查与长期随访。

n. 准确鉴定危害与检测残余危险。

o. 采取措施有效减低危害。

p. 消除污染和净化环境。

q. 药品供应。

r. 对中毒人员进行登记，对暴露人员进行急性和慢性反应分别登记。

s. 供给和装备。

t. 工作人员的卫生和安全。

u. 进行病理学检查。

② 应急处理与医学救援方针。贯彻积极兼容，防救结合，以救为主的方针。基本原则是：预先准备，快速反应，立体救护，建立体系，统一指挥，密切协同，集中力量，保障重点，科学救治，技术救援。

五、生产性粉尘及其控制技术的隐患排查

1. 排查粉尘的理化性质与危险性的关系

(1) 粉尘的化学组成。粉尘的化学组成直接影响着对人机体的危害程度，特

别是粉尘中游离二氧化硅的含量，长期大量吸入含结晶型游离二氧化硅的粉尘可引起硅沉着病。粉尘中游离二氧化硅的含量愈高，引起病变的过程愈重，病变的发展速度愈快。当粉尘中含有某些化学元素或物质时，可影响粉尘对机体致病作用的性质和强度，有些可使致病作用加强，有些可使致病作用减弱。因此，在评价粉尘的致病作用时，一定要了解粉尘的化学组成。

（2）粉尘的粒径分布。粉尘的粒径分布也叫作粉尘的分散度，是用来表示粉尘粒子大小组成的百分构成，一般是以各粒径区间的粉尘数量或质量所占的百分比表示。粉尘中较小直径的尘粒所占百分比大时，分散度高，反之分散度低。

① 排查粉尘的分散度与其在空气中的悬浮性。粉尘的沉降度随其粒径的减小而急剧降低，在生产环境中，直径大于 10μm 的粉尘很快会降落，而直径为 1μm 左右的粉尘能较长时间悬浮在空气中不宜沉降。尘粒在空气中呈漂浮状态的时间愈长，被吸入肺内的机会就愈高。

② 排查粉尘分散度与其表面积的关系。总表面积是指单位体积中的所有粒子表面的总和。粉尘的分散度愈高，粉尘的总表面积就愈大，如 1cm^3 的立方体表面积为 6cm^2，当将其粉碎成 1μm 的颗粒时，其总面积就增加至 6m^2，即其表面积增大 1 万倍。分散度高的粉尘，由于其表面积大，因而在溶液和液体中的溶解速度也会增加。

（3）排查粉尘的溶解度。粉尘溶解度的大小与其对人体的危险性有关。对于有毒性的粉尘，随着其溶解度的增加，有害作用也增强，因有毒性的粉尘溶解后可侵入血液中引起中毒，也可与组织接触引起局部刺激或化学损伤。

（4）排查粉尘粒子的密度、形状和硬度。粉尘密度的大小与其沉降速度有关，当粉尘大小相同时，密度大的粉尘速度快，在空气中的悬浮性小。粉尘粒子的形状多种多样，粉尘的形态在某种程度上也影响粉尘的悬浮性。锐利而坚硬的金属性粉尘会引起机械性损伤或慢性炎症。

（5）排查粉尘的荷电性。粉尘粒子可以带有电荷，其来源是由于物质在粉碎过程中因摩擦而带电，或与空气中的离子碰撞而带电。粉尘的荷电性对粉尘在空气中的悬浮性有一定的影响，带相同电荷的尘粒，由于互相排斥而不易沉降，因而增加了尘粒在空气中的悬浮性；带异性电荷的尘粒则因互相吸引，易于凝聚而加速沉降。

2. 排查粉尘在肺内的沉积和排出

（1）粉尘在肺内沉积。粉尘可随呼吸进入呼吸道，进入呼吸道内的粉尘并不全部进入肺泡，可以沉积在从鼻腔到肺泡的呼吸道内。

① 截流。主要发生在不规则形的粉尘或纤维状粉尘，它们可沿气流的方向前进，被接触表面截流。

② 慢性冲击。当人体吸入粉尘时，尘粒按一定方向在呼吸道内运动，由于

鼻咽腔结构和气道分叉等解剖学特点，当含尘气流的方向突然改变时，尘粒可冲击并沉积在呼吸道黏膜上，这种作用于气流的速度、尘粒的空气动力有关。

③ 沉降作用。尘粒可受重力作用而沉降，沉降的速度与粉尘的密度和粒径有关。粒径或密度大的粉尘沉降速度快，当吸入粉尘时，首先沉降的是粒径较大的粉尘。

④ 扩散作用。粉尘粒子可受周围气体或气体分子的碰撞而形成不规则的运动，并引起在肺内的沉积。受到扩散作用的尘粒一般是指 0.5μm 以下的尘粒，特别是小于 0.1μm 的尘粒。

（2）排查粉尘从肺内的排出。肺脏有排出吸入尘粒的自净能力，在吸入粉尘后，沉着在有纤毛细管的粉尘能很快地被排出，但进入到肺泡内的细微尘粒则排出较慢，前者称为气管排出，主要是借助于呼吸道黏液纤毛组织，纤毛摆动时，不仅可将阻留在气道壁黏液中的尘粒，而且也能将吞噬粉尘的细胞向上排出。而黏附在肺泡腔表面的尘粒，除把被巨噬细胞吞噬，并通过巨噬细胞本身的阿米巴运动及肺泡的缩胀转移至纤毛上皮表面，通过纤毛运动而清除排出。绝大部分粉尘通过这种方式排出。后者称为肺清除，主要是由肺泡中的巨噬细胞将粉尘吞噬，称为尘细胞。使其受损、崩解、尘粒游离，再被吞噬，然后送至细支气管的末端，经呼吸道随痰排出体外。

3. 排查粉尘引起的疾病

（1）呼吸系统疾病

① 肺尘埃沉着病。是指由于吸入较高浓度的生产性粉尘而引起的以肺组织弥漫性纤维化病变为主的全身性疾病。

a. 硅沉着病（旧称硅肺）。是肺尘埃沉着病中最严重的一种职业病，它是由于吸入含结晶型游离二氧化硅粉尘引起的一种肺尘埃沉着病。

b. 硅酸盐肺。是由于长期吸入含有结合二氧化硅（即硅酸盐）粉尘所引起的肺尘埃沉着病。

c. 碳素系肺尘埃沉着病。长期吸入含炭粉尘所致。

d. 金属肺尘埃沉着病。长期吸入某些金属性粉尘可引起肺尘埃沉着病。

② 有机粉尘引起的肺部其他疾病。许多有记性粉尘吸入肺泡后可引起过敏反应，如吸入棉尘、亚麻或大麻粉尘后可引起棉尘病。

（2）其他系统疾病。接触生产性粉尘可引起上呼吸系统的疾病外，还可引起眼睛及皮肤的疾病。

4. 排查粉尘爆炸性危害的条件、机理和因素

（1）排查粉尘爆炸现象及其条件。悬浮在空气中的某些粉尘，当达到一定浓度时，如果存在有能量足够的火源就会发生爆炸。粉尘的爆炸在瞬间产生，伴随着高温、高压、热空气膨胀形成的冲击波具有很强的摧毁力和破坏性。

（2）排查粉尘爆炸机理。粉尘爆炸与气体爆炸相似，也是一种连锁反应，即尘云在火源或其他诱发条件作用下，局部化学反应并释放能量，迅速诱发较大区域粉尘发生反应并释放能量，这种能量使空气提高温度，急剧膨胀，形成摧毁力很大的冲击波。

（3）排查粉尘爆炸的因素

① 爆炸浓度。具有爆炸危险的粉尘在空气中的浓度只有在一定范围内才能发生爆炸。这个爆炸范围的最低浓度叫作爆炸下限，最高浓度叫作爆炸上限。

② 燃烧热。燃烧热高的粉尘，其爆炸浓度下限低，爆炸威力也大。

③ 燃烧速度。燃烧速度高的粉尘，爆炸威力较大。

④ 粒径。粒径越小越易飞扬，粒径小的粉尘的比表面积大，面积越大，所需点火能量小，所以容易点燃。

⑤ 氧含量。随着空气中氧含量的增加，爆炸范围也扩大。

⑥ 惰性粉尘和灰分。惰性粉尘和灰分的吸热作用会影响爆炸。

⑦ 气中含水量。气中含水量对粉尘爆炸的最小点燃能量有影响。水分能使粉尘凝聚沉降，使爆炸不易达到爆炸浓度范围。

⑧ 可燃气含量。当粉尘与可燃气共存时，爆炸浓度下限下降，且最小点燃能量也有一定程度的降低，可燃气的存在能大大增加粉尘的爆炸危险性。

⑨ 温度和压力。温度升高和压力增加，均能使爆炸浓度范围扩大，所需着火能量下降，所以输送易燃粉尘的管道要避免日光暴晒，或采取保温（保冷）措施。

⑩ 最小点火能量。粉尘着火能量一般为10mJ至数百毫焦耳，是相对于气体着火能量的100倍左右。粉尘的着火能量除与粉尘种类有关外，还与粉尘的浓度、粒径、含水量、含氧量以及可燃气含量等许多因素有关。

5. 排查粉尘爆炸危险分布、分组、分级

（1）排查爆炸性粉尘的行业分布。粒径小于100μm的可燃性粉尘，经搅动能浮于空中，形成爆炸性尘云。随着生产技术向均质化、液态化发展，出现爆炸性粉尘的行业越来越多：

① 金属，镁粉、铝粉、锌粉；

② 碳素，活性炭、电炭、煤；

③ 粮食，面粉、淀粉、玉米粉；

④ 饲料，鱼粉；

⑤ 农产品，棉花、亚麻、烟草、糖；

⑥ 林产品，木粉、纸粉；

⑦ 合成材料，塑料、染料；

⑧ 火药、炸药，黑火药、TNT。

(2) 排查炸药粉尘的分级与分组。国家标准《爆炸危险场所电气安全规程》中规定，爆炸性位置分为3类。Ⅰ类：矿井甲烷；Ⅱ类：工业爆炸性气体、蒸气、薄雾；Ⅲ类：爆炸性粉尘、易燃纤维。

(3) 排查粉尘危险场所的分级。爆炸性粉尘或易燃性纤维与空气混合形成爆炸性混合物的场所，按其危险程度的大小分为以下两个区域等级。

① 10级区域：在正常情况下，爆炸性粉尘或易燃纤维与空气中的混合物可能连续地、短时间频繁出现或长时间存在的场所。

② 11级区域：在正常情况下，爆炸性粉尘或易燃纤维与空气的混合物不出现，仅在不正常情况下偶尔短时间出现的场合。

6. 排查防尘的综合性措施

(1) 排查厂房位置和朝向的选择

① 产生粉尘的车间在工厂总平面图上的位置，对于集中采暖地区应位于其他建筑物和非采暖季节主导风向的下风侧；在非集中采暖地区，应位于全年主导风向的下风侧；

② 厂房主要进风面应与夏季风向频率最多的两个象限的中心线垂直或接近垂直，即与厂房纵轴成60°～70°角；

③ 对Ⅰ型、Ⅱ型、Ⅲ型平面的厂房，开口部分应朝向夏季主导风向，并在0°～45°之间；

④ 在考虑风向的同时，应尽量使厂房的纵墙朝南北方向或接触南北向，以减少日晒，在太阳辐射热较强及低纬度地区尤需特别注意。

(2) 排查工艺方法和工艺布置是否合理

① 采用新工艺、新设备、新材料，要做到机械化、自动化，消灭尘源或减少粉尘飞扬，这是最重要的防尘措施。

② 工艺布置必须合理，在工艺流程和工艺设备布局时，应使主要操作地点位于车间内通风良好和空气较为清洁的地方。一般布置在夏季主导风向的上风侧。严重的产尘点应位于次要严重点的下风侧。

(3) 排查粉尘扩散的控制

① 密闭控制。就是对产尘点的设备进行密闭，防止粉尘外逸。

② 消除正压。粉尘从设备中外逸的原因之一，是由于物料下落时诱导了大量空气在密闭罩内形成正压。为了减少和消除这种影响，应采取下列措施：

a. 降低落料高差；

b. 适当减少溜槽倾斜角；

c. 隔绝气流，较少诱导空气量；

d. 降低下部正压。

③ 排查扬尘的“飞溅”现象。避免在飞溅区域内有孔口，并装置较宽大的

密闭罩。如在皮带运输机的受料点下部不采用托辊而改用钢板，可避免带因受到物料冲击而下降。

④ 排查由于设备的转动、振动或摆动而产生的空气扰动：

a. 检查门是否采用斜口接触；

b. 检查法兰垫料是否合适；

c. 检查纱封盖板是否合理；

d. 检查毡封轴孔的情况；

e. 检查柔性连接情况；

f. 检查堵眼糊缝情况。

(4) 排查静电消尘与湿法消尘

① 静电消尘。含尘气流通过电场，在高压（60～100kV）静电场中，气体被电离成正、负离子，这些离子碰上尘粒使之带电，带正电的粉尘很开回到负极电晕线上。带负电的尘粒趋向正极（密闭罩和风管的内壁），采取简易振打或自行脱落，掉入皮带上或料仓中，净化后的气体从风管排出。

② 湿法除尘。在工艺允许的条件下，可以采用湿法除尘的措施来达到防尘的目的：

a. 湿法作业。将某些原来的干法作业的过程，改为加上一定数量的水或喷雾，使物料在比较湿润的状态下进行加工，防止粉尘飞扬。这里所强调的必须是工艺所允许这个前提条件。

b. 湿法防尘。

● 喷水雾防尘：

◆ 喷嘴喷水雾的方向可与物料流动方向顺向平行或成一定的角度；

◆ 布置喷嘴时应注意防止水滴或水雾被吸到排风系统中去，也不应溅到工艺设备的运转部分，以免影响设备的正常运转；

◆ 喷嘴到物料层面上的距离不宜小于30mm，射流的宽度不应大于物料输送时所处空间位置的最大宽度。在排风罩和喷嘴之间应装橡胶挡板。

● 喷蒸汽除尘：

◆ 蒸汽喷管可采用圆形或矩形环状管路，也可做成马蹄形分叉管或在直管上钻孔。管径一般采用20～25mm，喷汽孔直径为2～3mm，孔距为30～50mm；

◆ 每根喷管的蒸汽支管上需设阀门，并在靠近喷管入口处安设压力表，在管路末端最低处设置疏水器（疏水阀）；

◆ 为使在运输机空载时能及时关闭蒸汽阀，可在蒸汽管路上安装电磁阀，并与运输机控制系统实行联锁。

(5) 排查通风除尘

① 除尘系统风管的用材应符合强度和刚度的要求；

② 当除尘器布置在通风机前呈负压运行时，通风机可选用普通型，当布置

在通风机后呈正压运行时，风机应选用防尘型；

③ 一般应创造条件将除尘设备相对集中布置，以有利于集尘的集中处理和回收；

④ 除尘系统划分应考虑生产工艺的特点，使得收集上来的可以利用的粉尘用到适当的设备或储斗中去，做到回收利用；

⑤ 除了用于采暖地区的湿式除尘器除了考虑防冻采暖条件外，其余情况下均可将通风机和除尘器布置在不采暖的厂房端部、柱间或靠着厂房的辅助建筑物内；

⑥ 安装在平台上的通风机应设有减振基础。

（6）排查除尘二次尘源

① 在建筑设计时，对产生粉尘的车间一般应设通风天窗；地面、墙面应平整光滑；地面的墙角尽可能做成圆角，便于清扫积灰。

② 工艺设计时，应使车间内设备、管道、平台布置合理，尽量减少积灰平面，避免形成二次尘源。

③ 注意防止车间中混乱的横向气流干扰，否则会将沉积于设备、管道和地面的粉尘在未清扫之前再次飞扬。

④ 及时清扫地面、平台、设备和管道的积灰，清除二次尘源。目前采用的真空清扫装置有多种形式，主要分为集中式和移动式两种。

a. 集中式真空清扫吸尘装置，此装置适用于大面积，排除大量积灰的场合。

b. 移动式机组，这是一种整体设备，适用于积尘不大的场合，使用起来比较灵活。

⑤ 厂房喷雾除尘。

⑥ 厂房内水冲洗。

附录

附录一　安全生产事故隐患排查治理暂行规定

（国家安监总局16号令，2007年12月28日）

第一章　总　则

第一条　为了建立安全生产事故隐患排查治理长效机制，强化安全生产主体责任，加强事故隐患监督管理，防止和减少事故，保障人民群众生命财产安全，根据安全生产法等法律、行政法规，制定本规定。

第二条　生产经营单位安全生产事故隐患排查治理和安全生产监督管理部门、煤矿安全监察机构（以下统称安全监管监察部门）实施监管监察，适用本规定。

有关法律、行政法规对安全生产事故隐患排查治理另有规定的，依照其规定。

第三条　本规定所称安全生产事故隐患（以下简称事故隐患），是指生产经营单位违反安全生产法律、法规、规章、标准、规程和安全生产管理制度的规定，或者因其他因素在生产经营活动中存在可能导致事故发生的物的危险状态、人的不安全行为和管理上的缺陷。

事故隐患分为一般事故隐患和重大事故隐患。一般事故隐患，是指危害和整改难度较小，发现后能够立即整改排除的隐患。重大事故隐患，是指危害和整改难度较大，应当全部或者局部停产停业，并经过一定时间整改治理方能排除的隐患，或者因外部因素影响致使生产经营单位自身难以排除的隐患。

第四条　生产经营单位应当建立健全事故隐患排查治理制度。

生产经营单位主要负责人对本单位事故隐患排查治理工作全面负责。

第五条　各级安全监管监察部门按照职责对所辖区域内生产经营单位排查治理事故隐患工作依法实施综合监督管理；各级人民政府有关部门在各自职责范围内对生产经营单位排查治理事故隐患工作依法实施监督管理。

第六条　任何单位和个人发现事故隐患，均有权向安全监管监察部门和有关部门报告。

安全监管监察部门接到事故隐患报告后，应当按照职责分工立即组织核实并予以查处；发现所报告事故隐患应当由其他有关部门处理的，应当立即移送有关部门并记录备查。

第二章　生产经营单位的职责

第七条　生产经营单位应当依照法律、法规、规章、标准和规程的要求从事生产经营活动。严禁非法从事生产经营活动。

第八条　生产经营单位是事故隐患排查、治理和防控的责任主体。

生产经营单位应当建立健全事故隐患排查治理和建档监控等制度，逐级建立并落实从主要负责人到每个从业人员的隐患排查治理和监控责任制。

第九条 生产经营单位应当保证事故隐患排查治理所需的资金，建立资金使用专项制度。

第十条 生产经营单位应当定期组织安全生产管理人员、工程技术人员和其他相关人员排查本单位的事故隐患。对排查出的事故隐患，应当按照事故隐患的等级进行登记，建立事故隐患信息档案，并按照职责分工实施监控治理。

第十一条 生产经营单位应当建立事故隐患报告和举报奖励制度，鼓励、发动职工发现和排除事故隐患，鼓励社会公众举报。对发现、排除和举报事故隐患的有功人员，应当给予物质奖励和表彰。

第十二条 生产经营单位将生产经营项目、场所、设备发包、出租的，应当与承包、承租单位签订安全生产管理协议，并在协议中明确各方对事故隐患排查、治理和防控的管理职责。生产经营单位对承包、承租单位的事故隐患排查治理负有统一协调和监督管理的职责。

第十三条 安全监管监察部门和有关部门的监督检查人员依法履行事故隐患监督检查职责时，生产经营单位应当积极配合，不得拒绝和阻挠。

第十四条 生产经营单位应当每季、每年对本单位事故隐患排查治理情况进行统计分析，并分别于下一季度15日前和下一年1月31日前向安全监管监察部门和有关部门报送书面统计分析表。统计分析表应当由生产经营单位主要负责人签字。

对于重大事故隐患，生产经营单位除依照前款规定报送外，应当及时向安全监管监察部门和有关部门报告。重大事故隐患报告内容应当包括：

（一）隐患的现状及其产生原因；

（二）隐患的危害程度和整改难易程度分析；

（三）隐患的治理方案。

第十五条 对于一般事故隐患，由生产经营单位（车间、分厂、区队等）负责人或者有关人员立即组织整改。

对于重大事故隐患，由生产经营单位主要负责人组织制定并实施事故隐患治理方案。重大事故隐患治理方案应当包括以下内容：

（一）治理的目标和任务；

（二）采取的方法和措施；

（三）经费和物资的落实；

（四）负责治理的机构和人员；

（五）治理的时限和要求；

（六）安全措施和应急预案。

第十六条 生产经营单位在事故隐患治理过程中，应当采取相应的安全防范措施，防止事故发生。事故隐患排除前或者排除过程中无法保证安全的，应当从危险区域内撤出作业人员，并疏散可能危及的其他人员，设置警戒标志，暂时停产停业或者停止使用；对暂时难以停产或者停止使用的相关生产储存装置、设施、设备，应当加强维护和保养，防止事故发生。

第十七条 生产经营单位应当加强对自然灾害的预防。对于因自然灾害可能导致事故灾难的隐患，应当按照有关法律、法规、标准和本规定的要求排查治理，采取可靠的预防措施，制定应急预案。在接到有关自然灾害预报时，应当及时向下属单位发出预警通知；发生自然灾害可能危及生产经营单位和人员安全的情况时，应当采取撤离人员、停止作业、加强监测等安全措施，并及时向当地人民政府及其有关部门报告。

第十八条 地方人民政府或者安全监管监察部门及有关部门挂牌督办并责令全部或者局部停产停业治理的重大事故隐患，治理工作结束后，有条件的生产经营单位应当组织本单位的技术人员和专家对重大事故隐患的治理情况进行评估；其他生产经营单位应当委托具备相应资质的安全评价机构对重大事故隐患的治理情况进行评估。

经治理后符合安全生产条件的，生产经营单位应当向安全监管监察部门和有关部门提出恢复生产的书面申请，经安全监管监察部门和有关部门审查同意后，方可恢复生产经营。申请报告应当包括治理方案的内容、项目和安全评价机构出具的评价报告等。

第三章　监督管理

第十九条　安全监管监察部门应当指导、监督生产经营单位按照有关法律、法规、规章、标准和规程的要求，建立健全事故隐患排查治理等各项制度。

第二十条　安全监管监察部门应当建立事故隐患排查治理监督检查制度，定期组织对生产经营单位事故隐患排查治理情况开展监督检查；应当加强对重点单位的事故隐患排查治理情况的监督检查。对检查过程中发现的重大事故隐患，应当下达整改指令书，并建立信息管理台账。必要时，报告同级人民政府并对重大事故隐患实行挂牌督办。

安全监管监察部门应当配合有关部门做好对生产经营单位事故隐患排查治理情况开展的监督检查，依法查处事故隐患排查治理的非法和违法行为及其责任者。

安全监管监察部门发现属于其他有关部门职责范围内的重大事故隐患的，应该及时将有关资料移送有管辖权的有关部门，并记录备查。

第二十一条　已经取得安全生产许可证的生产经营单位，在其被挂牌督办的重大事故隐患治理结束前，安全监管监察部门应当加强监督检查。必要时，可以提请原许可证颁发机关依法暂扣其安全生产许可证。

第二十二条　安全监管监察部门应当会同有关部门把重大事故隐患整改纳入重点行业领域的安全专项整治中加以治理，落实相应责任。

第二十三条　对挂牌督办并采取全部或者局部停产停业治理的重大事故隐患，安全监管监察部门收到生产经营单位恢复生产的申请报告后，应当在10日内进行现场审查。审查合格的，对事故隐患进行核销，同意恢复生产经营；审查不合格的，依法责令改正或者下达停产整改指令。对整改无望或者生产经营单位拒不执行整改指令的，依法实施行政处罚；不具备安全生产条件的，依法提请县级以上人民政府按照国务院规定的权限予以关闭。

第二十四条　安全监管监察部门应当每季将本行政区域重大事故隐患的排查治理情况和统计分析表逐级报至省级安全监管监察部门备案。

省级安全监管监察部门应当每半年将本行政区域重大事故隐患的排查治理情况和统计分析表报国家安全生产监督管理总局备案。

第四章　罚　　则

第二十五条　生产经营单位及其主要负责人未履行事故隐患排查治理职责，导致发生生产安全事故的，依法给予行政处罚。

第二十六条　生产经营单位违反本规定，有下列行为之一的，由安全监管监察部门给予警告，并处三万元以下的罚款：

（一）未建立安全生产事故隐患排查治理等各项制度的；

（二）未按规定上报事故隐患排查治理统计分析表的；

（三）未制定事故隐患治理方案的；

（四）重大事故隐患不报或者未及时报告的；

（五）未对事故隐患进行排查治理擅自生产经营的；

（六）整改不合格或者未经安全监管监察部门审查同意擅自恢复生产经营的。

第二十七条 承担检测检验、安全评价的中介机构，出具虚假评价证明，尚不够刑事处罚的，没收违法所得，违法所得在五千元以上的，并处违法所得二倍以上五倍以下的罚款，没有违法所得或者违法所得不足五千元的，单处或者并处五千元以上二万元以下的罚款，同时可对其直接负责的主管人员和其他直接责任人员处五千元以上五万元以下的罚款；给他人造成损害的，与生产经营单位承担连带赔偿责任。

对有前款违法行为的机构，撤销其相应的资质。

第二十八条 生产经营单位事故隐患排查治理过程中违反有关安全生产法律、法规、规章、标准和规程规定的，依法给予行政处罚。

第二十九条 安全监管监察部门的工作人员未依法履行职责的，按照有关规定处理。

第五章 附 则

第三十条 省级安全监管监察部门可以根据本规定，制定事故隐患排查治理和监督管理实施细则。

第三十一条 事业单位、人民团体以及其他经济组织的事故隐患排查治理，参照本规定执行。

第三十二条 本规定自2008年2月1日起施行。

附录二 危险化学品企业事故隐患排查治理实施导则

（国家安全监管总局，安监总管三〔2012〕103号，2012年8月7日）

1 总则

1.1 为了切实落实企业安全生产主体责任，促进危险化学品企业建立事故隐患排查治理的长效机制，及时排查、消除事故隐患，有效防范和减少事故，根据国家相关法律、法规、规章及标准，制定本实施导则。

1.2 本导则适用于生产、使用和储存危险化学品企业（以下简称企业）的事故隐患排查治理工作。

1.3 本导则所称事故隐患（以下简称隐患），是指不符合安全生产法律、法规、规章、标准、规程和安全生产管理制度的规定，或者因其他因素在生产经营活动中存在可能导致事故发生或导致事故后果扩大的物的危险状态、人的不安全行为和管理上的缺陷，包括：

（1）作业场所、设备设施、人的行为及安全管理等方面存在的不符合国家安全生产法律法规、标准规范和相关规章制度规定的情况。

（2）法律法规、标准规范及相关制度未作明确规定，但企业危害识别过程中识别出作业场所、设备设施、人的行为及安全管理等方面存在的缺陷。

2 基本要求

2.1 隐患排查治理是企业安全管理的基础工作，是企业安全生产标准化风险管理要素的重点内容，应按照“谁主管、谁负责”和“全员、全过程、全方位、全天候”的原则，明确职责，建立健全企业隐患排查治理制度和保证制度有效执行的管理体系，努力做到及时发现、及时消除各类安全生产隐患，保证企业安全生产。

2.2 企业应建立和不断完善隐患排查体制机制，主要包括：

2.2.1 企业主要负责人对本单位事故隐患排查治理工作全面负责，应保证隐患治理的资金投入，及时掌握重大隐患治理情况，治理重大隐患前要督促有关部门制定有效的防范措施，并明确分管负责人。

分管负责隐患排查治理的负责人，负责组织检查隐患排查治理制度落实情况，定期召开会议研究解决隐患排查治理工作中出现的问题，及时向主要负责人报告重大情况，对所分管部门和单位的隐患排查治理工作负责。其他负责人对所分管部门和单位的隐患排查治理工作负责。

2.2.2 隐患排查要做到全面覆盖、责任到人，定期排查与日常管理相结合，专业排查与综合排查相结合，一般排查与重点排查相结合，确保横向到边、纵向到底、及时发现、不留死角。

2.2.3 隐患治理要做到方案科学、资金到位、治理及时、责任到人、限期完成。能立即整改的隐患必须立即整改，无法立即整改的隐患，治理前要研究制定防范措施，落实监控责任，防止隐患发展为事故。

2.2.4 技术力量不足或危险化学品安全生产管理经验欠缺的企业应聘请有经验的化工专家或注册安全工程师指导企业开展隐患排查治理工作。

2.2.5 涉及重点监管危险化工工艺、重点监管危险化学品和重大危险源（以下简称“两重点一重大”）的危险化学品生产、储存企业应定期开展危险与可操作性分析（HAZOP），用先进科学的管理方法系统排查事故隐患。

2.2.6 企业要建立健全隐患排查治理管理制度，包括隐患排查、隐患监控、隐患治理、隐患上报等内容。

隐患排查要按专业和部位，明确排查的责任人、排查内容、排查频次和登记上报的工作流程。

隐患监控要建立事故隐患信息档案，明确隐患的级别，按照“五定”（定整改方案、定资金来源、定项目负责人、定整改期限、定控制措施）的原则，落实隐患治理的各项措施，对隐患治理情况进行监控，保证隐患治理按期完成。

隐患治理要分类实施：能够立即整改的隐患，必须确定责任人组织立即整改，整改情况要安排专人进行确认；无法立即整改的隐患，要按照评估—治理方案论证—资金落实—限期治理—验收评估—销号的工作流程，明确每一工作节点的责任人，实行闭环管理；重大隐患治理工作结束后，企业应组织技术人员和专家对隐患治理情况进行验收，保证按期完成和治理效果。

隐患上报要按照安全监管部门的要求，建立与安全生产监督管理部门隐患排查治理信息管理系统联网的“隐患排查治理信息系统”，每个月将开展隐患排查治理情况和存在的重大事故隐患上报当地安全监管部门，发现无法立即整改的重大事故隐患，应当及时上报。

2.2.7 要借助企业的信息化系统对隐患排查、监控、治理、验收评估、上报情况实行建档登记，重大隐患要单独建档。

3 隐患排查方式及频次

3.1 隐患排查方式

3.1.1 隐患排查工作可与企业各专业的日常管理、专项检查和监督检查等工作相结合，科学整合下述方式进行：

(1) 日常隐患排查；

(2) 综合性隐患排查；

(3) 专业性隐患排查；

(4) 季节性隐患排查；

（5）重大活动及节假日前隐患排查；

（6）事故类比隐患排查。

3.1.2 日常隐患排查是指班组、岗位员工的交接班检查和班中巡回检查，以及基层单位领导和工艺、设备、电气、仪表、安全等专业技术人员的日常性检查。日常隐患排查要加强对关键装置、要害部位、关键环节、重大危险源的检查和巡查。

3.1.3 综合性隐患排查是指以保障安全生产为目的，以安全责任制、各项专业管理制度和安全生产管理制度落实情况为重点，各有关专业和部门共同参与的全面检查。

3.1.4 专业隐患排查主要是指对区域位置及总图布置、工艺、设备、电气、仪表、储运、消防和公用工程等系统分别进行的专业检查。

3.1.5 季节性隐患排查是指根据各季节特点开展的专项隐患检查，主要包括：

（1）春季以防雷、防静电、防解冻泄漏、防解冻坍塌为重点；

（2）夏季以防雷暴、防设备容器高温超压、防台风、防洪、防暑降温为重点；

（3）秋季以防雷暴、防火、防静电、防凝保温为重点；

（4）冬季以防火、防爆、防雪、防冻防凝、防滑、防静电为重点。

3.1.6 重大活动及节假日前隐患排查主要是指在重大活动和节假日前，对装置生产是否存在异常状况和隐患、备用设备状态、备品备件、生产及应急物资储备、保运力量安排、企业保卫、应急工作等进行的检查，特别是要对节日期间干部带班值班、机电仪保运及紧急抢修力量安排、备件及各类物资储备和应急工作进行重点检查。

3.1.7 事故类比隐患排查是对企业内和同类企业发生事故后的举一反三的安全检查。

3.2 隐患排查频次确定

3.2.1 企业进行隐患排查的频次应满足：

（1）装置操作人员现场巡检间隔不得大于2小时，涉及“两重点一重大”的生产、储存装置和部位的操作人员现场巡检间隔不得大于1小时，宜采用不间断巡检方式进行现场巡检。

（2）基层车间（装置，下同）直接管理人员（主任、工艺设备技术人员）、电气、仪表人员每天至少两次对装置现场进行相关专业检查。

（3）基层车间应结合岗位责任制检查，至少每周组织一次隐患排查，并和日常交接班检查和班中巡回检查中发现的隐患一起进行汇总；基层单位（厂）应结合岗位责任制检查，至少每月组织一次隐患排查。

（4）企业应根据季节性特征及本单位的生产实际，每季度开展一次有针对性的季节性隐患排查；重大活动及节假日前必须进行一次隐患排查。

（5）企业至少每半年组织一次，基层单位至少每季度组织一次综合性隐患排查和专业隐患排查，两者可结合进行。

（6）当获知同类企业发生伤亡及泄漏、火灾爆炸等事故时，应举一反三，及时进行事故类比隐患专项排查。

（7）对于区域位置、工艺技术等不经常发生变化的，可依据实际变化情况确定排查周期，如果发生变化，应及时进行隐患排查。

3.2.2 当发生以下情形之一，企业应及时组织进行相关专业的隐患排查：

（1）颁布实施有关新的法律法规、标准规范或原有适用法律法规、标准规范重新修订的；

（2）组织机构和人员发生重大调整的；

（3）装置工艺、设备、电气、仪表、公用工程或操作参数发生重大改变的，应按变更管理要求进行风险评估；

(4) 外部安全生产环境发生重大变化；

(5) 发生事故或对事故、事件有新的认识；

(6) 气候条件发生大的变化或预报可能发生重大自然灾害。

3.2.3　涉及“两重点一重大”的危险化学品生产、储存企业应每五年至少开展一次危险与可操作性分析（HAZOP）。

4　隐患排查内容

根据危险化学品企业的特点，隐患排查包括但不限于以下内容：

(1) 安全基础管理；

(2) 区域位置和总图布置；

(3) 工艺；

(4) 设备；

(5) 电气系统；

(6) 仪表系统；

(7) 危险化学品管理；

(8) 储运系统；

(9) 公用工程；

(10) 消防系统。

4.1　安全基础管理

4.1.1　安全生产管理机构建立健全情况、安全生产责任制和安全管理制度建立健全及落实情况。

4.1.2　安全投入保障情况，参加工伤保险、安全生产责任险的情况。

4.1.3　安全培训与教育情况，主要包括：

(1) 企业主要负责人、安全管理人员的培训及持证上岗情况；

(2) 特种作业人员的培训及持证上岗情况；

(3) 从业人员安全教育和技能培训情况。

4.1.4　企业开展风险评价与隐患排查治理情况，主要包括：

(1) 法律、法规和标准的识别和获取情况；

(2) 定期和及时对作业活动和生产设施进行风险评价情况；

(3) 风险评价结果的落实、宣传及培训情况；

(4) 企业隐患排查治理制度是否满足安全生产需要。

4.1.5　事故管理、变更管理及承包商的管理情况。

4.1.6　危险作业和检维修的管理情况，主要包括：

(1) 危险性作业活动作业前的危险有害因素识别与控制情况；

(2) 动火作业、进入受限空间作业、破土作业、临时用电作业、高处作业、断路作业、吊装作业、设备检修作业和抽堵盲板作业等危险性作业的作业许可管理与过程监督情况；

(3) 从业人员劳动防护用品和器具的配置、佩戴与使用情况。

4.1.7　危险化学品事故的应急管理情况。

4.2　区域位置和总图布置

4.2.1　危险化学品生产装置和重大危险源储存设施与《危险化学品安全管理条例》中规定的重要场所的安全距离。

4.2.2　可能造成水域环境污染的危险化学品危险源的防范情况。

4.2.3 企业周边或作业过程中存在的易由自然灾害引发事故灾难的危险点排查、防范和治理情况。

4.2.4 企业内部重要设施的平面布置以及安全距离，主要包括：

(1) 控制室、变配电所、化验室、办公室、机柜间以及人员密集区或场所；

(2) 消防站及消防泵房；

(3) 空分装置、空压站；

(4) 点火源（包括火炬）；

(5) 危险化学品生产与储存设施等；

(6) 其他重要设施及场所。

4.2.5 其他总图布置情况，主要包括：

(1) 建构筑物的安全通道；

(2) 厂区道路、消防道路、安全疏散通道和应急通道等重要道路（通道）的设计、建设与维护情况；

(3) 安全警示标志的设置情况；

(4) 其他与总图相关的安全隐患。

4.3 工艺管理

4.3.1 工艺的安全管理，主要包括：

(1) 工艺安全信息的管理；

(2) 工艺风险分析制度的建立和执行；

(3) 操作规程的编制、审查、使用与控制；

(4) 工艺安全培训程序、内容、频次及记录的管理。

4.3.2 工艺技术及工艺装置的安全控制，主要包括：

(1) 装置可能引起火灾、爆炸等严重事故的部位是否设置超温、超压等检测仪表、声和/或光报警、泄压设施和安全联锁装置等设施；

(2) 针对温度、压力、流量、液位等工艺参数设计的安全泄压系统以及安全泄压措施的完好性；

(3) 危险物料的泄压排放或放空的安全性；

(4) 按照《首批重点监管的危险化工工艺目录》和《首批重点监管的危险化工工艺安全控制要求、重点监控参数及推荐的控制方案》（安监总管三〔2009〕116号）的要求进行危险化工工艺的安全控制情况；

(5) 火炬系统的安全性；

(6) 其他工艺技术及工艺装置的安全控制方面的隐患。

4.3.3 现场工艺安全状况，主要包括：

(1) 工艺卡片的管理，包括工艺卡片的建立和变更，以及工艺指标的现场控制；

(2) 现场联锁的管理，包括联锁管理制度及现场联锁投用、摘除与恢复；

(3) 工艺操作记录及交接班情况；

(4) 剧毒品部位的巡检、取样、操作与检维修的现场管理。

4.4 设备管理

4.4.1 设备管理制度与管理体系的建立与执行情况，主要包括：

(1) 按照国家相关法律法规制定修订本企业的设备管理制度；

(2) 有健全的设备管理体系，设备管理人员按要求配备；

(3) 建立健全安全设施管理制度及台账。

4.4.2　设备现场的安全运行状况，包括：

(1) 大型机组、机泵、锅炉、加热炉等关键设备装置的联锁自保护及安全附件的设置、投用与完好状况；

(2) 大型机组关键设备特级维护到位，备用设备处于完好备用状态；

(3) 转动机器的润滑状况，设备润滑的“五定”“三级过滤”；

(4) 设备状态监测和故障诊断情况；

(5) 设备的腐蚀防护状况，包括重点装置设备腐蚀的状况、设备腐蚀部位、工艺防腐措施，材料防腐措施等。

4.4.3　特种设备（包括压力容器及压力管道）的现场管理，主要包括：

(1) 特种设备（包括压力容器、压力管道）的管理制度及台账；

(2) 特种设备注册登记及定期检测检验情况；

(3) 特种设备安全附件的管理维护。

4.5　电气系统

4.5.1　电气系统的安全管理，主要包括：

(1) 电气特种作业人员资格管理；

(2) 电气安全相关管理制度、规程的制定及执行情况。

4.5.2　供配电系统、电气设备及电气安全设施的设置，主要包括：

(1) 用电设备的电力负荷等级与供电系统的匹配性；

(2) 消防泵、关键装置、关键机组等特别重要负荷的供电；

(3) 重要场所事故应急照明；

(4) 电缆、变配电相关设施的防火防爆；

(5) 爆炸危险区域内的防爆电气设备选型及安装；

(6) 建构筑、工艺装置、作业场所等的防雷防静电。

4.5.3 电气设施、供配电线路及临时用电的现场安全状况。

4.6　仪表系统

4.6.1　仪表的综合管理，主要包括：

(1) 仪表相关管理制度建立和执行情况；

(2) 仪表系统的档案资料、台账管理；

(3) 仪表调试、维护、检测、变更等记录；

(4) 安全仪表系统的投用、摘除及变更管理等。

4.6.2　系统配置，主要包括：

(1) 基本过程控制系统和安全仪表系统的设置满足安全稳定生产需要；

(2) 现场检测仪表和执行元件的选型、安装情况；

(3) 仪表供电、供气、接地与防护情况；

(4) 可燃气体和有毒气体检测报警器的选型、布点及安装；

(5) 安装在爆炸危险环境仪表满足要求等。

4.6.3　现场各类仪表完好有效，检验维护及现场标识情况，主要包括：

(1) 仪表及控制系统的运行状况稳定可靠，满足危险化学品生产需求；

(2) 按规定对仪表进行定期检定或校准；

(3) 现场仪表位号标识是否清晰等。

4.7 危险化学品管理

4.7.1 危险化学品分类、登记与档案的管理，主要包括：

（1）按照标准对产品、所有中间产品进行危险性鉴别与分类，分类结果汇入危险化学品档案；

（2）按相关要求建立健全危险化学品档案；

（3）按照国家有关规定对危险化学品进行登记。

4.7.2 化学品安全信息的编制、宣传、培训和应急管理，主要包括：

（1）危险化学品安全技术说明书和安全标签的管理；

（2）危险化学品“一书一签”制度的执行情况；

（3）24小时应急咨询服务或应急代理；

（4）危险化学品相关安全信息的宣传与培训。

4.8 储运系统

4.8.1 储运系统的安全管理情况，主要包括：

（1）储罐区、可燃液体、液化烃的装卸设施、危险化学品仓库储存管理制度以及操作、使用和维护规程制定及执行情况；

（2）储罐的日常和检维修管理。

4.8.2 储运系统的安全设计情况，主要包括：

（1）易燃、可燃液体及可燃气体的罐区，如罐组总容、罐组布置；防火堤及隔堤；消防道路、排水系统等；

（2）重大危险源罐区现场的安全监控装备是否符合《危险化学品重大危险源监督管理暂行规定》（国家安全监管总局令第40号）的要求；

（3）天然气凝液、液化石油气球罐或其他危险化学品压力或半冷冻低温储罐的安全控制及应急措施；

（4）可燃液体、液化烃和危险化学品的装卸设施；

（5）危险化学品仓库的安全储存。

4.8.3 储运系统罐区、储罐本体及其安全附件、铁路装卸区、汽车装卸区等设施的完好性。

4.9 消防系统

4.9.1 建设项目消防设施验收情况；企业消防安全机构、人员设置与制度的制定，消防人员培训、消防应急预案及相关制度的执行情况；消防系统运行检测情况。

4.9.2 消防设施与器材的设置情况，主要包括：

（1）消防站设置情况，如消防站、消防车、消防人员、移动式消防设备、通信等；

（2）消防水系统与泡沫系统，如消防水源、消防泵、泡沫液储罐、消防给水管道、消防管网的分区阀门、消火栓、泡沫栓，消防水炮、泡沫炮、固定式消防水喷淋等；

（3）油罐区、液化烃罐区、危险化学品罐区、装置区等设置的固定式和半固定式灭火系统；

（4）甲、乙类装置、罐区、控制室、配电室等重要场所的火灾报警系统；

（5）生产区、工艺装置区、建构筑物的灭火器材配置；

（6）其他消防器材。

4.9.3 固定式与移动式消防设施、器材和消防道路的现场状况。

4.10 公用工程系统

4.10.1 给排水、循环水系统、污水处理系统的设置与能力能否满足各种状态下的需求。

4.10.2 供热站及供热管道设备设施、安全设施是否存在隐患。

4.10.3 空分装置、空压站位置的合理性及设备设施的安全隐患。

5　隐患治理与上报

5.1　隐患级别

5.1.1　事故隐患可按照整改难易及可能造成的后果严重性，分为一般事故隐患和重大事故隐患。

5.1.2　一般事故隐患，是指能够及时整改，不足以造成人员伤亡、财产损失的隐患。对于一般事故隐患，可按照隐患治理的负责单位，分为班组级、基层车间级、基层单位（厂）级直至企业级。

5.1.3　重大事故隐患，是指无法立即整改且可能造成人员伤亡、较大财产损失的隐患。

5.2　隐患治理

5.2.1　企业应对排查出的各级隐患，做到“五定”，并将整改落实情况纳入日常管理进行监督，及时协调在隐患整改中存在的资金、技术、物资采购、施工等各方面问题。

5.2.2　对一般事故隐患，由企业［基层车间、基层单位（厂）］负责人或者有关人员立即组织整改。

5.2.3　对于重大事故隐患，企业要结合自身的生产经营实际情况，确定风险可接受标准，评估隐患的风险等级。

5.2.4　重大事故隐患的治理应满足以下要求：

(1) 当风险处于很高风险区域时，应立即采取充分的风险控制措施，防止事故发生，同时编制重大事故隐患治理方案，尽快进行隐患治理，必要时立即停产治理；

(2) 当风险处于一般高风险区域时，企业应采取充分的风险控制措施，防止事故发生，并编制重大事故隐患治理方案，选择合适的时机进行隐患治理；

(3) 对于处于中风险的重大事故隐患，应根据企业实际情况，进行成本-效益分析，编制重大事故隐患治理方案，选择合适的时机进行隐患治理，尽可能将其降低到低风险。

5.2.5　对于重大事故隐患，由企业主要负责人组织制定并实施事故隐患治理方案。重大事故隐患治理方案应包括：

(1) 治理的目标和任务；

(2) 采取的方法和措施；

(3) 经费和物资的落实；

(4) 负责治理的机构和人员；

(5) 治理的时限和要求；

(6) 防止整改期间发生事故的安全措施。

5.2.6　事故隐患治理方案、整改完成情况、验收报告等应及时归入事故隐患档案。隐患档案应包括以下信息：隐患名称、隐患内容、隐患编号、隐患所在单位、专业分类、归属职能部门、评估等级、整改期限、治理方案、整改完成情况、验收报告等。事故隐患排查、治理过程中形成的传真、会议纪要、正式文件等，也应归入事故隐患档案。

5.3　隐患上报

5.3.1　企业应当定期通过“隐患排查治理信息系统”向属地安全生产监督管理部门和相关部门上报隐患统计汇总及存在的重大隐患情况。

5.3.2　对于重大事故隐患，企业除依照前款规定报送外，应当及时向安全生产监督管理部门和有关部门报告。重大事故隐患报告的内容应当包括：

(1) 隐患的现状及其产生原因；

(2) 隐患的危害程度和整改难易程度分析；

(3) 隐患的治理方案。

附录三 化工（危险化学品）企业安全检查重点指导目录

（国家安全监管总局，安监总管三〔2015〕113号，2015年12月14日）

序号	检查重点内容	违反条文	处罚依据
人员和资质管理			
1	企业安全生产行政许可手续不齐全或不在有效期内的	《危险化学品安全管理条例》第十四条、第二十九条、第三十三条	《危险化学品安全管理条例》第七十七条　未依法取得危险化学品安全生产许可证从事危险化学品生产的，依照《安全生产许可证条例》的规定处罚。 违反本条例规定，化工企业未取得危险化学品安全使用许可证，使用危险化学品从事生产的，由安全生产监督管理部门责令限期改正，处10万元以上20万元以下的罚款；逾期不改正的，责令停产整顿。 违反本条例规定，未取得危险化学品经营许可证从事危险化学品经营的，由安全生产监督管理部门责令停止经营活动，没收违法经营的危险化学品以及违法所得，并处10万元以上20万元以下的罚款；构成犯罪的，依法追究刑事责任。 《安全生产许可证条例》第十九条　违反本条例规定，未取得安全生产许可证擅自进行生产的，责令停止生产，没收违法所得，并处10万元以上50万元以下的罚款；造成重大事故或者其他严重后果，构成犯罪的，依法追究刑事责任。 第二十条　违反本条例规定，安全生产许可证有效期满未办理延期手续，继续进行生产的，责令停止生产，限期补办延期手续，没收违法所得，并处5万元以上10万元以下的罚款；逾期仍不办理延期手续，继续进行生产的，依照本条例第十九条的规定处罚
2	企业未依法明确主要负责人、分管负责人安全生产职责或主要负责人、分管负责人未依法履行其安全生产职责的	《安全生产法》第十九条	《安全生产法》第九十一条　生产经营单位的主要负责人未履行本法规定的安全生产管理职责的，责令限期改正；逾期未改正的，处二万元以上五万元以下的罚款，责令生产经营单位停产停业整顿
3	企业未设置安全生产管理机构或配备专职安全生产管理人员的	《安全生产法》第二十一条	《安全生产法》第九十四条　生产经营单位有下列行为之一的，责令限期改正，可以处五万元以下的罚款；逾期未改正的，责令停产停业整顿，并处五万元以上十万元以下的罚款，对其直接负责的主管人员和其他直接责任人员处一万元以上二万元以下的罚款： （一）未按照规定设置安全生产管理机构或者配备安全生产管理人员的

续表

序号	检查重点内容	违反条文	处罚依据
	人员和资质管理		
4	企业的主要负责人、安全负责人及其他安全生产管理人员未按照规定经考核合格的	《安全生产法》第二十四条	《安全生产法》第九十四条　生产经营单位有下列行为之一的，责令限期改正，可以处五万元以下的罚款；逾期未改正的，责令停产停业整顿，并处五万元以上十万元以下的罚款，对其直接负责的主管人员和其他直接责任人员处一万元以上二万元以下的罚款： （二）危险物品的生产、经营、储存单位以及矿山、金属冶炼、建筑施工、道路运输单位的主要负责人和安全生产管理人员未按照规定经考核合格的
5	企业未对从业人员进行安全生产教育培训或者安排未经安全生产教育和培训合格的从业人员上岗作业的	《安全生产法》第二十五条	《安全生产法》第九十四条　生产经营单位有下列行为之一的，责令限期改正，可以处五万元以下的罚款；逾期未改正的，责令停产停业整顿，并处五万元以上十万元以下的罚款，对其直接负责的主管人员和其他直接责任人员处一万元以上二万元以下的罚款： （三）未按照规定对从业人员、被派遣劳动者、实习学生进行安全生产教育和培训，或者未按照规定如实告知有关的安全生产事项的
6	从业人员对本岗位涉及的危险化学品危险特性不熟悉的	《安全生产法》第二十五条	《安全生产法》第九十四条　生产经营单位有下列行为之一的，责令限期改正，可以处五万元以下的罚款；逾期未改正的，责令停产停业整顿，并处五万元以上十万元以下的罚款，对其直接负责的主管人员和其他直接责任人员处一万元以上二万元以下的罚款： （三）未按照规定对从业人员、被派遣劳动者、实习学生进行安全生产教育和培训，或者未按照规定如实告知有关的安全生产事项的
7	特种作业人员未按照国家有关规定经专门的安全作业培训并取得相应资格上岗作业的	《安全生产法》第二十七条	《安全生产法》第九十四条　生产经营单位有下列行为之一的，责令限期改正，可以处五万元以下的罚款；逾期未改正的，责令停产停业整顿，并处五万元以上十万元以下的罚款，对其直接负责的主管人员和其他直接责任人员处一万元以上二万元以下的罚款： （七）特种作业人员未按照规定经专门的安全作业培训并取得相应资格，上岗作业的

续表

序号	检查重点内容	违反条文	处罚依据
人员和资质管理			
8	选用不符合资质的承包商或未对承包商的安全生产工作统一协调、管理的	《安全生产法》第四十六条	《安全生产法》第一百条　生产经营单位将生产经营项目、场所、设备发包或者出租给不具备安全生产条件或者相应资质的单位或者个人的，责令限期改正，没收违法所得；违法所得十万元以上的，并处违法所得二倍以上五倍以下的罚款；没有违法所得或者违法所得不足十万元的，单处或者并处十万元以上二十万元以下的罚款；对其直接负责的主管人员和其他直接责任人员处一万元以上二万元以下的罚款；导致发生生产安全事故给他人造成损害的，与承包方、承租方承担连带赔偿责任。 生产经营单位未与承包单位、承租单位签订专门的安全生产管理协议或者未在承包合同、租赁合同中明确各自的安全生产管理职责，或者未对承包单位、承租单位的安全生产统一协调、管理的，责令限期改正，可以处五万元以下的罚款，对其直接负责的主管人员和其他直接责任人员可以处一万元以下的罚款；逾期未改正的，责令停产停业整顿
9	将火种带入易燃易爆场所或存在脱岗、睡岗、酒后上岗行为的	《安全生产法》第五十四条	《安全生产法》第九十九条　生产经营单位未采取措施消除事故隐患的，责令立即消除或者限期消除；生产经营单位拒不执行的，责令停产停业整顿，并处十万元以上五十万元以下的罚款，对其直接负责的主管人员和其他直接责任人员处二万元以上五万元以下的罚款。 《安全生产法》第一百零四条　生产经营单位的从业人员不服从管理，违反安全生产规章制度或者操作规程的，由生产经营单位给予批评教育，依照有关规章制度给予处分；构成犯罪的，依照刑法有关规定追究刑事责任
工艺管理			
10	在役化工装置未经正规设计且未进行安全设计诊断的	《安全生产法》第三十八条	《安全生产法》第九十九条　生产经营单位未采取措施消除事故隐患的，责令立即消除或者限期消除；生产经营单位拒不执行的，责令停产停业整顿，并处十万元以上五十万元以下的罚款，对其直接负责的主管人员和其他直接责任人员处二万元以上五万元以下的罚款

续表

序号	检查重点内容	违反条文	处罚依据
			工艺管理
11	新开发的危险化学品生产工艺未经逐级放大试验到工业化生产或首次使用的化工工艺未经省级人民政府有关部门组织安全可靠性论证的	《危险化学品生产企业安全生产许可证实施办法》(国家安全监管总局令第41号)	《安全生产法》第九十九条　生产经营单位未采取措施消除事故隐患的，责令立即消除或者限期消除；生产经营单位拒不执行的，责令停产停业整顿，并处十万元以上五十万元以下的罚款，对其直接负责的主管人员和其他直接责任人员处二万元以上五万元以下的罚款
12	未按规定制定操作规程和工艺控制指标的	《安全生产法》第十八条	《安全生产法》第九十一条　生产经营单位的主要负责人未履行本法规定的安全生产管理职责的，责令限期改正；逾期未改正的，处二万元以上五万元以下的罚款，责令生产经营单位停产停业整顿
13	生产、储存装置及设施超温、超压、超液位运行的	《安全生产法》第三十八条	《安全生产法》第九十九条　生产经营单位未采取措施消除事故隐患的，责令立即消除或者限期消除；生产经营单位拒不执行的，责令停产停业整顿，并处十万元以上五十万元以下的罚款，对其直接负责的主管人员和其他直接责任人员处二万元以上五万元以下的罚款
14	在厂房、围堤、窨井等场所内设置有毒有害气体排放口且未采取有效防范措施的	《安全生产法》第三十八条、《工业企业设计卫生标准》(GBZ1)第6.1.5.1条	《安全生产法》第九十九条　生产经营单位未采取措施消除事故隐患的，责令立即消除或者限期消除；生产经营单位拒不执行的，责令停产停业整顿，并处十万元以上五十万元以下的罚款，对其直接负责的主管人员和其他直接责任人员处二万元以上五万元以下的罚款
15	涉及液化烃、液氨、液氯、硫化氢等易燃易爆及有毒介质的安全阀及其他泄放设施直排大气的(环氧乙烷的排放应采取安全措施)	《安全生产法》第三十三条、《固定式压力容器安全技术监察规程》(TSG R0004—2009)第8.2(3)条	《安全生产法》第九十六条　生产经营单位有下列行为之一的，责令限期改正，可以处五万元以下的罚款；逾期未改正的，处五万元以上二十万元以下的罚款，对其直接负责的主管人员和其他直接责任人员处一万元以上二万元以下的罚款；情节严重的，责令停产停业整顿；构成犯罪的，依照刑法有关规定追究刑事责任： (二)安全设备的安装、使用、检测、改造和报废不符合国家标准或者行业标准的
16	液化烃、液氨、液氯等易燃易爆、有毒有害液化气体的充装未使用万向节管道充装系统的	《安全生产法》第三十八条	《安全生产法》第九十九条　生产经营单位未采取措施消除事故隐患的，责令立即消除或者限期消除；生产经营单位拒不执行的，责令停产停业整顿，并处十万元以上五十万元以下的罚款，对其直接负责的主管人员和其他直接责任人员处二万元以上五万元以下的罚款
17	浮顶储罐运行中浮盘落底的	《安全生产法》第三十八条	《安全生产法》第九十九条　生产经营单位未采取措施消除事故隐患的，责令立即消除或者限期消除；生产经营单位拒不执行的，责令停产停业整顿，并处十万元以上五十万元以下的罚款，对其直接负责的主管人员和其他直接责任人员处二万元以上五万元以下的罚款

续表

序号	检查重点内容	违反条文	处罚依据
设备设施管理			
18	安全设备的安装、使用、检测、维修、改造和报废不符合国家标准或行业标准；或使用国家明令淘汰的危及生产安全的工艺、设备的	《安全生产法》第三十三条、第三十五条	《安全生产法》第九十六条　生产经营单位有下列行为之一的，责令限期改正，可以处五万元以下的罚款；逾期未改正的，处五万元以上二十万元以下的罚款，对其直接负责的主管人员和其他直接责任人员处一万元以上二万元以下的罚款；情节严重的，责令停产停业整顿；构成犯罪的，依照刑法有关规定追究刑事责任： （二）安全设备的安装、使用、检测、改造和报废不符合国家标准或者行业标准的； （六）使用应当淘汰的危及生产安全的工艺、设备的
19	油气储罐未按规定达到以下要求的： (1)液化烃的储罐应设液位计、温度计、压力表、安全阀，以及高液位报警和高高液位自动连锁切断进料措施；全冷冻式液化烃储罐还应设真空泄放设施和高、低温度检测，并应与自动控制系统相联； (2)气柜应设上、下限位报警装置，并宜设进出管道自动联锁切断装置； (3)液化石油气球形储罐液相进出口应设置紧急切断阀，其位置宜靠近球形储罐； (4)丙烯、丙烷、混合 C_4、抽余 C_4 及液化石油气的球形储罐应设置注水措施	《安全生产法》第三十三条； 《石油化工企业设计防火规范》(GB 50160)第 6.3.11 条、第 6.3.12 条；《液化烃球形储罐安全设计规范》(SH3136)第 6.1 条、第 7.4 条	《安全生产法》第九十六条　生产经营单位有下列行为之一的，责令限期改正，可以处五万元以下的罚款；逾期未改正的，处五万元以上二十万元以下的罚款，对其直接负责的主管人员和其他直接责任人员处一万元以上二万元以下的罚款；情节严重的，责令停产停业整顿；构成犯罪的，依照刑法有关规定追究刑事责任： （二）安全设备的安装、使用、检测、改造和报废不符合国家标准或者行业标准的
20	涉及危险化工工艺、重点监管危险化学品的装置未设置自动化控制系统；或者涉及危险化工工艺的大型化工装置未设置紧急停车系统的	《危险化学品生产企业安全生产许可证实施办法》(国家安全监管总局令第 41 号)第九条	《安全生产法》第九十九条　生产经营单位未采取措施消除事故隐患的，责令立即消除或者限期消除；生产经营单位拒不执行的，责令停产停业整顿，并处十万元以上五十万元以下的罚款，对其直接负责的主管人员和其他直接责任人员处二万元以上五万元以下的罚款

续表

序号	检查重点内容	违反条文	处罚依据
		设备设施管理	
21	有毒有害、可燃气体泄漏检测报警系统未按照标准设置、使用或定期检测校验；以及报警信号未发送至有操作人员常驻的控制室、现场操作室进行报警的	《安全生产法》第三十三条、《石油化工企业可燃气体和有毒气体检测报警设计规范》(GB 50493)	《安全生产法》第九十六条　生产经营单位有下列行为之一的，责令限期改正，可以处五万元以下的罚款；逾期未改正的，处五万元以上二十万元以下的罚款，对其直接负责的主管人员和其他直接责任人员处一万元以上二万元以下的罚款；情节严重的，责令停产停业整顿；构成犯罪的，依照刑法有关规定追究刑事责任： (二)安全设备的安装、使用、检测、改造和报废不符合国家标准或者行业标准的
22	安全联锁未正常投用或未经审批摘除以及经审批后临时摘除超过一个月未恢复的	《安全生产法》第三十三条	《安全生产法》第九十六条　生产经营单位有下列行为之一的，责令限期改正，可以处五万元以下的罚款；逾期未改正的，处五万元以上二十万元以下的罚款，对其直接负责的主管人员和其他直接责任人员处一万元以上二万元以下的罚款；情节严重的，责令停产停业整顿；构成犯罪的，依照刑法有关规定追究刑事责任： (二)安全设备的安装、使用、检测、改造和报废不符合国家标准或者行业标准的
23	工艺或安全仪表报警时未及时处置的	《安全生产法》第三十八条	《安全生产法》第九十九条　生产经营单位未采取措施消除事故隐患的，责令立即消除或者限期消除；生产经营单位拒不执行的，责令停产停业整顿，并处十万元以上五十万元以下的罚款，对其直接负责的主管人员和其他直接责任人员处二万元以上五万元以下的罚款
24	在用装置(设施)安全阀或泄压排放系统未正常投用的	《安全生产法》第三十三条、《固定式压力容器安全技术监察规程》(TSG R0004—2009)第8.3.5条	《安全生产法》第九十六条　生产经营单位有下列行为之一的，责令限期改正，可以处五万元以下的罚款；逾期未改正的，处五万元以上二十万元以下的罚款，对其直接负责的主管人员和其他直接责任人员处一万元以上二万元以下的罚款；情节严重的，责令停产停业整顿；构成犯罪的，依照刑法有关规定追究刑事责任： (二)安全设备的安装、使用、检测、改造和报废不符合国家标准或者行业标准的
25	涉及放热反应的危险化工工艺生产装置未设置双重电源供电或控制系统未设置不间断电源(UPS)的	《安全生产法》第三十八条、《石油化工企业生产装置电力设计技术规范》(SH3038)、《供配电系统设计规范》(GB 50052)	《安全生产法》第九十九条　生产经营单位未采取措施消除事故隐患的，责令立即消除或者限期消除；生产经营单位拒不执行的，责令停产停业整顿，并处十万元以上五十万元以下的罚款，对其直接负责的主管人员和其他直接责任人员处二万元以上五万元以下的罚款

续表

序号	检查重点内容	违反条文	处罚依据
安全管理			
26	未建立变更管理制度或未严格执行的	《安全生产法》第四条、第四十一条	《安全生产法》第九十一条　生产经营单位的主要负责人未履行本法规定的安全生产管理职责的，责令限期改正；逾期未改正的，处二万元以上五万元以下的罚款，责令生产经营单位停产停业整顿
27	危险化学品生产装置、罐区、仓库等设施与周边的安全距离不符合要求的	《安全生产法》第三十八条	《安全生产法》第九十九条　生产经营单位未采取措施消除事故隐患的，责令立即消除或者限期消除；生产经营单位拒不执行的，责令停产停业整顿，并处十万元以上五十万元以下的罚款，对其直接负责的主管人员和其他直接责任人员处二万元以上五万元以下的罚款
28	控制室或机柜间面向具有火灾、爆炸危险性装置一侧有门窗的（2017年前必须整改完成）	《安全生产法》第三十八条、《石油化工企业设计防火规范》（GB 50160）第5.2.18条	《安全生产法》第九十九条　生产经营单位未采取措施消除事故隐患的，责令立即消除或者限期消除；生产经营单位拒不执行的，责令停产停业整顿，并处十万元以上五十万元以下的罚款，对其直接负责的主管人员和其他直接责任人员处二万元以上五万元以下的罚款
29	生产、经营、储存、使用危险化学品的车间、仓库与员工宿舍在同一座建筑内或与员工宿舍的距离不符合安全要求的	《安全生产法》第三十九条	《安全生产法》第一百零二条　生产经营单位有下列行为之一的，责令限期改正，可以处五万元以下的罚款，对其直接负责的主管人员和其他直接责任人员可以处一万元以下的罚款；逾期未改正的，责令停产停业整顿；构成犯罪的，依照刑法有关规定追究刑事责任： （一）生产、经营、储存、使用危险物品的车间、商店、仓库与员工宿舍在同一座建筑内，或者与员工宿舍的距离不符合安全要求的
30	危险化学品未按照标准分区、分类、分库存放，或存在超量、超品种以及相互禁忌物质混放混存的。	《危险化学品安全管理条例》第二十四条、《常用化学危险品贮存通则》（GB 15603）	《危险化学品安全管理条例》第八十条　生产、储存、使用危险化学品的单位有下列情形之一的，由安全生产监督管理部门责令改正，处5万元以上10万元以下的罚款；拒不改正的，责令停产停业整顿直至由原发证机关吊销其相关许可证件，并由工商行政管理部门责令其办理经营范围变更登记或者吊销其营业执照；有关责任人员构成犯罪的，依法追究刑事责任： （五）危险化学品的储存方式、方法或者储存数量不符合国家标准或者国家有关规定的

续表

序号	检查重点内容	违反条文	处罚依据
安全管理			
31	危险化学品厂际输送管道存在违章占压、安全距离不足和违规交叉穿越问题的	《安全生产法》第三十八条	《安全生产法》第九十九条　生产经营单位未采取措施消除事故隐患的，责令立即消除或者限期消除；生产经营单位拒不执行的，责令停产停业整顿，并处十万元以上五十万元以下的罚款，对其直接负责的主管人员和其他直接责任人员处二万元以上五万元以下的罚款
32	光气、氯气（液氯）等剧毒化学品管道穿（跨）越公共区域的	《危险化学品输送管道安全管理规定》（国家安全监管总局令第43号）	《安全生产法》第九十九条　生产经营单位未采取措施消除事故隐患的，责令立即消除或者限期消除；生产经营单位拒不执行的，责令停产停业整顿，并处十万元以上五十万元以下的罚款，对其直接负责的主管人员和其他直接责任人员处二万元以上五万元以下的罚款
33	动火作业未按规定进行可燃气体分析；受限空间作业未按规定进行可燃气体、氧含量和有毒气体分析；以及作业过程无人监护的。	《安全生产法》第四十条、《化学品生产单位特殊作业安全规范》（GB 30871）	《安全生产法》第九十八条　生产经营单位有下列行为之一的，责令限期改正，可以处十万元以下的罚款；逾期未改正的，责令停产停业整顿，并处十万元以上二十万元以下的罚款，对其直接负责的主管人员和其他直接责任人员处二万元以上五万元以下的罚款；构成犯罪的，依照刑法有关规定追究刑事责任： （三）进行爆破、吊装以及国务院安全生产监督管理部门会同国务院有关部门规定的其他危险作业，未安排专门人员进行现场安全管理的。 《安全生产法》第九十九条　生产经营单位未采取措施消除事故隐患的，责令立即消除或者限期消除；生产经营单位拒不执行的，责令停产停业整顿，并处十万元以上五十万元以下的罚款，对其直接负责的主管人员和其他直接责任人员处二万元以上五万元以下的罚款
设备设施管理			
34	脱水、装卸、倒罐作业时，作业人员离开现场或油气罐区同一防火堤内切水和动火作业同时进行的	《安全生产法》第三十八条	《安全生产法》第九十九条　生产经营单位未采取措施消除事故隐患的，责令立即消除或者限期消除；生产经营单位拒不执行的，责令停产停业整顿，并处十万元以上五十万元以下的罚款，对其直接负责的主管人员和其他直接责任人员处二万元以上五万元以下的罚款

续表

序号	检查重点内容	违反条文	处罚依据
设备设施管理			
35	在有较大危险因素的生产经营场所和有关设施、设备上未设置明显的安全警示标志的	《安全生产法》第三十二条	《安全生产法》第九十六条　生产经营单位有下列行为之一的，责令限期改正，可以处五万元以下的罚款；逾期未改正的，处五万元以上二十万元以下的罚款，对其直接负责的主管人员和其他直接责任人员处一万元以上二万元以下的罚款；情节严重的，责令停产停业整顿；构成犯罪的，依照刑法有关规定追究刑事责任： （一）未在有较大危险因素的生产经营场所和有关设施、设备上设置明显的安全警示标志的
36	危险化学品生产企业未提供化学品安全技术说明书，未在包装（包括外包装件）上粘贴、拴挂化学品安全标签的	《危险化学品安全管理条例》第十五条	《危险化学品安全管理条例》第七十八条　有下列情形之一的，由安全生产监督管理部门责令改正，可以处5万元以下的罚款；拒不改正的，处5万元以上10万元以下的罚款；情节严重的，责令停产停业整顿： （三）危险化学品生产企业未提供化学品安全技术说明书，或者未在包装（包括外包装件）上粘贴、拴挂化学品安全标签的
37	对重大危险源未登记建档，或者未进行评估、有效监控的	《安全生产法》第三十七条	《安全生产法》第九十八条　生产经营单位有下列行为之一的，责令限期改正，可以处十万元以下的罚款；逾期未改正的，责令停产停业整顿，并处十万元以上二十万元以下的罚款，对其直接负责的主管人员和其他直接责任人员处二万元以上五万元以下的罚款；构成犯罪的，依照刑法有关规定追究刑事责任： （二）对重大危险源未登记建档，或者未进行评估、监控，或者未制定应急预案的
38	未对重大危险源的安全生产状况进行定期检查，采取措施消除事故隐患的	《危险化学品重大危险源监督管理暂行规定》（国家安全监管总局令第40号）第十六条	《危险化学品重大危险源监督管理暂行规定》第三十五条　危险化学品单位未按照本规定对重大危险源的安全生产状况进行定期检查，采取措施消除事故隐患的，责令立即消除或者限期消除；危险化学品单位拒不执行的，责令停产停业整顿，并处10万元以上20万元以下的罚款，对其直接负责的主管人员和其他直接责任人员处2万元以上5万元以下的罚款
39	易燃易爆区域使用非防爆工具或电器的	《安全生产法》第三十八条	《安全生产法》第九十九条　生产经营单位未采取措施消除事故隐患的，责令立即消除或者限期消除；生产经营单位拒不执行的，责令停产停业整顿，并处十万元以上五十万元以下的罚款，对其直接负责的主管人员和其他直接责任人员处二万元以上五万元以下的罚款
40	未在存在有毒气体的区域配备便携式检测仪、空气呼吸器等器材和设备或者不能正确佩戴、使用个体防护用品和应急救援器材的	《安全生产法》第三十八条、第七十九条	《安全生产法》第九十九条　生产经营单位未采取措施消除事故隐患的，责令立即消除或者限期消除；生产经营单位拒不执行的，责令停产停业整顿，并处十万元以上五十万元以下的罚款，对其直接负责的主管人员和其他直接责任人员处二万元以上五万元以下的罚款

参考文献

[1] SH 3093—1999《石油化工企业卫生防护距离》.
[2] GB 50016—2006《建筑设计防火规范》.
[3] GB 50223—2008《建筑工程抗震设防分类》.
[4] GB 50011—2010《建筑抗震设计规范》.
[5] GB 50453—2008《石油化工建筑物抗震设防分类标准》.
[6] GB 50057—2010《建筑物防雷设计规范》.
[7] GB 16179—1996《安全标志使用导则》.
[8] GBZ 158—2013《工作场所职业病危害警示标志》.
[9] TSGR 0004—2009《固定式压力容器安全技术监察规程》.
[10] TSGD 0001—2009《压力管道安全技术监察规程》.
[11] 《中华人民共和国特种设备安全法》.
[12] GB 150—2011《固定式压力容器》.
[13] GB 50052—2009《供配电系统设计规范》.
[14] AQ 3009—2007《危险场所电气防爆安全规范》.
[15] GB 19157—2009《国家电气设备安全技术规范》.
[16] GB 50217—2007《电力工程电缆设计规范》.
[17] GB 50160—2008《石油化工企业设计防火规范》.
[18] SH 3018—2003《石油化工安全仪表系统设计规范》.
[19] GB 50493—2009《石油化工可燃气体和有毒气体检测报警设计规范》.
[20] GB 50074—2014《石油库设计规范》.
[21] GB 50160—2008《石油化工企业设计防火规范》.
[22] AQ 3036—2010《危险化学品重大危险源罐区现场安全监控装备设置规范》.
[23] GB 50351—2005《防火堤设计规范》.
[24] GB 2894—2008《安全标志使用导则》.
[25] GB 50493—2009《石油化工企业可燃气体和有毒气体检测报警设计规范》.
[26] GB 18265—2000《危险化学品企业经营开业条件和技术要求》.
[27] 崔政斌，崔佳编著. 现代安全管理举要. 北京：化学工业出版社，2010.
[28] 崔政斌编著. 图解化工安全生产禁令. 北京：化学工业出版社，2010.
[29] 崔政斌等编著. 危险化学品安全技术. 北京：化学工业出版社，2011.
[30] 崔政斌编著. 防火防爆技术. 北京：化学工业出版社，2011.